DB 51/2377—2017

《四川省固定污染源大气挥发性有机物排放标准》实施技术指南

罗 彬 王 斌 等 著

科 学 出 版 社

北 京

内 容 简 介

本书系统地介绍了《四川省固定污染源大气挥发性有机物排放标准》(DB 51/2377—2017）（简称《标准》）的编制研究成果，并对《标准》的使用做了详细解读，可为《标准》的科学实施提供管理技术支撑。本书从四川省的经济社会发展和环境保护管理需求出发，细致地梳理了挥发性有机物控制政策及排放标准的要求，分析了主要工业行业的挥发性有机物排放特征和污染防治技术，针对性地提出了24个污染物控制项目，科学地制定与经济社会发展现状和污染控制水平相适应的污染物排放限值。此外，本书对监测方法进行了全过程梳理和总结，剖析了有关挥发性有机物净化设施的工程案例，对《标准》实施进行了费用效益分析，最后对《标准》进行了系统评估。

本书可供政府环境保护等有关部门及企事业单位的相关管理、科研及技术人员，以及大气污染控制领域的研究人员、工程师、研究生和大专院校的学生参考使用。

图书在版编目(CIP)数据

《四川省固定污染源大气挥发性有机物排放标准》实施技术指南 / 罗彬等著. —北京：科学出版社，2018.11

ISBN 978-7-03-059172-2

Ⅰ.①四… Ⅱ.①罗… Ⅲ.①固定污染源-大气污染物-挥发性有机物-污染物排放标准-四川-指南 Ⅳ.①X511-62

中国版本图书馆 CIP 数据核字（2018）第 242998 号

责任编辑：华宗琪 / 责任校对：江　茂
责任印制：罗　科 / 封面设计：墨创文化

科 学 出 版 社 出版
北京东黄城根北街16号
邮政编码：100717
http://www.sciencep.com

成都锦瑞印刷有限责任公司印刷
科学出版社发行　各地新华书店经销

*

2018年11月第　一　版　开本：787×1092 1/16
2018年11月第一次印刷　印张：15 1/2
字数：370 千字

定价：109.00 元

（如有印装质量问题，我社负责调换）

前　言

当前，我国大气污染形势严峻，以 $PM_{2.5}$ 和臭氧为特征污染物的区域性大气环境问题突出。成渝城市群城市密度大、人口和产业密集、能源消费集中、污染物排放量大，加之深受四川盆地深处西部内陆的独特地理条件和不利污染气象条件的制约，盆地区域已成为我国除京津冀、汾渭平原外的第三大灰霾多发区域。成渝城市群秋冬季节的区域性灰霾天气和春夏季节的臭氧污染对经济活动和人民生活造成了极大的影响。

为切实改善空气质量，保障人民群众身体健康，国务院于 2013 年 9 月印发了《大气污染防治行动计划》（简称《计划》）。《计划》在四川省实施 5 年来，受益于大气污染防治的方向正确、执行有力，预定的目标已全面实现：四川省 PM_{10} 浓度下降了 20%，成都市 PM_{10} 和 $PM_{2.5}$ 浓度的降幅均超过了 40%。《计划》的实施成效表明四川省的 $PM_{2.5}$ 污染防治走出了成功的第一步。但同时也要看到，要打赢蓝天保卫战，仍需继续大幅下降 $PM_{2.5}$ 浓度，然而盆地内城市 $PM_{2.5}$ 浓度进一步下降的难度将越来越大。另外值得注意的是，这 5 年来四川盆地内城市大气臭氧浓度明显升高，臭氧超标率正在追赶 $PM_{2.5}$，部分城市已有超过的趋势，诸多城市的空气质量管理正在进入 $PM_{2.5}$ 和臭氧协同防治的深水区。挥发性有机物(VOCs)作为 $PM_{2.5}$ 和臭氧的重要前体物，加严对它的管控是确保实现空气质量改善目标的重要手段和必经途径。

为贯彻《中华人民共和国环境保护法》和《中华人民共和国大气污染防治法》，保护和改善环境空气质量，防治大气挥发性有机物污染，保障公众健康，推进生态文明建设，促进经济社会可持续发展，四川省环境保护厅于 2016 年提出了挥发性有机物排放标准的研究，由四川省环境监测总站、四川大学、四川省环境保护产业协会组成的课题组承担了这个研究任务。课题组经过为期一年多的监测、调查和研究，在与国家环境保护方针政策相一致的基础上，结合对四川省实际情况和经济技术可行性的分析，依照环境标准制定工作规范，按照标准制定的科学性、系统性、协调性和可操作性的要求，制定了《四川省固定污染源大气挥发性有机物物排放标准》（简称《标准》）。其间数次召开了重点行业、重点排污企业、污染治理企业、相关环境管理和行业管理部门、行业专家的座谈会、研讨会，听取各方意见，不断完善《标准》。《标准》在 2017 年 6 月 30 日经四川省人民政府批准，由四川省环境保护厅、四川省质量技术监督局于 7 月 13 日联合发布，编号为 DB 51/2377—2017。《标准》规定了四川省固定污染源的大气挥发性有机物排放控制要求、监测要求和实施要求等内容，适用于四川省的大气挥发性有机物污染防治和管理。《标准》的实施将加快四川省的经济发展方式转变，引导产业结构优化调整，拉动环境保护产业的发展，促进新工艺的推广应用，促进有机废气处理技术的创新，大幅度减排挥发性有机物，实现空气质量改善。

本书是关于《标准》的实施技术指南，共 9 章。第 1 章主要介绍本书的研究背景和《标准》的编制情况。第 2 章对十大重点行业的生产工艺、VOCs 排放情况及其污染防治技术进行梳理。第 3 章剖析 VOCs 的使用、排放及在环境空气中存在的特点，在分析其毒性和光化学活性的基础上，筛选出需要重点控制的污染物项目。第 4 章通过对比分析国内外标准的排放限值确定原则，结合最佳实用治理技术和对污染物毒性的分析，确定适宜于四川经济社会发展现状和污染控制水平的污染物排放限值，并将相关限值与国内外有关标准进行了比较。第 5 章针对不同行业固定污染源排气筒有组织排放废气和无组织排放废气中的不同污染物控制项目，根据实验室配置情况和标准方法的要求，推荐建立实验室监测分析方法的作业流程。第 6 章全面解读《标准》文本及其附录。第 7 章对各类 VOCs 污染治理技术进行了梳理，列举出 12 个 VOCs 净化设施典型工程案例，从收集处理气体的特征、适用范围、主要工艺原理、关键技术及设计创新特色、工程运行情况、主要环境保护经济指标和应用领域进行了分析。第 8 章核算标准实施后的经济成本，从 VOCs 排放总量减排、臭氧生成潜势削减量及二次有机气溶胶生成潜势削减量等方面分析了标准实施后的环境效益，并对标准进行了风险评估。第 9 章从标准编制、标准使用、监测分析和污染防治 4 个方面以一问一答的方式解读《标准》。

其中，第 1 章由罗彬、蒋燕撰写；第 2 章由王斌撰写；第 3 章由蒋燕撰写；第 4 章由蒋燕、罗彬撰写；第 5 章由谢振伟撰写；第 6 章由罗彬、李纳撰写；第 7 章由王斌、罗彬撰写；第 8 章由罗彬、崔伟撰写；第 9 章由罗彬、王斌、谢振伟撰写。全书由罗彬、李纳负责审核与最终定稿工作。

本书的顺利出版得益于四川省环境保护厅“四川省大气污染物综合排放标准研究”和“固定污染源大气挥发性有机物排放标准研究”两个科研项目的支持，感谢四川省环境保护厅有关领导的大力支持。在本书付梓之际，谨向为本书付出辛勤劳动的全体撰写人员表示诚挚的感谢，本书的出版离不开他们卓有成效的工作。特别感谢科学出版社的华宗琪编辑对出版工作的大力支持，她高效的编辑工作为本书的顺利出版提供了强有力的保障。最后，请允许我代表各位作者向所有为本书出版做出贡献和提供帮助的朋友和同仁表示衷心的感谢！

相信本书的出版不仅使政府环境保护等有关部门及企事业单位的相关管理、科研及技术人员等有所借鉴，也可以为大气污染控制领域的研究人员、工程师、研究生和大专院校的学生提供有价值的参考。

由于作者专业水平和认知有限，书中观点难免存在不够成熟和不妥之处，恳请广大同仁和读者批评指正。

罗　彬

2018 年 8 月

目　　录

第1章 绪　　论

挥发性有机化合物(volatile organic compounds，VOCs)，也称挥发性有机物，是一类组成十分复杂且具有挥发性的有机化合物的统称，包括烷烃、烯烃、芳烃类、卤代烃、醇类、醛类、酮类、酯类、胺类和有机酸等[1]。VOCs 在大气化学过程中扮演着极其重要的角色，对大气氧化能力、二次有机污染形成、人体健康等方面都有重要影响[2]。VOCs 和氮氧化物发生光化学反应生成臭氧、过氧乙酰硝酸酯、高活性自由基(OH^-、RO_2、HO_2)、醛类、酮类、有机硝酸盐等二次污染物，形成高氧化性的混合气团，即光化学烟雾。VOCs 反应所生成的氧化态反应产物，其饱和蒸气压通常要比还原态低得多，还可以进一步通过氧化、成核、凝结等过程形成二次有机气溶胶，因此二次细颗粒物的形成都围绕着 VOCs 的光化学过程进行[3]。除了参与大气化学反应过程外，还有一些物质本身就具有刺激性、毒性和致癌作用，如苯系物、1,3-丁二烯、醛类等，因此控制 VOCs 排放已迫在眉睫。

1.1　四川省大气污染现状

1995 年以前，四川省的大气污染类型主要是煤烟型污染，主要问题是粉尘、二氧化硫和酸雨。进入 21 世纪，特别是始于 2005 年的二氧化硫总量减排工作启动后，大气污染类型开始逐渐由煤烟型向复合型转变。随着全省经济社会的持续快速发展，工业化、城市化进程不断加快，能源消耗及机动车数量快速增长，以高频发的灰霾污染和日益严重的臭氧污染为代表的区域大气复合污染已经成为我们面临的主要环境问题之一。发达国家上百年工业化过程中分阶段出现的大气污染问题在四川省近二三十年集中出现，四川省全省的大气污染已呈现出结构型、复合型、压缩型的特征。特别是受四川盆地深处西部内陆的独特地理条件和不利污染气象条件制约，盆地区域已成为我国除京津冀、长三角、珠三角外的第四大灰霾多发区域。由于城市密度大、人口和产业密集、能源消费集中，城市群秋冬季节的区域性灰霾天气和春夏季节的臭氧污染对经济活动和人民生活造成了越来越大的影响。

$PM_{2.5}$ 中的一次粒子来源于化石燃料和生物质燃烧、工业生产、垃圾焚烧、扬尘、餐饮油烟等，但 $PM_{2.5}$ 中超过 50%的是二次粒子，即由气态污染物 SO_2、NO_x、NH_3 及 VOCs 等通过多相化学反应的二次转化反应生成[4]。$PM_{2.5}$ 主要对呼吸系统和心血管系统造成伤害，老人、小孩及心肺疾病患者都是 $PM_{2.5}$ 污染的敏感人群。空气中细颗粒物的大量增加，通过散射和吸收作用对光在大气中的传播产生干扰，降低能见度，使整个城市看起来灰蒙蒙一片，影响人类身心健康。另外，$PM_{2.5}$ 还对区域气候、旅游景观、城市形象、交通安全等造成极大的影响。

近年来臭氧污染日趋严重，已成为仅次于 $PM_{2.5}$ 的首要污染物，多数城市出现了臭氧超标现象。地面臭氧除由平流层传输而来外，其余的是由人为排放的 NO_x 和 VOCs 在高温光照条件下二次转化形成的。其中，NO_x 主要来自机动车、发电厂、燃煤锅炉和水泥炉窑等排放；VOCs 主要来自有机溶剂生产及使用、机动车排放等。因此需要通过控制臭氧的前体物 NO_x 和 VOCs 来控制臭氧[5]。

2017 年四川省 21 个市(州)政府所在地城市环境空气质量监测结果表明，全省城市环境空气质量总体优良天数率为 82.2%，在全国 31 个省、自治区、直辖市中排名倒数第 17 位。盆地内 17 个城市平均优良天数率为 77.7%，比全国平均水平低 0.3 个百分点。造成全省污染天数率高达 17.8%的原因是 $PM_{2.5}$、臭氧、PM_{10}、NO_2 的超标，它们分别贡献了 70.6%、25.4%、3.9%、0.1%。造成全省城市空气质量超标的主要污染物是 $PM_{2.5}$ 和臭氧。

2017 年全省 $PM_{2.5}$ 平均浓度为 42μg/m^3，在全国排名倒数第 16 位，居于中游。$PM_{2.5}$ 浓度持续 2 年下降，同比 2016 年下降 9.5%，同比 2015 年下降 11.6%。21 个市(州)有 15 个的 $PM_{2.5}$ 年均浓度超标，均集中在盆地内。全省 $PM_{2.5}$ 高浓度中心为盆地南部，平均浓度为 55.9μg/m^3；盆地西部为 47.7μg/m^3；盆地东北部为 37.7μg/m^3。盆地南部的 $PM_{2.5}$ 占 PM_{10} 比例最高，为 70.1%；盆地西部为 62.5%；盆地东北部为 56.4%；颗粒物的二次转化现象突出。近年来对盆地内城市开展的基于膜采样的 $PM_{2.5}$ 组分监测结果显示，有机碳(organic carbon，OC)在 $PM_{2.5}$ 中的占比接近 30%。盆地西部 $PM_{2.5}$ 中的二次有机碳［气态有机污染物通过光化学反应等途径形成的光化学反应产物，简称 SOC(secondary organic carbon)］含量在 OC 中的占比超过 1/3，而盆地南部 $PM_{2.5}$ 中的二次有机碳含量在 OC 中的占比普遍高于 70%，这说明大气中 VOCs 通过复杂二次转化生成了 $PM_{2.5}$。

2017 年全省臭氧第 90 百分位浓度的平均值为 141μg/m^3，在全国排名倒数第 19 位。臭氧浓度持续 2 年上升，同比 2016 年升高了 6.3%，同比 2015 年升高了 7.1%。21 个市(州)有 3 市的臭氧第 90 百分位浓度超标，分别是成都、德阳、眉山。臭氧污染的持续加重主要体现在以下几个方面：①臭氧浓度同比上升了 6.3%；②污染天数率 4.7%，同比升高 0.8 个百分点；③臭氧作为首要污染物的天数占 35.7%，同比升高 8.1 个百分点；④4～9 月的半年时间里臭氧为首要污染物；⑤15 个城市臭氧浓度同比升高，18 个城市出现臭氧污染，污染区域有所扩大；⑥全省出现了 6 次共计 8 天的臭氧区域性污染，同比增加一倍。

综上所述，从形势严峻的 $PM_{2.5}$ 污染和日益严重的臭氧污染来看，改善空气质量实现到 2020 年全省 $PM_{2.5}$ 平均浓度同比 2015 年下降 20%、优良天数率超过 84%，难度巨大。VOCs 作为 $PM_{2.5}$ 和臭氧的重要前体物，加强对 VOCs 的管控是确保实现空气质量改善目标的重要和必要手段。

1.2 挥发性有机物控制政策要求

VOCs 排放来源非常复杂，从大类上分，主要包括自然源和人为源。自然源主要为植被排放、森林火灾、野生动物排放和湿地厌氧过程等，目前仍属于非人为可控范围。人为源包括移动源和固定源，移动源是指汽车、轮船、飞机等各种交通运输工具的排放，固定源又包括生活源和工业源等[6]。生活源包括建筑装饰、油烟排放、垃圾焚烧、秸秆焚烧、服装干洗等。工业源主要包括石油炼制与石油化工、煤炭加工与转化等含 VOCs 原料的生产行业，涂料、油墨、胶黏剂、农药等以 VOCs 为原料的生产行业，涂装、印刷、黏合、工业清洗等含 VOCs 产品的使用过程。工业源 VOCs 排放所涉及的行业众多，具有排放强度大、浓度高、污染物种类多、持续时间长等特点，对空气质量的影响显著[7]。

2009 年，环境保护部开始部署全国性 VOCs 排放情况摸底调查工作。

2010 年 5 月 11 日，国务院办公厅发布《环境保护部等部门关于推进大气污染联防联控工作改善区域空气质量指导意见的通知》，正式地从国家层面上提出了加强 VOCs 污染防治工作要求，将 VOCs 和 SO_2、NO_x、颗粒物一起列为改善大气环境质量的防控重点污染物。明确污染防治的重点行业是火电、钢铁、有色、石化、水泥、化工等，重点企业是对区域空气质量影响较大的企业，需解决的重点问题是酸雨、灰霾和光化学烟雾污染等。明确要求开展 VOCs 污染防治：从事喷漆、石化、制鞋、印刷、电子、服装干洗等排放挥发性有机污染物的生产作业，应当按照有关技术规范进行污染治理等。

2011 年 12 月 15 日，《国家环境保护“十二五”规划》提出：加强挥发性有机污染物和有毒废气控制；加强石化行业生产、输送和存储过程挥发性有机污染物排放控制；鼓励使用水性、低毒或低挥发性的有机溶剂，推进精细化工行业有机废气污染治理，加强有机废气回收利用；实施加油站、油库和油罐车的油气回收综合治理工程；开展挥发性有机污染物和有毒废气监测，完善重点行业污染物排放标准。

2012 年 12 月 6 日，环境保护部出台《重点区域大气污染防治“十二五”规划》（简称《规划》），将 VOCs 控制提上日程，开展重点行业治理，完善 VOCs 污染防治体系。《规划》就开展 VOCs 摸底调查，完善重点行业 VOCs 排放控制要求和政策体系，全面开展加油站、储油库和油罐车油气回收治理，大力削减石化行业 VOCs 排放，积极推进有机化工等行业 VOCs 控制，加强表面涂装工艺 VOCs 排放控制，推进溶剂使用工艺 VOCs 治理 7 个方面提出了明确的要求。同时，还将 VOCs 与 SO_2、NO_x、工业烟粉尘一起，把污染物排放总量控制要求作为环评审批的前置条件，以总量定项目，严格控制污染物新增排放量。在重点工程项目中将重点行业 VOCs 污染防治单独归类纳入。

2013 年 5 月 24 日，环境保护部发布 2013 年第 31 号公告，出台《挥发性有机物（VOCs）污染防治技术政策》，提出了生产 VOCs 物料和含 VOCs 产品的生产、储存运输销售、使用、消费各环节的污染防治策略和方法，明确了 VOCs 污染防治应遵循源头和过程控制与末端治理相结合的综合防治原则。通过积极开展 VOCs 摸底调查、制修订重点行业 VOCs 排放标准和管理制度等文件、加强 VOCs 监测和治理、推广使用环境标志产品等措施，到 2015 年，基本建立起重点区域 VOCs 污染防治体系；到 2020 年，基本实现 VOCs 从原料到产品、从生产到消费的全过程减排。

2013 年 6 月 14 日，国务院出台《大气污染防治行动计划》，提出了 10 条 35 项具体措施，涉及减少污染物排放、推进产业结构优化升级、加快企业技术改造、调整能源结构、严格节能环境保护准入、完善环境经济政策、健全环境法律法规体系、建立区域协作机制、妥善应对重污染天气、明确政府企业和社会责任等诸多方面，要求下定决心，坚决治理，出台有力举措，为实现美丽中国的发展目标做出应有贡献。在推进 VOCs 污染治理方面明确要求：在石化、有机化工、表面涂装、包装印刷等行业实施 VOCs 综合整治，在石化行业开展“泄漏检测与修复”技术改造；限时完成加油站、储油库、油罐车的油气回收治理，在原油成品油码头积极开展油气回收治理；完善涂料、胶黏剂等产品 VOCs 限值标准，推广使用水性涂料，鼓励生产、销售和使用低毒、低挥发性有机溶剂。

2014 年 4 月 30 日，国务院办公厅印发了《大气污染防治行动计划实施情况考核办法(试行)》，考核指标包括空气质量改善目标完成情况和大气污染防治重点任务完成情况两个方面。其中大气污染防治重点任务包括产业结构调整优化、工业大气污染治理、大气管理等 10 个单项指标，在工业大气污染治理中明确地提出了 VOCs 的治理要求，规定了全国大气 VOCs 控制的进度。

2015 年 8 月 29 日，新的《大气污染防治法》出台，首次将 VOCs 防治纳入监管范围。要求生产、进口、销售和使用含 VOCs 的原材料和产品的，其 VOCs 含量应当符合质量标准或者要求；产生含 VOCs 废气的生产和服务活动，应当在密闭空间或者设备中进行，并按照规定安装、使用污染防治设施；无法密闭的，应当采取措施减少废气排放；工业涂装企业应当使用低 VOCs 含量的涂料，并建立台账，记录生产原料、辅料的使用量、废弃量、去向以及 VOCs 含量；石油、化工及其他生产和使用有机溶剂的企业，应当采取措施对管道、设备进行日常维护、维修，减少物料泄漏，对泄漏的物料应当及时收集处理；储油储气库、加油加气站、原油成品油码头、原油成品油运输船舶和油罐车、气罐车等，应当按照国家有关规定安装油气回收装置并保持正常使用。

2016 年 7 月 8 日，工业和信息化部、财政部印发《重点行业挥发性有机物削减行动计划》，要求促进重点行业 VOCs 削减，改善大气环境质量，提升制造业绿色化水平。其中明确提到工业是 VOCs 排放的重点领域，排放量占总排放量的 50%以上。要求到 2018 年，工业行业 VOCs 排放量比 2015 年削减 330 万 t 以上，减少苯、甲苯、二甲苯、二甲基甲酰胺等溶剂、助剂使用量 20%以上，低(无)VOCs 的绿色农药制剂、涂料、油墨、胶黏剂和轮胎产品比例分别达到 70%、60%、70%、85%和 40%以上。明确提出了实施原料替代工程、工艺技术改造工程、回收及综合治理工程三大主要任务。

2016 年 11 月 24 日，国务院印发的《“十三五”生态环境保护规划》提出：全面启动挥发性有机物污染防治，完善挥发性有机物排放标准体系，控制重点地区重点行业挥发性有机物排放。全面加强石化、有机化工、表面涂装、包装印刷等重点行业挥发性有机物控制。细颗粒物和臭氧污染严重省份实施行业挥发性有机污染物总量控制，制定挥发性有机污染物总量控制目标和实施方案。强化挥发性有机物与氮氧化物的协同减排，建立固定源、移动源、面源排放清单，对芳香烃、烯烃、炔烃、醛类、酮类等挥发性有机物实施重点减排。开展石化行业“泄漏检测与修复”专项行动，对无组织排放开展治理。要求各地明确时限，完成加油站、储油库、油罐车油气回收治理，油气回收率提高到 90%以上，并加快推进原油成品油码头油气回收治理。涂装行业实施低挥发性有机物含量涂料替代、涂装工艺与设备改进，建设挥发性有机物收集与治理设施。印刷业全面开展低挥发性有机物含量原辅料替代，改进生产工艺。京津冀及周边地区、长三角地区、珠三角地区，以及成渝、武汉及其周边、辽宁中部、陕西关中、长株潭等城市群全面加强挥发性有机物排放控制。

2016 年 12 月 20 日，国务院印发《“十三五”节能减排综合工作方案》，提出全国挥发性有机物排放总量比 2015 年下降 10%以上；在重点行业、重点区域推进挥发性有机物排放总量控制，大力推进石化、化工、印刷、工业涂装、电子信息等行业挥发性有机物综合治理。全面推进现有企业达标排放，研究制修订农药、制药、汽车、家具、印刷、集装箱制造等行业排放标准，出台涂料、油墨、胶黏剂、清洗剂等有机溶剂产品挥发性有机物含量限值强制性环境保护标准，控制集装箱、汽车、船舶制造等重点行业挥发性有机物排放，推动有关企业实施原料替代和清洁生产技术改造；严格执行有机溶剂产品有害物质限量标准，推进建筑装饰、汽修、干洗、餐饮等行业挥发性有机物治理；实施石化、化工、工业涂装、包装印刷等重点行业挥发性有机物治理工程，到 2020 年石化企业基本完成挥发性有机物治理。制定了《“十三五”重点地区挥发性有机物排放总量控制计划》，要求四川在 2015 年 111.3 万 t 挥发性有机化合物的基数上，到 2020 年应减排 5%，其中重点工程减排量为 5.6 万 t。

2017 年 9 月 13 日，环境保护部、国家发展和改革委员会、财政部、交通运输部、国家质量监督检验检疫总局、国家能源局共同印发《“十三五”挥发性有机物污染防治工作方案》，提出以改善环境空气质量为核心，以重点地区为主要着力点，以重点行业和重点污染物为主要控制对象，推进 VOCs 与 NO_x 协同减排，强化新增污染物排放控制，实施固定污染源排污许可，全面加强基础能力建设和政策支持保障，因地制宜，突出重点，源头防控，分业施策，建立 VOCs 污染防治长效机制，促进环境空气质量持续改善和产业绿色发展。到 2020 年，建立健全以改善环境空气质量为核心的 VOCs 污染防治管理体系，实施重点地区、重点行业 VOCs 污染减排，排放总量下降 10%以上。通过与 NO_x 等污染物的协同控制，实现环境空气质量持续改善。明确了包括四川在内的 16 个省(市)，重点推进石化、化工、包装印刷、工业涂装等重点行业以及机动车、油品储运销等交通源 VOCs 污染防治；加强活性强的 VOCs 排放控制，主要为芳香烃、烯烃、炔烃、醛类等，同时还提出各地应紧密围绕本地环境空气质量改善需求，基于臭氧和 $PM_{2.5}$ 来源解析，确定 VOCs 控制重点。提出了加大产业结构调整力度、加快实施工业源 VOCs 污染防治、深入推进交通源 VOCs 污染防治、有序开展生活源农业源 VOCs 污染防治、建立健全 VOCs 管理体系 5 项重点任务。

2017 年，《环境保护税法》及《环境保护税法实施细则》出台，并于 2018 年 1 月 1 日开始实施。《环境保护税法》规定了大气中 19 种 VOCs 为应税污染物，除西藏自治区外，各省、自治区、直辖市均出台了本地区应税大气污染物的具体适用税额。2017 年环境保护机构监测监察执法垂直管理制度改革(环境保护垂改)取得进展，各试点地区基本建立了全新的环境监察体系。随着中央环境保护督察的全覆盖，多地正在以督察整改为契机，积极推进建立环境保护长效机制。同时，伴随各地环境保护政策陆续出台，各批次各层次环境保护督察一并展开。各地环境保护监管部门明显加大了监管和处罚力度，对京津冀及周边传输通道的“2+26”城市开展了为期一年的大气污染防治强化督查，其中包括大量涉及 VOCs 排放的企业。

2018 年 5 月 18 日～19 日，全国生态环境保护大会在北京胜利召开。会议对全面加强生态环境保护，坚决打好污染防治攻坚战，做出了系统部署和安排。这次大会是我国生态环境保护和生态文明建设历程中一次规格最高、规模最大、影响最广、意义最深的历史性盛会，也是中国特色社会主义进入新时代，以习近平生态文明思想为指导，全面加强生态环境保护，坚决打好污染防治攻坚战，决胜全面建成小康社会，建设美丽中国的发令枪、动员令、集合号和冲锋号。

2018 年 6 月，国务院常务会议审议并通过了《打赢蓝天保卫战三年行动计划》，该计划要求实施 VOCs 专项整治方案。制定了石化、化工、工业涂装、包装印刷等 VOCs 排放重点行业和油品储运销综合整治方案，出台泄漏检测与修复标准，编制 VOCs 治理技术指南。研究将 VOCs 纳入环境保护税征收范围。加快制修订制药、农药、工业涂装类等重点行业污染物排放标准，以及 VOCs 无组织排放控制标准。对涂料、油墨、胶黏剂、清洗剂等重点产品，要求制定实施 VOCs 含量限值强制性国家标准，明确要求推进大气光化学监测网建设，加强区域性臭氧形成机理和控制路径研究，深化 VOCs 全过程控制及监管技术研发等。

按照国务院及有关部、委、局的文件要求，四川省也陆续出台了《四川省灰霾污染防治办法》《四川省十三五环境保护规划》《四川省环境污染防治“三大战役”实施方案》《重点区域大气污染防治“十二五”规划四川省实施方案》《四川省人民政府办公厅关于加强灰霾污染防治的通知》《四川省人民政府关于印发四川省大气污染防治行动计划实施细则的通知》《四川省挥发性有机物污染防治实施方案(2018—2020)》，不断强化对挥发性有机物的防治要求。

2010～2016 年四川省统计年鉴表明，全省 40 多个行业中，电子及通信设备制造业、汽车制造业等发展较快。随着社会经济的发展和工业产业门类的增加，一些特殊的大气污染物也不断出现。电子及通信设备制造业、汽车制造业等典型行业排放大量 VOCs，包括苯系物、烷烯烃、卤代烃、酯类、酮类、醇类等。2008 年，四川省 VOCs 排放总量接近 100 万 t，在统计的 31 个省、自治区、直辖市中排第 7 位，单位面积 VOCs 排放总量为 1～3t/km^2，排放强度处于中等水平[8]。经环境保护部(现为生态环境部)核算，2015 年四川省 VOCs 排放总量为 111 万 t。如果不做控制，按照每年 5%的增幅预计到 2020 年，四川省 VOCs 排放总量将达到 149 万 t，而“十三五”规划要求在 2015 年的基础上下降 5%，即小于 105 万 t，这意味着“十三五”期间需要通过工程措施和管理措施削减包括新增量在内的 44 万 t VOCs。这需要对排放 VOCs 的工业行业进行严格控制，特别是对家具制造、印刷、石油炼制、涂料、油墨及类似产品制造、橡胶制品制造、汽车制造、表面涂装、农药制造、医药制造、电子产品制造等重点污染行业进行加严控制。此外，机动车尾气排放、生物质燃烧、室内装修和外墙涂装等也是 VOCs 的重要来源，需要重点控制。

1.3 大气污染物排放标准体系

大气污染物排放标准是国家或地方政府环境保护法规体系中的重要组成部分，是环境管理的重要依据。

我国的大气污染物排放标准从 1973 年开始起步，经过四十余年的发展，先后经历了起步、初步形成、体系调整和快速发展等阶段，目前已经形成了较为完善的大气污染物排放标准体系，基本覆盖了大气污染物排放重点源，在大气污染物排放管理中发挥着重要作用。近年来，大气污染物排放标准正在由以综合排放标准为主，逐步向以行业性排放标准为主、综合排放标准为辅的体系转变。标准的科学性、系统性、协调性和可操作性不断提高。

按照《中华人民共和国环境保护法》要求：国务院环境保护主管部门根据国家环境质量标准和国家经济、技术条件，制定国家污染物排放标准。省、自治区、直辖市人民政府对国家污染物排放标准中未做规定的项目，可以制定地方污染物排放标准；对国家污染物排放标准中已做规定的项目，可以制定严于国家污染物排放标准的地方污染物排放标准。所以我国的大气污染物排放控制分为国家污染物排放标准和地方污染物排放标准两级。

1.3.1　国家大气污染物排放标准体系

我国污染物排放标准体系中，涉及大气污染物的标准共计 51 个，详见表 1-1 所示(截至 2018 年 7 月)，具体可划分为以下 3 类。

(1) 综合性排放标准，如 1993 年发布的《恶臭污染物排放标准》和 1996 年发布的《大气污染物综合排放标准》。《恶臭污染物排放标准》包括 9 种具体的恶臭污染物和臭气强度；《大气污染物综合排放标准》包括 33 项污染物，其中一些是具有确定组成的化合物，如苯、二氧化硫等，另一些是一类化合物的总称，如氯苯类、硝基苯类等，还有一些污染物如沥青烟等由于其成分复杂，含义也有一定的不确定性。

(2) 专门的行业性大气污染物排放标准的，如《工业炉窑大气污染物排放标准》《火电厂大气污染物排放标准》《加油站大气污染物排放标准》等 17 个标准。

(3) 在行业排放标准中涉及大气污染物排放要求的，如《危险废物焚烧污染控制标准》《橡胶制品工业污染物排放标准》《电镀污染物排放标准》《硫酸工业污染物排放标准》等共计 32 个标准。

我国大气污染物排放标准中涉及挥发性有机物控制的标准有 15 个，包括综合性排放标准《大气污染物综合排放标准》和《恶臭污染物排放标准》；专门的行业性大气污染物排放标准，如《轧钢工业大气污染物排放标准》等；行业排放标准中涉及大气污染物排放要求的，如《烧碱、聚氯乙烯工业污染物排放标准》等。《大气污染物综合排放标准》中控制 VOCs 的项目共 12 项，包括苯、氯苯类、非甲烷总烃等；《恶臭污染物排放标准》中控制 VOCs 的项目共 5 项，包括甲硫醇、甲硫醚等。行业排放标准中控制 VOCs 的项目有 29 种，包括氯乙烯、二氯乙烷、二氯甲烷、苯系物、氯苯类、苯乙烯、1,3-丁二烯、酚类、甲醛、乙醛、丙烯醛、甲苯二异氰酸酯等。行业排放标准针对性较强，主要针对生产工艺或设施对应的特征污染物进行控制，并分别设置现有企业和新建企业排放限值。2015 年以前的标准规定的排放限值较为宽松，如苯规定为 $10mg/m^3$，2015 年以后的排放标准更加严格，如苯收严到 $5mg/m^3$ 以下。

从目前国家的标准体系来看，整体缺少专门的挥发性有机物类排放标准，无行业挥发性有机物排放标准；行业排放标准中规定的挥发性有机物种类不全面，综合类大气污染物排放标准虽然种类较多，但较为陈旧，排放限值过于宽松，已无法满足当前的控制需求。所以迫切需要制定专门的挥发性有机物排放标准，并且加严控制要求，以满足大气污染防治工作的需要。

表 1-1 国家大气污染物排放标准一览表

序号	标准名称	标准编号
1	《大气污染物综合排放标准》*	GB 16297—1996
2	《恶臭污染物排放标准》*	GB 14554—1993
3	《烧碱、聚氯乙烯工业污染物排放标准》*	GB 15581—2016
4	《火葬场大气污染物排放标准》	GB 13801—2015
5	《再生铜、铝、铅、锌工业污染物排放标准》	GB 31574—2015
6	《无机化学工业污染物排放标准》	GB 31573—2015
7	《合成树脂工业污染物排放标准》*	GB 31572—2015
8	《石油化学工业污染物排放标准》*	GB 31571—2015
9	《石油炼制工业污染物排放标准》*	GB 31570—2015
10	《锡、锑、汞工业污染物排放标准》	GB 30770—2014
11	《锅炉大气污染物排放标准》	GB 13271—2014
12	《电池工业污染物排放标准》*	GB 30484—2013
13	《水泥窑协同处置固体废物污染控制标准》	GB 30485—2013
14	《水泥工业大气污染物排放标准》	GB 4915—2013
15	《砖瓦工业大气污染物排放标准》	GB 29620—2013
16	《电子玻璃工业大气污染物排放标准》	GB 29495—2013
17	《炼焦化学工业污染物排放标准》*	GB 16171—2012
18	《铁合金工业污染物排放标准》	GB 28666—2012
19	《轧钢工业大气污染物排放标准》*	GB 28665—2012
20	《炼钢工业大气污染物排放标准》	GB 28664—2012
21	《炼铁工业大气污染物排放标准》	GB 28663—2012
22	《钢铁烧结、球团工业大气污染物排放标准》	GB 28662—2012
23	《铁矿采选工业污染物排放标准》	GB 28661—2012
24	《橡胶制品工业污染物排放标准》*	GB 27632—2011
25	《火电厂大气污染物排放标准》	GB 13223—2011
26	《平板玻璃工业大气污染物排放标准》	GB 26453—2011
27	《钒工业污染物排放标准》	GB 26452—2011
28	《稀土工业污染物排放标准》	GB 26451—2011
29	《硫酸工业污染物排放标准》	GB 26132—2010
30	《硝酸工业污染物排放标准》	GB 26131—2010
31	《镁、钛工业污染物排放标准》	GB 25468—2010
32	《铜、镍、钴工业污染物排放标准》	GB 25467—2010
33	《铅、锌工业污染物排放标准》	GB 25466—2010
34	《铝工业污染物排放标准》	GB 25465—2010
35	《陶瓷工业污染物排放标准》	GB 25464—2010
36	《合成革与人造革工业污染物排放标准》*	GB 21902—2008

续表

序号	标准名称	标准编号
37	《电镀污染物排放标准》	GB 21900—2008
38	《煤层气(煤矿瓦斯)排放标准(暂行)》	GB 21522—2008
39	《加油站大气污染物排放标准》*	GB 20952—2007
40	《汽油运输大气污染物排放标准》*	GB 20951—2007
41	《储油库大气污染物排放标准》*	GB 20950—2007
42	《煤炭工业污染物排放标准》	GB 20426—2006
43	《柠檬酸工业污染物排放标准》	GB 19430—2004
44	《味精工业污染物排放标准》	GB 19431—2004
45	《城镇污水处理厂污染物排放标准》	GB 18918—2002
46	《饮食业油烟排放标准》*	GB 18483—2001
47	《生活垃圾焚烧污染控制标准》	GB 18485—2001
48	《畜禽养殖业污染物排放标准》	GB 18596—2001
49	《危险废物焚烧污染控制标准》	GB 18484—2001
50	《生活垃圾填埋污染控制标准》	GB 16889—1997
51	《工业炉窑大气污染物排放标准》	GB 9078—1996

*涉及控制 VOCs 的标准，共计 15 个。

1.3.2　地方大气污染物排放标准体系

原环境保护部(2018 年 3 月变更为生态环境部)近年来先后出台了《国家环境保护标准制修订工作管理办法》和《加强国家污染物排放标准制修订工作的指导意见》(简称《指导意见》)。在《指导意见》中，对污染物排放标准体系设置原则、设置要求、基本内容、排放控制要求与环境功能要求的关系、控制项目和控制水平的确定原则等做出了明确规定。

根据《地方环境质量标准和污染物排放标准备案管理办法》和《制定地方大气污染物排放标准的技术方法》的要求，各省、市通过制定有关大气污染物的地方排放标准来严格控制污染物排放，如表 1-2 所示。

表 1-2　部分地方大气污染物排放标准一览表

序号	地方	标准名称	标准编号
1	北京	《大气污染物综合排放标准》*	DB 11/501—2017
2		《危险废物焚烧大气污染物排放标准》	DB 11/503—2007
3		《冶金、建材行业及其他工业炉窑大气污染物排放标准》	DB 11/237—2004
4		《生活垃圾焚烧大气污染物排放标准》	DB 11/502—2008
5		《水泥工业大气污染物排放标准》	DB 11/1054—2013
6		《铸锻工业大气污染物排放标准》	DB 11/914—2012
7		《防水卷材行业大气污染物排放标准》	DB 11/1055—2013
8		《锅炉大气污染物排放标准》	DB 11/139—2015

续表

序号	地方	标准名称	标准编号
9	北京	《加油站油气排放控制和限值》*	DB 11/208—2010
10		《油罐车油气排放控制和限值》*	DB 11/207—2010
11		《储油库油气排放控制和限值》*	DB 11/206—2010
12		《汽车整车制造业(涂装工序)大气污染物排放标准》*	DB 11/1227—2015
13		《汽车维修业大气污染物排放标准》*	DB 11/1228—2015
14		《工业涂装工序大气污染物排放标准》*	DB 11/1226—2015
15		《印刷业挥发性有机物排放标准》*	DB 11/1201—2015
16		《炼油与石油化学工业大气污染物排放标准》*	DB 11/447—2015
17		《家具制造业大气污染物排放标准》*	DB 11/1202—2015
18		《有机化学品制造业大气污染物排放标准》*	DB 11/1385—2017
19	广东	《大气污染物排放限值》	DB 44/27—2001
20		《火电厂大气污染物排放标准》	DB 44/612—2009
21		《家具制造业挥发性有机化合物排放标准》*	DB 44/814—2010
22		《印刷业挥发性有机化合物排放标准》*	DB 44/815—2010
23		《表面涂装(汽车制造业)挥发性有机化合物排放标准》*	DB 44/816—2010
24		《制鞋行业挥发性有机化合物排放标准》*	DB 44/817—2010
25		《水泥工业大气污染物排放标准》	DB 44/818—2010
26		《畜禽养殖业污染物排放标准》	DB 44/613—2009
27		《集装箱制造业挥发性有机物排放标准》*	DB 44/1837—2016
28	上海	《半导体行业污染物排放标准》	DB 31/374—2006
29		《铅蓄电池行业大气污染物排放标准》	DB 31/603—2012
30		《生物制药行业污染物排放标准》	DB 31/373—2010
31		《危险废物焚烧大气污染物排放标准》	DB 31/767—2013
32		《生活垃圾焚烧大气污染物排放标准》	DB 31/768—2013
33		《锅炉大气污染物排放标准》	DB 31/387—2018
34		《工业炉窑大气污染物排放标准》	DB 31/860—2014
35		《汽车制造业(涂装)大气污染物排放标准》*	DB 31/859—2014
36		《印刷业大气污染物排放标准》*	DB 31/872—2015
37		《大气污染物综合排放标准》*	DB 31/933—2015
38		《家具制造业大气污染物排放标准》*	DB 31/1059—2017
39	重庆	《重庆市大气污染物综合排放标准》	DB 50/418—2016
40		《重庆市燃煤电厂大气污染物排放标准》	DB 50/252—2007
41		《重庆市水泥工业大气污染物排放标准》	DB 50/251—2007
42		《汽车整车制造表面涂装大气污染物排放标准》*	DB 50/577—2015
43		《汽车维修业大气污染物排放标准》*	DB 50/661—2016
44		《家具制造业大气污染物排放标准》*	DB 50/757—2017
45		《包装印刷业大气污染物排放标准》*	DB 50/758—2017

续表

序号	地方	标准名称	标准编号
46	厦门	《厦门市大气污染物排放标准》	DB 35/323—2011
47	山东	《山东省区域性大气污染物综合排放标准》	DB 37/2376—2013
48		《火电厂大气污染物排放标准》	DB 37/664—2013
49		《钢铁工业污染物排放标准》	DB 37/990—2013
50		《挥发性有机物排放标准第 1 部分：汽车制造业》*	DB 37/2801.1—2016
51		《挥发性有机物排放标准第 3 部分：家具制造业》*	DB 37/2801.3—2017
52		《挥发性有机物排放标准第 4 部分：印刷业》*	DB 37/2801.4—2017
53		《挥发性有机物排放标准第 5 部分：表面涂装业》*	DB 37/2801.5—2018
54		《挥发性有机物排放标准第 6 部分：有机化工行业》*	DB 37/2801.6—2018
55	天津	《工业企业挥发性有机物排放控制标准》*	DB 12/524—2014
56		《工业炉窑大气污染物排放标准》	DB 12/556—2015
57	贵州	《贵州省环境污染物排放标准》	DB 52/864—2013
58	河北	《工业企业挥发性有机物排放控制标准》*	DB 13/2322—2016
59	浙江	《纺织染整工业大气污染物排放标准》*	DB 33/962—2015
60		《制鞋工业大气污染物排放标准》*	DB 33/2046—2017
61	江苏	《表面涂装(汽车制造业)挥发性有机物排放标准》*	DB 32/2862—2016
62	陕西	《挥发性有机物排放控制标准》*	DB/T 1061—2017
63	四川	《四川省固定污染源大气挥发性有机物排放标准》*	DB 51/2377—2017

*涉及控制 VOCs 的标准，共计 36 个。

这些标准对应国家的标准分类体系也可分为以下 3 类。

(1) 综合性排放标准，如河北省(2016 年)和天津市(2014 年)发布的《工业企业挥发性有机物排放控制标准》、山东省 2013 年发布的《山东省区域性大气污染物综合排放标准》、北京市 2017 年发布的《大气污染物综合排放标准》等。

(2) 专门的行业性大气污染物排放标准，如北京市 2015 年发布的《印刷业挥发性有机物排放标准》《工业涂装工序大气污染物排放标准》，广东省 2016 年发布的《集装箱制造业挥发性有机物排放标准》、2010 年发布的《水泥工业大气污染物排放标准》和《家具制造业挥发性有机化合物排放标准》，上海市 2017 年发布的《家具制造业大气污染物排放标准》、2014 年发布的《汽车制造业(涂装)大气污染物排放标准》和《工业炉窑大气污染物排放标准》、2013 年发布的《危险废物焚烧大气污染物排放标准》等。

(3) 在行业排放标准中涉及大气污染物排放标准要求，如广东省 2009 年发布的《畜禽养殖业污染物排放标准》、上海市 2010 年发布的《生物制药行业污染物排放标准》、山东省 2013 年发布的《钢铁工业污染物排放标准》等。

考虑到 VOCs 对大气光化学烟雾和 $PM_{2.5}$ 的二次转化生成有重要贡献，许多地方排放标准在控制常规污染物的同时，对挥发性有机物提出了较高的控制要求。例如，天津市、河北、陕西省发布了《工业企业挥发性有机物排放控制标准》，按不同行业的工艺设施分别规定污染物排放浓度和排放速率，控制指标为苯、甲苯、二甲苯和 VOCs，其中天津的苯排放浓度为 1～10mg/m^3、甲苯和二甲苯为 10～30mg/m^3，VOCs 为 20～80mg/m^3，严于国家综合排放标准。广东、上海和重庆则专门针对 VOCs 排放重点行业制定了行业排放标准，如广东针对家具制造、制鞋、印刷、汽车制造均制定了 VOCs 排放标准，排放限值比国家综合排放标准严格 60%～90%。

相比国家标准，地方排放标准重点控制典型行业和特征污染物，其针对性和适用性较强。除北京《大气污染物综合排放标准》涵盖的污染物较为全面外，其余标准控制的污染物均采用苯系物+X 种特征污染物的模式，这样既便于监测，又便于标准的实施和推广。就排放限值而言，地方排放标准基本比国家排放标准严格 40%～90%，这些地方标准反映了当前严峻的大气污染防治工作需要，也充分体现了大气污染形势的变化。

1.4 标 准 编 制

社会经济发展带来了诸多新的环境问题，如灰霾天气、光化学烟雾污染等，而现行排放标准已无法满足四川省经济社会发展的变化和环境保护管理的需要，许多行业典型污染物并未在现行的国家综合排放标准、行业排放标准和四川省地方排放标准中体现。根据国务院颁布的《大气污染防治行动计划》、四川省人民政府颁布的省政府令第 288 号及《国家“十三五”规划》和《四川省委关于推进绿色发展建设美丽四川决定的要求》，为打赢蓝天保卫战，实现空气质量全面改善，VOCs 的治理和总量控制已成为环境保护的重点工作之一。为确保完成 VOCs 治理任务，进行总量控制，有效改善空气质量，亟须制定 VOCs 的相关排放标准。通过标准的实施，有针对性地控制和管理 VOCs，不仅符合国家及环境保护主管部门的相关要求，还可以引导四川省工业行业进行产业结构调整，促进有机废气处理技术的创新，增强四川省在区域经济合作中的纽带作用和承接产业转移中的对接功能。通过地方标准的实施来加强 VOCs 的控制，符合空气质量改善和产业发展的现实要求，可以保障四川省国民经济又好又快地高质量发展，是落实绿色发展建设美丽四川的重要举措之一。

1.4.1 编制依据

(1)《中华人民共和国环境保护法》。

(2)《中华人民共和国大气污染防治法》。

(3)《加强国家污染物排放标准制修订工作的指导意见》(国家环境保护总局公告 2007 年第 17 号)。

(4)《国家环境保护标准制修订工作管理办法》(国家环境保护总局公告 2006 年第 41 号)。

(5)《地方环境质量标准和污染物排放标准备案管理办法》(国家环境保护部令 2010 年第 9 号)。

(6)《关于加强国家环境保护标准技术管理工作的通知》(环科函[2007]31 号)。

(7)《关于推进大气污染联防联控工作改善区域空气质量指导意见的通知》(国务院办公厅国发[2010]第 33 号)。

(8)《国务院关于印发大气污染防治行动计划的通知》(国务院办公厅国发[2013]37 号)。

(9)《挥发性有机物(VOCs)污染防治技术政策》(环境保护部公告 2013 年第 31 号)。

(10)《重点区域大气污染防治“十二五”规划》(四川省实施方案，四川省人民政府川府函[2013]181 号)。

(11)《四川省人民政府关于印发四川省大气污染防治行动计划实施细则的通知》(四川省人民政府川府发[2014]4 号)。

(12)《四川省灰霾污染防治办法》(四川省人民政府令第 288 号)。

(13)《财政部　国家发展改革委　环境保护部关于印发挥发性有机物排污收费试点办法的通知》(财税[2015]71 号)。

(14)《工业和信息化部　财政部关于印发重点行业挥发性有机物削减行动计划的通知》(工信部联节[2016]217 号)。

(15)《中共四川省委关于推进绿色发展建设美丽四川的决定》。

(16)《制定地方大气污染物排放标准的技术方法》(GB/T 3840—1991)。

1.4.2　编制原则

(1)以生态文明建设为统领，以科学发展观为指导，结合“推进绿色发展建设美丽四川”战略目标，以加快经济发展方式转变和产业结构优化调整为主线，以实现经济社会可持续发展为目标，以国家和地方环境保护相关法律、法规、政策和规划为依据，通过制定和实施标准，控制四川省固定污染源大气挥发性有机物排放，保障人体健康、保护生态环境、改善环境空气质量，促进环境、经济与社会的可持续发展。

(2)与我国现行的有关环境保护标准《环境空气质量标准》(GB 3095—2012)、《大气污染物综合排放标准》(GB 16297—1996)、《恶臭污染物排放标准》(GB 14554—1993)及国家行业性排放标准相衔接，与环境保护的方针政策相一致，结合四川省的实际情况和经济技术可行性，依照环境标准制定工作规范进行制定，体现本次标准制定的科学性、系统性、协调性。

(3)重点针对四川省工业行业发展状况和大气污染问题加严控制 VOCs。

(4)标准具有管理可操作性与技术可行性，能够适应四川省经济社会发展和环境保护管理的需要，拉动环境保护产业的发展，引导产业结构优化调整，促进新工艺的推广应用，促进有机废气处理技术的创新。

1.4.3　编制思路

就当前四川省面临的主要大气污染问题、废气排放状况及现行标准执行情况进行调研，分析四川省重点监管企业的废气排放情况，剖析现行标准执行过程中所遇到的问题。对国内外排放标准进行收集和调查，对国内外制定排放标准的方法学进行对比分析，研究污染物的筛选原则和标准限值的确定依据，为标准制定的框架构筑和内容确定奠定基础。

分析四川省涉及 VOCs 排放的相关产业发展特点，重点对典型行业的产污环节和排放特征进行梳理，对主要的挥发性有机污染物进行监测，分析相关污染控制技术，为排放标准的制定提供技术依据。

根据对四川省大气污染状况、行业产业发展、污染控制水平、国家现行标准和VOCs控制政策的综合梳理，从典型行业的特征污染物、重点行业的污染源实测数据、环境空气质量监测数据等多个方面进行对比和分析筛选，确定污染物控制指标和其对应的典型行业受控工艺设施。

根据对污染物毒性、对人体健康的影响及污染控制水平的分析，研究污染物排放标准限值的确定原则和计算方法，提出污染物排放限值，使之符合四川省经济社会发展的要求，通过提高环境管理水平和污染治理水平，达到改善环境空气质量的效果。

全面梳理国内外VOCs监测分析方法，根据标准要求完善污染物监测分析方法。

编制过程中，召开重点行业、重点排污企业、污染治理企业、相关管理部门和行业专家的座谈会、研讨会，听取各方意见，不断完善标准。

1.4.4 编制方法

主要采用调研、实地监测及数据统计相结合的方法，具体如下。

(1)调研国家排放标准及各省的VOCs地方排放标准。

(2)调研国外VOCs排放标准。

(3)调研四川省产业发展概况、各行业有机废气排放状况、污染防治技术等，确定需重点控制的行业。

(4)对重点控制行业的部分企业进行实地监测，获取排放数据。

(5)整理、分析、比较调研资料和实测数据，筛选重点控制的行业和重点控制的VOCs物种，并制定其排放限值。

(6)编写标准和编制说明草案。

(7)咨询相关行业专家和管理部门意见，根据反馈意见，对标准草案和编制说明进行修订，定稿。

1.4.5 编制过程

四川省环境监测总站与四川大学、四川省环境保护产业协会共同成立了标准编制组，按照《国家环境保护标准制修订工作管理办法》要求开展标准编制工作。

(1)2016年6月，对国内外固定污染源大气挥发性有机污染物排放标准体系进行调研，详细研究了美国、欧盟、日本等国家或地区的大气挥发性有机污染物排放标准体系，比对分析了国家大气污染排放标准体系和各省制定的相关地方排放标准。

(2)2016年7月，在前期完成的四川省综合污染物排放标准修订研究的基础之上提出标准编制思路。在四川省VOCs污染控制培训和四川省标准培训会上就标准编制情况向21个市(州)环境保护局进行介绍，并听取各方意见。

(3)2016年7月，召开了VOCs治理及效益研讨会，了解四川省在VOCs治理与排放控制方面与国内其他省份的差异，分析全省VOCs重点行业、治理技术、治理水平及治理效果的基本情况。

(4)2016 年 7 月，与四川省环境监察执法总队进行座谈，了解 VOCs 排污收费有关政策要求及执行情况，了解监管执法部门对污染控制的要求。

(5)2016 年 7 月，与成都市环境保护局、成都市环境科学研究院、成都市环境监测中心站座谈，就标准初稿向地方环境保护部门咨询意见，并了解地方环境保护部门对 VOCs 排放控制的需求。在上述工作基础上对标准进行修改完善。

(6)2016 年 8 月，开展典型行业部分企业 VOCs 监测，了解 VOCs 治理工艺与管理水平。

(7)2016 年 8 月，参加中国环境科学学会 VOCs 污染控制年会，提交论文进行学术交流及其排放情况。

(8)2016 年 8 月，赴河北省环境保护厅就 VOCs 排放标准和污染防治管理进行调研座谈，汲取河北省制定地方标准过程中的经验。

(9)2016 年 8 月，与攀枝花市环境保护局、环境监测中心站座谈，就标准初稿向地方环境保护部门咨询意见，并了解地方环境保护部门对 VOCs 排放控制的需求。

(10)2016 年 9 月，完成标准文本及编制说明(征求意见稿)的编写工作。

(11)2016 年 9 月，召开包装印刷、家具行业 VOCs 排放标准研讨会，与成都市环境保护局、四川省包装装潢印刷工业协会、四川省家居产业协会及部分生产企业进行座谈，就已经完成的标准文本和编制说明征求意见。

(12)2016 年 9 月，召开涂料、油墨行业 VOCs 排放标准研讨会，与成都市环境保护局、四川涂料工业协会、四川省危险化学品质检所、成都市产品质检院及部分生产企业和 VOCs 治理企业进行座谈，征求意见。

(13)2016 年 9 月，通过邮件方式向汽车制造、电子制造、石化行业协会及部分企业征求意见。

(14)2016 年 10 月，四川省环境保护厅以《关于征求〈四川省固定污染源大气挥发性有机物排放标准〉(征求意见稿)意见的函》正式挂网征求意见。

(15)2016 年 11 月，参加涂料行业协会年会，介绍标准研究编制情况并征求意见。

(16)2017 年 3 月，参加家具制造业协会年会，介绍标准研究编制情况并征求意见。

(17)2017 年 3 月，召开汽车制造、电子制造、石化企业标准座谈会，征求意见。

(18)2017 年 4 月，与成都市家具制造、涂料生产、汽车制造等部分企业和龙泉等县(区)环境保护局座谈，征求意见。

(19)2017 年 4 月，四川省技术监督局挂网征求意见。根据返回意见进一步修订标准文本及编制说明，形成专家评审稿。

(20)2017 年 4～5 月，四川省环境保护科学研究院对标准进行了社会稳定风险评估，主要方式为问卷调查(对象为地方监测站、企业等)、座谈会等，于 5 月形成评估报告。

(21)2017 年 5 月，四川省质量技术监督局和四川省环境保护厅组织召开标准专家评审会，对标准文本和风险评估报告进行评审。

(22)2017 年 5 月，四川省环境保护厅委托四川省标准研究院对标准进行评估。

(23)2017 年 5 月，根据专家反馈意见进一步修订标准文本及编制说明，形成报批稿。

(24)2017 年 6 月 30 日，四川省人民政府批准同意本标准实施。

(25)2017 年 7 月 13 日，四川省环境保护厅、四川省质量技术监督局联合发布《四川省固定污染源大气挥发性有机物排放标准》(DB 51/2377—2017)。

(26)2017 年 7 月 13 日，四川省质量技术监督局向国家标准委员会国家标准技术审评中心申报备案《四川省固定污染源大气挥发性有机物排放标准》(此后简称《标准》)。

第2章　排放特征和污染防治

工业源是VOCs的重要排放源，主要来自VOCs生产过程，VOCs产品的储存、运输和销售，以VOCs为原料的工艺过程和含VOCs产品的使用过程这4个环节。国内外对VOCs排放主要从源头控制、过程管理、末端治理3个方面进行控制。本章对家具制造，印刷，石油炼制，农药制造，涂料、油墨及其类似产品制造，医药制造，橡胶制品制造，汽车制造，表面涂装，电子产品制造10个行业的生产工艺、VOCs排放情况及其污染防治技术进行了梳理，并针对工业开发区内污染企业高度集中、污染排放强度大、环境影响突出的特点提出了工业开发区VOCs综合整治方案。

2.1　VOCs排放特征

VOCs排放涉及的行业众多，尤其是工业源的排放，具有排放总量大、浓度高、污染物种类多等特点。2009年，环境保护部污染物排放总量控制司对人为源VOCs排放情况进行了估算，结果显示工业源排放量占整个人为源的比重为55.5%，其中重点工业行业包括炼油和石化、油品储运、溶剂使用和合成材料生产等，所占比例均较大。2015年我国VOCs排放总量为2503万t，其中工业源VOCs排放最多，占总量的43%；其次是交通源排放，占总量的28%；生活源和农业源排放的VOCs量比较接近，分别占总量的15%和14%。工业排放源复杂多样，主要涉及VOCs的生产、使用、储存和运输等诸多环节，其中石油炼制与石油化工、涂料、油墨、胶黏剂、农药、汽车、包装印刷、橡胶制品、合成革、家具、制鞋等行业VOCs排放量占工业排放总量的80%以上。工业源包括4个产污环节：VOCs生产过程，VOCs产品的储存、运输和销售，以VOCs为原料的工艺过程和含VOCs产品的使用过程环节。在这4个环节中，含VOCs产品的使用过程排放最多，占整个工业源排放的60%以上[7]。

2.2　VOCs污染控制技术

2013年，为了贯彻《中华人民共和国环境保护法》《中华人民共和国大气污染防治法》等法律法规，防治环境污染，保障生态安全和人体健康，促进VOCs污染防治技术进步，环境保护部发布了《挥发性有机物(VOCs)污染防治技术政策》（公告 2013年 第31号），对VOCs污染防治提出了指导性技术政策，要求VOCs污染防治遵循源头和过程控制，并与末端治理相结合的综合防治原则。2016年，工业和信息化部、财政部印发《重点行业VOCs削减行动计划》，以推进促进重点行业VOCs削减，提升工业绿色发展水平，改善大气环境质量，提升制造业绿色化水平。提出要以技术进步为主线，坚持源头削减、过程控制为重点，兼顾末端治理的全过程防治理念，发挥企业主体作用，加强政策支持引导，推动企业实施原料替代和清洁生产技术改造，提升清洁生产水平，促进行业绿色转型升级。

2.2.1 源头控制和过程管理

加强源头控制和过程管理是开展清洁生产的两项重要技术要求。清洁生产是实施可持续发展战略的重大行动，是推进经济增长方式转变的客观要求。其核心是从源头抓起，预防为主，生产全过程控制，实现经济效益和环境效益的统一。清洁生产技术是实现清洁生产的技术支持，主要技术类型有原料替代、清洁能源、工艺改革、新工艺新设备的开发和利用、设备制造、节能降耗、资源综合利用等。VOCs污染防治的清洁生产技术包括：使用符合环境标志产品技术要求的原料；采用先进技术提高物料的高效、清洁使用；推广有机原料利用效率高、排放少的生产工艺；定期检测、及时修复，防止或减少跑、冒、滴、漏现象；生产装置排放的含VOCs工艺排气优先回收利用；有机原料、产品运输、储存过程中VOCs密闭收集并回收利用；等等。

在农药行业、涂料行业、胶黏剂行业、油墨行业中鼓励实施原料替代工程。开发绿色农药剂型，加快绿色溶剂替代轻芳烃和有害有机溶剂，大力推广水基化、无尘化、控制释放等剂型，支持开发、生产和推广水分散粒剂、悬浮剂、水乳剂、绿色乳油、微胶囊剂等绿色剂型，以及与之配套的新型溶剂和助剂，严格控制VOCs的使用。重点推广水性涂料、粉末涂料、高固体分涂料、无溶剂涂料、辐射固化涂料(UV涂料)等绿色涂料产品。加快推广水基型、热熔型、无溶剂型、紫外光固化型、高固含量型及生物降解型等绿色产品。限制有害溶剂、助剂使用，加快削减步伐。重点研发推广使用低(无)VOCs的非吸收性基材的水性油墨(VOCs含量低于30%)、单一溶剂型凹印油墨、辐射固化油墨。

在石油炼制与石油化工行业、橡胶行业、包装印刷业、制鞋行业、合成革行业、家具行业、汽车行业中主要是鼓励采用先进的清洁生产技术，降低在设备与管线组件、工艺排气、废气燃烧塔(火炬)、废水处理等过程产生的含VOCs废气排放量。采取配备油气回收系统、密闭收集系统等，降低在油类(燃油、溶剂)的储存、运输过程中的VOCs排放。研发推广使用新型偶联剂、黏合剂等绿色产品，推广使用石蜡油或其他绿色油类产品全面替代普通芳烃油，在制造生产过程推广采用氮气硫化、串联法混炼、粉料助剂预分散处理等工艺；再生胶行业全面推广常压连续脱硫生产工艺，彻底淘汰动态脱硫罐，采用绿色助剂替代煤焦油等有毒有害助剂。推广应用低(无)VOCs含量的绿色油墨、上光油、润版液、清洗剂、胶黏剂、稀释剂等原辅材料；鼓励采用柔性版印刷工艺和无溶剂复合工艺，逐步减少凹版印刷工艺、干式复合工艺。帮面加工推广采用热熔胶型主跟包头、定型布等材料；帮底黏合工序鼓励使用水性胶黏剂替代溶剂型胶黏剂；研发应用粉末胶黏剂；限制有害溶剂、助剂使用。重点推进水性与无溶剂聚氨酯、热塑性聚氨酯弹性体和聚烯烃类热缩弹性体树脂替代有机溶剂树脂制备人造革、合成革、超纤革。在木质家具制造企业推广应用VOCs含量低的水性漆，鼓励“油改水”工艺和设备改造；软体家具企业推广应用水性胶黏剂。涂装环节推进水性涂料、高固体分涂料替代溶剂型涂料，推广静电喷涂、淋涂、辊涂、浸涂等高效涂装工艺和先进智能化涂装设备。内饰件鼓励采用绿色胶黏剂等材料及火焰复合、模内注塑等工艺。

另外，在各行业中还需推广实施回收及综合治理工程。鼓励企业实施生产过程密闭化、连续化、自动化技术改造，建立密闭式负压废气收集系统，并与生产过程同步运行。采取密闭式作业，并配备高效的溶剂回收和废气降解系统。

2.2.2　末端治理

末端治理即安装治理设施对产生的 VOCs 进行有效治理。其过程是首先利用捕集装置收集废气，然后采用治理技术对废气进行处理，降低废气中 VOCs 的浓度，使其达标排放。末端治理技术包含两类，即回收技术和销毁技术(图 2-1)。回收技术是通过物理的方法，改变温度、压力或采用选择性吸附剂和选择性渗透膜等方法来富集分离有机污染物的方法，主要包括吸附技术、吸收技术、冷凝技术、膜分离技术、膜基吸收技术等。回收的 VOCs 可以直接或经过简单纯化后返回工艺过程再利用，以减少原料的消耗，或者用于有机溶剂质量要求较低的生产工艺，或者集中进行分离提纯。销毁技术是通过化学或生化反应，用热、光、催化剂或微生物等将有机化合物转变成为二氧化碳和水等无毒害无机小分子化合物的方法，主要包括催化燃烧技术、热力燃烧技术、生物技术、等离子体破坏技术和光催化技术等。

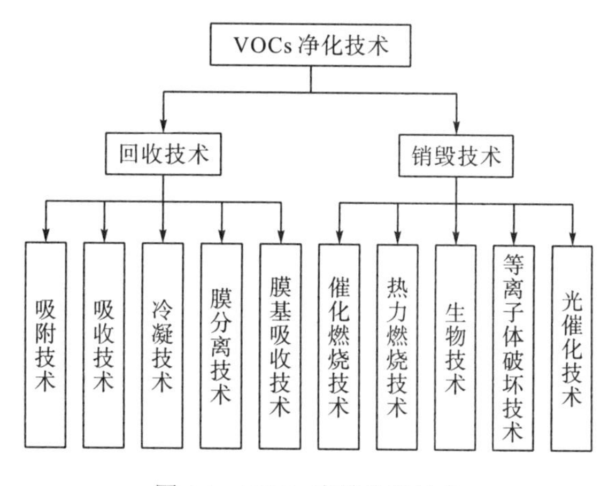

图 2-1　VOCs 末端治理技术

吸附技术、催化燃烧技术和热力燃烧技术是传统的有机废气治理技术，也是目前应用最为广泛的 VOCs 治理技术。吸收技术由于存在二次污染和安全性差等缺点，目前在有机废气治理中已经较少使用。冷凝技术只有在极高浓度下直接使用才有意义，通常作为吸附技术或催化燃烧技术等的辅助手段使用。生物技术较早被应用于有机废气的净化，目前技术上比较成熟，为 VOCs 治理的主流技术之一。等离子体破坏技术近年来已经相对发展成熟，并在低浓度有机废气治理中得到了一定程度的应用。光催化技术和膜分离技术在大气量的有机废气治理中尚没有实际应用。常见的 VOCs 末端治理技术的适用条件如表 2-1 所示。由于VOCs的种类繁多，性质各异，排放条件多样，目前在不同的行业、不同的工艺条件下可以采用不同的VOCs 废气实用治理技术。

表2-1 常见VOCs末端治理技术的适用条件

处理方法	浓度/(mg/Nm³)	排气量/(Nm³/h)	温度/℃
吸附回收技术	$100\sim1.5\times10^4$	$<6\times10^4$	<45
预热式催化燃烧技术	3000~1/4爆炸下限	$<4\times10^4$	<500
蓄热式催化燃烧技术	1000~1/4爆炸下限	$<4\times10^4$	<500
预热式热力燃烧技术	3000~1/4爆炸下限	$<4\times10^4$	<700
蓄热式热力燃烧技术	1000~1/4爆炸下限	$<4\times10^4$	<700
吸附浓缩技术	<1500	$1\times10^4\sim1.2\times10^5$	<45
生物处理技术	<1000	$<1.2\times10^5$	<45
冷凝回收技术	$10^4\sim10^5$	$<10^4$	<150
等离子体技术	<500	$<3\times10^4$	<80

根据污染物的具体成分及排污特点，将各类末端处理技术组合使用，会达到较高的处理效率。对于含高浓度VOCs的废气，可采用冷凝加吸附组合的回收技术；对于含低浓度VOCs的废气，有回收价值时可采用吸附加吸收技术对有机溶剂回收后达标排放，不宜回收时，可采用吸附浓缩加燃烧技术后达标排放。

2.3 家具制造业

国际工业研究中心研究报告指出，我国家具产能占全球产能的39%，是名副其实的家具生产第一大国。2016年我国家具行业规模以上企业实现主营业务收入8560亿元，同比增长8.6%，高于全国工业增速(4.9%)3.7个百分点。目前家具制造业已成为继住房、汽车、食品之后的第四大消费品行业。但是，与家具行业迅猛的发展和作为第四大消费品行业的地位相伴随的，是它排放的大量气态污染物，尤其是涂装工序产生的主要污染物VOCs。这个行业具有企业数量多、企业规模小、缺少龙头企业的特点，面临着非常艰巨的污染治理任务。其中木质家具业作为家具产业的重要组成部分，主营收入占到整个行业的65%以上。然而大部分木质家具制造工厂的操作方式简单、管理粗放，没有对污染物进行有效收集和处理，对大气环境造成了严重的影响。

2.3.1 家具制造业生产工艺

家具制造是指用木材、金属、塑料、竹、藤等材料制作的，具有坐卧、凭倚、储藏、间隔等功能，可用于住宅、旅馆、办公室、学校、餐馆、医院、剧场、公园、船舰、飞机、机动车等任何场所的各种家具的制造(国民经济行业代码C21)。因木质家具业为家具产业的重要组成部分，下面以其为例说明家具制造的生产工艺。

木质家具生产通常是选取一种或几种木质材料为基料，按照设计要求进行加工、组装，然后在基料表面涂装一层或几层涂料，形成产品；也可以先对各个组件进行涂装，然后组装成产品。涂装工艺过程是指将涂料或胶黏剂应用到木质家具某一表面的操作过程，包括上底色、底涂、色漆及面漆等过程及其后的干燥过程，此过程是产生 VOCs 的主要工序。不同企业所使用的生产原料及产品类型不同，采用的涂装工艺和涂装过程也有所不同。一般企业的面漆喷漆车间为了保证喷件的光洁度均采用无尘封闭喷漆室，而底漆、色漆工艺虽然也有独立的喷漆室，但由于对喷件表面的光洁度要求高，一般多为敞开式喷漆房。

2.3.2　家具制造业 VOCs 排放情况

家具制造业 VOCs 排放主要来自调漆、涂装、喷漆及干燥等生产过程中所使用的溶剂型涂料、溶剂型胶黏剂、稀释剂、固化剂。不同类型的家具生产企业所使用的涂料类型和涂装工艺不同，其 VOCs 主要来源及排放特征也有所不同。木质家具制造企业主要大气污染物产生及排放环节如表 2-2 所示。

表 2-2　木质家具制造企业主要大气污染物产生及排放环节

大气污染物产生环节		粉尘排放	VOCs 排放
机械加工	锯床/刨床/铣床/钻床	木粉尘/含胶木粉尘	—
砂光砂磨	打磨/砂磨机	木粉尘	—
贴面	贴纸	—	有机溶剂挥发
	贴板（木皮）	—	有机溶剂挥发
喷漆	底漆	—	有机溶剂挥发、漆雾
	打砂	混合类粉尘（木、胶、漆等）	—
	面漆	—	有机溶剂挥发、漆雾
清洗	喷枪、喷头清洗	—	有机溶剂挥发

木质家具制造过程 VOCs 排放主要存在以下特点。

（1）VOCs 排放与使用的涂料类型有关。当涂装相同面积时，使用油性涂料产生的 VOCs 最多，水性涂料次之，粉末涂料最少。

（2）VOCs 排放与涂装技术有关。当涂装相同面积时，空气喷涂技术涂料使用量最大，因而产生的 VOCs 最多，辊涂和刷涂等工艺产生的 VOCs 较少。

（3）VOCs 排放与企业管理水平和工人操作方式密切相关。对于管理水平较差、工人操作方式比较粗放的企业而言，为了追求生产效率，喷涂时往往将喷枪的雾化程度调到最大，使喷出的涂料量达到最大，同时距待喷件的距离超过 35cm 甚至更远，使喷出的涂料在空气中呈严重的飞散状态，大大降低了涂料的使用效率，同时导致 VOCs 的排放量剧增。

四川省现有木质家具制造企业多使用油性涂料，主要有聚氨酯类涂料、硝基类涂料、醇酸类涂料三大类。涂装工艺以空气喷涂为主，并且在制作过程中根据产品性质需要对家具进行多次底漆和面漆喷涂。

2.3.3 家具制造业 VOCs 防治技术

家具制造业 VOCs 排放控制主要包括以下几个方面：一是源头控制，即对使用的涂料提出 VOCs 含量限值要求；二是加强过程管理，提高密闭性和规范性操作程度；三是安装末端治理设施，对废气进行处理后达标排放。

1.源头控制

源头控制是指提倡使用低 VOCs 含量的涂料与稀释剂，严格落实国家和四川省的涂料 VOCs 含量限制要求，如高固分涂料（VOCs 含量<200g/L）、水性涂料（VOCs 含量<10%）及光固化涂料，限制使用溶剂型涂料。全面使用水性胶黏剂替代溶剂型胶黏剂，在水性或低 VOCs 涂料限值相关标准出台前，可以参照《环境标志产品技术要求水性涂料》（HJ 2537—2014）执行。我国已经有很多企业开始逐步采用水性涂料等环境保护型涂料代替溶剂型涂料。但是在某些特殊情况下，溶剂型涂料仍无法替代，如对光泽度有特殊要求，或者其他特殊功能的需要。《“十三五”挥发性有机物污染防治工作方案》中要求家具行业要大力推广使用水性、紫外光固化涂料，到 2020 年底前，替代比例达到 60%以上；全面使用水性胶黏剂，到 2020 年底前，替代比例达到 100%。

2.过程管理

过程控制体现在以下几个方面：一是采用密闭喷漆房；二是选择具有较高传输效率的涂装设备；三是强化规范作业，加强对涂装操作工人的技术培训，提高涂料的使用效率，降低 VOCs 的排放强度。

（1）密闭喷漆房和调漆间是过程控制的重点。根据目前调研的成都市家具企业中，规模化程度高的企业和近年来新建的企业在面漆涂装环节采用密闭喷漆房的比较多，但一些老企业基本上未设置密闭喷漆房。针对底漆的涂装，则无论是老企业还是新企业大部分都未采用密闭喷漆房。规模大的企业设置有专门的调漆间，规模小的基本上是在现场调漆。即使设置调漆间的，通常也未收集处理，无组织排放比较严重。《“十三五”挥发性有机物污染防治工作方案》要求整治后涂装、流平、烘干车间应完全密闭，有机废气收集效率不低于 80%。

（2）关于喷涂设备，国外通常要求使用大体积低流量的喷枪，而近几年开发的空气辅助无气喷涂设备在家具制造业得到应用，逐步替代了空气喷枪。在工艺方面推广采用静电喷涂、粉末喷涂、辊涂、淋涂、高流量低压喷枪等涂装效率较高的涂装工艺，金属家具行业全面推广粉末静电喷涂工艺。《“十三五”挥发性有机物污染防治工作方案》要求在平板式木质家具制造领域推广使用自动喷涂或辊涂等先进工艺技术。

（3）加强涂装操作工人的技能培训，提高涂料的使用效率。同时加强生产全过程中各工序的管理，确保仓储、调漆、危废堆放等过程中 VOCs 得到有效收集和处理，不能以无组织形式排放。

3.末端治理

家具制造业喷涂废气应设置有效的漆雾预处理装置，可采用干式过滤高效除漆雾、湿式水帘+多级过滤除湿联合装置、静电漆雾捕集等除漆雾装置。湿式水帘须满足《环境保护产品技术要求湿法漆雾过滤净化装置》(HJ/T 388—2007)要求。去除漆雾后的有机废气通常可采用活性炭吸附或吸附浓缩后再燃烧的方法进行处理后排放。在家具制造业中吸收法与吸附法相结合既可以避免气溶胶堵塞吸附剂，又可以有效脱除蒸气状态有机溶剂。但在实际应用中应注意考虑工艺设计的衔接，即通过水帘机后的有机废气含湿量较大，若不进行除湿或脱水处理，则吸附剂不能对有机污染物充分吸附。在污染物总量规模不大且浓度低、周边环境不敏感的情况下，也可采用低温等离子法、光催化氧化法等技术联合吸附或吸收等废气处理组合工艺。烘干类废气宜采用催化燃烧、蓄热燃烧等高效处理技术。《"十三五"挥发性有机物污染防治工作方案》要求到 2020 年，木质家具制造企业综合去除率达 50%以上。

2.4　印刷业

印刷是指使用印版或其他方式将原稿上的图文信息转移到承印物上的生产过程，包括出版物印刷、包装装潢印刷、其他印刷品印刷，以及排版、制版、印后加工四大类(国民经济行业代码 C231)。印刷业作为国民经济的重要行业，兼具工业经济与文化产业的双重属性。我国包装印刷业在生产过程中使用大量的溶剂型油墨，而这些溶剂型油墨含有 50%～60%的挥发性组分，加上调整油墨黏度所需的稀释剂，在印刷品的生产和干燥过程中会排放大量的 VOCs。印刷业废气的排放特征及污染控制技术已成为当下环境保护重点关注的领域。印刷业作为试点行业之一于 2015 年就按照《关于印发挥发性有机物排污收费试点办法的通知》(财税[2015]71 号)的要求开始缴纳 VOCs 排污费。

2.4.1　印刷业生产工艺

根据印刷版式，可将印刷方式分为平版印刷、凸版印刷(包括柔版)、凹版印刷和孔版印刷(丝网印刷)。不同印刷方式的主要特点如表 2-3 所示。

表 2-3　不同印刷方式的主要特点

印刷类别		工艺说明
传统印刷方式	平版印刷	印版上不着墨的空白部分和着墨的图文部分同处于一个平面上，空白部分亲水疏油，图文部分亲油疏水。利用橡胶滚筒把印版上的油墨间接转移到承印物上，因此也称间接印刷
	凸版印刷	印版上图文(着墨)区域凸起于非图文(空白)区域。柔性版印刷为凸版印刷的一种，其印版通常由橡胶或弹性树脂制成。凸版印刷通常是将印版上的油墨直接转移到承印物上
	凹版印刷	印版(通常为印版辊筒)上的图文(着墨)区域低凹于非图文(空白)区域。凹版印刷通常也是把印版上的油墨直接转移到承印物上
	孔版印刷	油墨通过(或渗漏通过)印版上的孔网转移到承物上。丝网印刷属于孔版印刷的一种

2.4.2　印刷业 VOCs 排放情况

不同印刷工艺的 VOCs 来源和排放方式基本相同：VOCs 来源于所使用的油墨及稀释

剂(印刷不透气承印物需添加稀释剂，如金属印刷、塑料印刷)、复合用胶黏剂(仅限于部分存在复合工艺的印刷企业)及设备清洗剂；VOCs 排放主要集中在印前制版、印刷工序和印后加工环节，主要排放途径有油墨调配过程溶剂挥发、印刷过程油墨溶剂挥发、烘干阶段、复合过程及设备清洗过程等。具体的污染物排放特征如表 2-4 所示。

表 2-4 印刷业污染物排放特征

产污环节	来源	主要污染物	VOCs 排放情况
制版	显影液、感光液	硫酸、硝酸、苯、甲醇、卤化银、硼酸、对苯二酚等	有机溶剂使用量小，不是 VOCs 主要排放源
	清洗过程	有机溶剂(过氯乙烯、环己酮、四氯乙烯、正丁醇等)	
印刷	印刷油墨	乙醇、异丙醇、丁醇、丙醇、丙酮、丁酮、乙酸乙酯、乙酸丁酯、丙二醇甲醚、二乙二醇乙醚、甲苯、二甲苯等有机溶剂	VOCs 排放主要来源
	润版液	异丙醇(工业乙醇，IPA)	
	清洗剂	汽油：C_5～C_{12} 脂肪烃和环烷烃及芳烃	
		煤油：C_{11}～C_{16} 脂肪烃和环烷烃及芳烃	
		洗车水：有机溶剂 35%～55%、有机羧酸 10%～25%、乙醇 30%～40%、少量乳化剂	
印后工序	上光油	上光过程中溶剂受热会有少量的挥发性有机物，如甲苯、醇类释放	VOCs 排放主要来源
	覆膜胶	黏合剂受热释放苯、甲苯、二甲苯、乙酸乙酯、丁醇、丙烯酸类等挥发性有机物	
	复合胶	复合胶一般为溶剂型胶黏剂，其中含有大量的挥发性有机物(乙酸乙酯、甲醇、乙醇等，主要为乙酸乙酯)	
	胶黏剂	胶黏剂所含异氰酸酯、特殊胶黏剂所含环氧有机物、钉装用胶黏剂所含松香	

2.4.3 印刷业 VOCs 防治技术

目前印刷业所使用的油墨普遍采用有机溶剂，这些有害物质会通过飞墨扩散到环境中，对人体健康和环境空气质量造成巨大危害。以下从源头控制、过程管理、末端治理 3 个方面分析印刷业的主要 VOCs 污染防治技术。

1.源头控制

环境保护型油墨、胶黏剂的使用是印刷业主要的 VOCs 源头控制技术。溶剂型油墨中含有大量的 VOCs，是包装印刷企业主要的 VOCs 排放源之一，采用水性油墨替代溶剂型油墨和使用水性胶黏剂可以彻底解决包装印刷业中的 VOCs 污染问题。使用不含 VOCs 或低 VOCs 含量的原材料作为替代品，从源头上减少 VOCs 的使用和产生量，可以从根本上降低 VOCs 的排放量。印刷过程推广使用水性油墨、紫外光固化油墨(UV 油墨)、辐射固化油墨(EB 油墨)、醇溶性油墨、植物基油墨(如大豆油墨)等低 VOCs 低毒的原辅材料，复合、包装过程逐渐使用水性胶黏剂替代溶剂型胶黏剂，推广无溶剂复合技术，书刊印刷业推广使用预涂膜技术。在平版印刷中，润版液中的异丙醇、甲醇可用酒精替代品来取代，或者使用无水胶印方法，从而减少由润版液造成的 VOCs 排放。在不能完全采用水性油墨的印刷品生产中，采用无苯、无酮油墨或单一溶剂油墨(只含有醇类，如乙醇)，以便于溶剂的回收利用是行业的发展趋势。采用适用于高速轮转平版印刷机的无醇或低醇润版液、专用油墨清洗剂也可降低印刷业 VOCs 排放量。《“十三五”挥发性有机物污染防治工作方案》要求到 2019 年底前，无溶剂、水性胶等环境友好型复合技术的替代比例要求不低于 60%。

2.过程管理

通过改进工艺或管理措施，严格控制印刷企业有机物料逸散，通过减少原材料的消耗或减少原材料中 VOCs 的挥发达到减少排放的目的。油墨、黏胶剂、有机溶剂等挥发性原辅材料应密封储藏，沸点较低的有机物料应配置氮封装置。产生 VOCs 废气的工艺线应尽可能设置于密闭工作间内，集中排风并导入 VOCs 控制设备进行处理。无法设置密闭工作间的生产线，VOCs 排放工段应设置集气罩、排风管道组成的排气系统。使用溶剂型油墨的印刷企业应密封印刷车间，换气风量根据车间大小确定，要求废气捕集率不低于 95%；轮转印刷企业必须在印刷点位安装集气罩，集气罩口应处于微负压状态，气体流速不低于 0.5m/s，保证涂墨及干燥过程产生的 VOCs 能被有效捕集；使用溶剂型胶黏剂的复合过程应密闭干燥段，在工艺线上安装废气收集设施。在柔性版印刷中采用封闭式刮刀系统；制版与冲片清洗水过滤净化循环使用；建立实施印刷油墨控制程序，集中配墨，专色墨采用配色软件和染色仪校准，定量发放，采用中央供墨系统；润版液统一配置，定量发放；裱糊工序胶水全封闭循环使用，避免结膜浪费；推进无溶剂复合工艺等；建立并实施剩余油墨综合利用控制制度等。

3.末端治理

根据印刷业废气组成、浓度、风量等参数选择适宜的技术，对车间有机废气进行净化处理后达标排放。对高浓度、溶剂种类单一的有机废气，如凹版印刷、软包装复合工艺排放的甲苯、乙酸乙酯溶剂废气，宜采取吸附法进行回收利用；对高浓度但难以回收利用的有机废气，宜采取燃烧法；对于低浓度、大风量的印刷废气，宜采用吸附浓缩-蓄热燃烧或吸附浓缩-催化燃烧法，并可视成分、规模和环境敏感性等情况，选用吸附法、吸收法或生物法。

清洗用溶剂应进行回收处理，可以通过改变温度、压力或采用选择性吸附剂和选择性渗透膜等方法来富集分离有机气相污染物。回收的 VOCs 可以直接或经过简单纯化后返回工艺过程再利用，以减少原料的消耗；或者用于有机溶剂质量要求较低的生产工艺；或者集中进行分离提纯。

2.5　石油炼制业

石油炼制业是指以原油、重油等为原料，生产汽油馏分、柴油馏分、燃料油、润滑油、石油蜡、石油沥青和石油化工原料等的生产活动(国民经济行业代码 C251“精炼石油产品制造”)。随着社会的不断发展，石油炼制已成为我国经济发展的支柱行业之一。石油炼制为人民群众提供了各种各样的产品，也为化工业及化肥业提供了多种原料。但是在石油炼制过程中产生了大量的污染物，影响了人民群众的身体健康，不利于石油炼制业的可持续发展。VOCs 作为石油炼制业的一个突出环境问题，有必要对其排放和治理进行探究。

2.5.1 石油炼制业生产工艺

石油炼制的本质是分离、除杂和改性的过程，通过对原油的一次加工(常减压蒸馏)、二次加工(催化重整、催化裂化、加氢裂化、延迟焦化等)和三次加工(炼厂气加工)，生产出各种石油产品。由于我国国产原油大部分为重质原油，为了提高原油的产品率，炼油企业大部分采用焦化、催化裂化加工工艺使重质馏分轻质化。石油炼制的生产工艺流程主要由分离、转化、精制以及辅助工艺等构成。

2.5.2 石油炼制业 VOCs 排放情况

石油炼制业大气污染物排放源有燃烧源、工艺源和面源。燃烧源主要有工艺加热炉、裂解炉等烟气；工艺源包括氧化反应、氧氯化反应、氨氧化反应工艺尾气等，主要污染物是 VOCs；面源包括储罐呼吸排气，设备阀门泄漏，序批式反应器的进料、出料及惰性气体保护过程，设备阀门检维修过程，非正常工况等。石油炼制储罐排放的污染物主要为 VOCs。基于生产设施要素，可将石油炼制业 VOCs 废气排放源解析为 11 种(表 2-5)。

表 2-5 石油炼制过程 VOCs 排放源分类解析

过程解析	排放形式
原料、产品装卸过程	无组织
原料、半成品、产品储存、调和过程	无组织
生产设备机泵、阀门、法兰等动、静密封	无组织
工艺有组织排放	有组织
燃烧烟气排放	有组织
工艺无组织排放	无组织
废水和固体废物集输、储存、处理处置过程	无组织
生产装置非正常生产工况排放	有组织
冷却塔、循环水冷却系统释放	无组织
火炬排放	有组织
事故排放	有组织+无组织

2.5.3 石油炼制业 VOCs 防治技术

石油炼制过程中加热、冷却、冷凝、物理分离及化学反应贯穿全过程，加热产生的燃烧废气和工艺过程排出的不凝挥发气体也贯穿全过程。排放废气与原油中有害物质含量有关，污染物毒性大，除燃烧废气中二氧化硫、氮氧化物外，硫化氢、苯和苯并[a]芘、酚类等都有较大的毒性，对环境有很大危害，治理刻不容缓。

1.源头控制

石油炼制业的源头控制主要是加强产业政策的引导与约束，加快淘汰落后产品、技术和工艺装备，鼓励采用先进的清洁生产技术，提高原油的转化和利用效率。在设计和建设中选用先进的清洁生产和密闭化工艺，提高设计标准，实现设备、装置、管线、采样等密闭化，从源头减少 VOCs 泄漏环节。

2.过程管理

优先选用先进密闭的生产工艺，加强无组织废气的收集和有效处理。对泵、压缩机、阀门、法兰等易发生泄漏的设备与管线组件，企业应建立“泄漏检测与修复”(leak detection and repair，LDAR)管理制度，定期检测、及时修复，防止或减少跑、冒、滴、漏现象；建立信息管理平台，全面分析泄漏点信息，对易泄漏环节制定针对性改进措施，减少 VOCs 泄漏排放。一个完整的 LDAR 检测程序步骤包括：①对所有可能泄漏的部位进行识别，并定义出不同部位泄漏浓度的限值；②使用仪器对可能泄漏部位进行检测，记录检测结果；③对检测中超过规定限值的部位进行修复，如拧紧、密封或更换部件。修复后应再次检测，确保符合规定浓度。LDAR 检测是一个不断重复的过程，通过对纳入检测的部位定期检测和修复，使整个生产过程中的泄漏得到有效控制。

加强有组织工艺废气排放控制。工艺废气应优先考虑生产系统内回收利用，难以回收利用的应采用催化燃烧、热力焚烧等方式净化处理后达标排放。采取适当措施尽可能回收排入火炬系统的废气；火炬应按照相关要求设置规范的点火系统，确保通过火炬排放的 VOCs 点燃，并尽可能充分燃烧。严格控制储存、装卸损失。挥发性有机液体储存设施应在符合安全等相关规范的前提下，采用压力罐、低温罐、高效密封的浮顶罐或安装顶空联通置换油气回收装置的拱顶罐，其中苯、甲苯、二甲苯等危险化学品应在内浮顶罐基础上安装油气回收装置等处理设施。挥发性有机液体装卸应采取全密闭、液下装载等方式，严禁喷溅式装载。汽油、石脑油、煤油等高挥发性有机液体和苯、甲苯、二甲苯等危险化学品的装卸过程应优先采用高效油气回收措施。运输相关产品应采用具备油气回收接口的车船。

强化废水废液废渣系统逸散废气治理。在废水废液废渣收集、储存和处理处置过程中，应对逸散 VOCs 和产生异味的主要环节采取有效的密闭与收集措施，确保废气经收集处理后达到相关标准要求，禁止稀释排放。

加强非正常工况污染控制。制定开停车、检维修、生产异常等非正常工况的操作规程和污染控制措施，非正常工况下生产装置排出的含 VOCs 的物料、废气和检修维修前的清扫气应接入回收或净化处理装置。企业开停车、检维修等计划性操作应当报环境保护部门备案，实施中加强环境监管和事后评估；非计划性操作应严格控制污染，杜绝事故性排放，事后及时评估并向环境保护部门报告。

3. 末端治理

石油炼制业工艺废气应优先考虑生产系统内的回收利用，尤其是高浓度废气优先采用各种回收工艺预处理，如冷凝、吸附-冷凝、离子液吸收装置；难以回收利用的，可以用吸收、吸附、冷凝、催化燃烧、热力燃烧、直接燃烧等技术进行处理。直接燃烧适用于高浓度 VOCs 废气的净化，产生的 VOCs 废气通常排放到火炬燃烧器(火炬头)直接燃烧，这种方法除造成能源浪费外，还把大量的污染物排入大气，近年来已很少使用。热力燃烧法和催化燃烧法在石油炼制业 VOCs 处理中得到了较广泛的应用。含有易挥发有机物料或易产生恶臭影响的废水收集系统和处理单元应密闭，恶臭废气应采用热解、吸附、生物处理等技术净化处理后达标排放。

2.6 农药制造业

农药制造业是指用于防治农业、林业作物的病、虫、草、鼠和其他有害生物，调节植物生长的各种化学农药、微生物农药、生物化学农药，以及仓储、农林产品的防蚀、河流堤坝、铁路、机场、建筑物及其他场所用药的原药和制剂的生产活动(国民经济行业代码 C263)。农药的品种繁多，组成和结构比较复杂，性质及用途也各不相同，因而分类方法也多种多样。按用途可分为杀虫剂、杀菌剂、除草剂、植物生长调节剂和杀鼠剂；按生产环节可分为中间体、原药和制剂；按生产工艺可分为化学合成、生物农药等。

21 世纪以来，我国农药工业发展迅猛，逐步形成了涵盖科研开发、原药生产、制剂加工、原材料、中间体配套、毒性测定、残留分析、安全评价及推广应用等在内的较为完整的农药工业体系，并已发展成为全球最大的农药生产国和出口国，全球市场约有 70%的农药原药在我国生产，我国农药产品出口到一百八十多个国家和地区。

2.6.1 农药制造业生产工艺

农药工业生产流程大致包括化学合成/生物发酵、后处理(含精制、溶剂回收等)、制剂加工等主要步骤。其中，化学合成和后处理过程是 VOCs 产生的主要环节。化学合成主要是有机合成，包括农药前体化合物、农药活性成分合成过程。具体的化学反应类型主要有酰化反应、酯化反应、卤代反应、光气化、氧化反应、还原反应、硝化反应、缩合反应等。生物发酵主要是发酵培养。后处理过程主要包括结晶(沉淀)、过滤、萃取、脱溶、精馏等中间产物和产品分离与精制，以及生成气体的冷凝、吸收、吸附等捕集过程。制剂加工主要包括复配、混合和定型、产品包装，其中定型主要包括浓缩、干燥、过滤和成型(颗粒剂、水溶性粒剂造粒)等。

2.6.2 农药制造业 VOCs 排放情况

农药生产属于化学原料及化学制品制造业范畴，原辅材料种类多，有机溶剂消耗量大，工艺过程及产物环节多，易造成 VOCs 污染。该行业常用有机溶剂包括芳香烃类、脂肪烃类、脂环烃类、卤代烃类、醇类、醚类、酯类、酮类等。根据生产工艺流程分析，农药制造业 VOCs 废气主要包括以下几种：涉及反应/发酵的废气，包括化学农药原药合成产生的各种反应废气及生物农药原药发酵产生的尾气；不涉及化学反应的混合设备(混合釜、混合器)的废气；涉及中间产品精制、提纯、固液分离或溶剂回收等产生的废气；制剂加工灌装等过程挥发产生的各种废气；环境保护设施固废焚烧炉燃烧烟气、废水蒸发脱盐设备废气、废水集输及生化处理设施排气等。无组织产污环节包括：固体入孔投料、桶装液体抽料过程的挥发气，固体物料输送、液体物料装桶中转、产品包装或灌装过程的挥发气，离心机、压滤机、抽滤槽、真空水箱、污水处理设施等未捕集的逸散气，储罐、中间储罐的呼吸气等。

2.6.3　农药制造业 VOCs 防治技术

农药制造业在生产中大量使用有机溶剂，包括苯类、卤代烃类溶剂，甚至包括已经列入 2017 年环境保护部发布的“双高”(高污染、高环境风险)名录的溶剂。除了因挥发造成无组织排放外，其生产过程中还会排放 VOCs 废气。

1.源头控制

农药制造业的源头控制主要是溶剂的绿色替代。考虑使用推广水基化类制剂、非卤化和非芳香性的溶剂(如乙酸乙酯、乙醇和丙酮)来代替有毒溶剂(如苯、氯仿和三氯乙烯)。另外，在设计和操作阶段实施必要的气液平衡。

2.过程管理

使用包裹和密封批式反应器，安装密闭的灌装系统。使用气液探测设备对管道、阀门、密封垫、作业槽及其他基本部件进行常规性排放监控，对部件进行定期维修或更换。

给泵和存储槽安装氮封，配剂过程中也加装氮封(如乳状浓缩产品)。

在加工设备后安装冷凝器(如蒸馏冷凝器、回流冷凝器、用于真空源之前的冷凝器)。

使用密闭设备清洗反应器和其他设备。

3.末端治理

农药制造业涉及的工艺繁多，产生的废气组分复杂，可以采用吸附回收技术回收有机溶剂，同时也可以采用催化燃烧、热力燃烧、直接燃烧等技术进行处理，处理时应充分考虑 VOCs 是否含有卤代烃，如有则需要控制燃烧过程中产生二噁英的风险。

2.7　涂料、油墨及其类似产品制造业

涂料制造指在天然树脂或合成树脂中加入颜料、溶剂和辅助材料，经加工后制成的覆盖材料的生产活动。油墨制造指由颜料、连接料(植物油、矿物油、树脂、溶剂)和填充料经过混合、研磨调制而成，用于印刷的有色胶浆状物质，以及用于计算机打印、复印机用墨等的生产活动。胶黏剂制造是以黏料为主剂，配合各种固化剂、增塑剂、填料、溶剂、

防腐剂、稳定剂和偶联剂等助剂制备胶黏剂(也称黏合剂)的生产活动(国民经济行业代码C264)。在四川省VOCs排放清单中，涂料、油墨生产企业产生的VOCs在工业企业排放中占重要比例。在绿色化工理念的主流影响下，水性涂料、粉末涂料、水性油墨、液体染料等已经是发展的重点，但溶剂型涂料、溶剂型油墨仍然无法完全被替代。根据目前不完全调查，涂料、油墨及其类似产品制造业大气污染控制水平参差不齐，溶剂型涂料和油墨由于使用大量溶剂，是VOCs的重要来源，无组织排放也比较严重。

2.7.1 涂料、油墨及其类似产品制造业生产工艺

涂料产品可分为溶剂涂料、水性涂料及粉末涂料。溶剂涂料生产企业大致上可分为两大类，一大类是所有树脂和固化剂等辅助材料均为外购，不在厂内生产树脂原料或辅助材料；另一大类是以厂内生产树脂或者固化剂作为涂料生产的原料。与溶剂涂料相比，水性涂料主要是用水代替了大量溶剂，减少了溶剂的使用。粉末涂料通常由聚合物、颜料、助剂等混合粉碎加工而成，制备方法大致可分为干法和湿法两种。涂料制造的主要生产工艺流程为预分散—研磨—分散—调漆—包装。

油墨是由作为分散相的色料和作为连续相的连接料组成的一种稳定的粗分散体。其中色料赋予油墨颜色，连接料提供油墨必要的转移传递性能和干燥性能；此外油墨还需要助剂等各种添加剂，用以改善油墨的性能。所以油墨通常主要由色料(颜料和染料)、连接料和助剂组成。油墨制造的主要生产工艺流程为配料—预分散—研磨—分散搅拌—过滤—充填—包装。

2.7.2 涂料、油墨及其类似产品制造业VOCs排放情况

涂料、油墨及其类似产品生产过程VOCs的产生量相对较多，其产生量取决于溶剂种类、生产设备和工艺等。溶剂沸点高，生产过程密闭性好、温度较低、时间短、自动化程度高，品种类型少(清洗频次少)，则VOCs的产生量就少；涂料中低沸点溶剂用量多、生产过程为开放式、温度较高、时间长、自动化程度低，清洗频繁，则VOCs的产生量就多。涂料、油墨及其类似产品生产的不同环节污染物的排放情况总结如表2-6所示。

表2-6 涂料、油墨及其类似产品生产的VOCs主要排放环节

VOCs排放主要环节	VOCs排放具体环节
原料储存环节	储罐、桶、袋
生产工艺环节	投料环节、混合/研磨/调配环节、包装环节
辅助环节	溶剂再生系统、清洗环节、危险废物暂存场所
树脂和固化剂生产	树脂生产、助剂(通常是固化剂、稀释剂、调墨油)的生产
设备泄漏	管道、输送泵、阀门和法兰等
事故泄漏	溶剂、树脂或者产品泄漏

涂料生产环节污染物排放的浓度和排放量如表2-7所示。

表 2-7　涂料生产环节污染物排放的浓度和排放量*

产污环节	规格	风量/(m^3/h)	净化前主要污染物浓度/(mg/m^3)	净化前排放速率/(kg/h)	净化后排放浓度/(mg/m^3)	净化后排放速率/(kg/h)
储罐(大小呼吸)	几十到几百立方米	1000~3000	甲苯：~10 二甲苯：30 VOCs：~50	~0.03 ~0.10 ~0.15	~1 ~3 ~5	~0.003 ~0.010 ~0.015
树脂生产	—	2000~10000	甲苯 二甲苯	—	~0.06 0.2	—
涂料生产	—	4000~15000	甲苯 二甲苯 NMHC	—	<127 <25.8 <622	<1.68 <0.34 <8.22

*净化技术使用最为普遍的是活性炭吸附。

从表 2-7 可见，主要有机溶剂挥发来自涂料生产车间，其排放量占总排放量的 70%～90%。涂料和油墨生产排污环节与企业的生产工艺及控制水平、研磨和分散设备类型及投料方式有关。实际生产过程中，三滚进和拉缸式操作过程是无组织排放最为严重的环节。生产过程中的密闭密封也非常重要，一旦溶剂不加盖，非甲烷总烃(non-methane hydrocarbon，NMHC)或总挥发性有机物(total volatile organic compounds，TVOCs)排放将十分严重。

2.7.3　涂料、油墨及其类似产品制造业 VOCs 防治技术

《中国涂料行业“十三五”规划》指出，“十三五”期间要大力推进供给侧改革，提供更多满足市场需求的、性价比优良的涂料产品。到 2020 年，环境友好的涂料将占总产量的 57%。涂料、油墨及其类似产品制造业 VOCs 防治技术主要有以下 3 个方面。

1. 源头控制

直接控制涂料、油墨及其类似产品中 VOCs 含量，实现用途管控、配方设计、毒性替代、使用监管等 VOCs 减排一体化。鼓励扩大符合环境标志产品技术要求的低有机溶剂含量、水基型、无有机溶剂型、低毒、低挥发性涂料、油墨、胶黏剂等的生产规模。

2. 过程管理

定期对管道的连接点和阀门等单元进行泄漏检测；定期对泵、阀等设备进行维护保养。鼓励采用密闭一体化生产技术，并对生产过程中产生的废气集中收集后处理。

3. 末端治理

国内涂料、油墨制造企业常用的有机废气末端处理技术有两种：活性炭吸附和 RTO 焚烧，也有个别企业采用吸收法。经过调研发现，成都市的涂料油墨生产企业多数运用活性炭吸附或者除尘装置加活性炭技术，部分企业采用 RTO 焚烧法。根据生产的产品性质，涂料、油墨及其类似产品制造业 VOCs 末端控制技术主要有以下几种：

(1) 水性涂料、水性油墨生产车间单独收集处理，采用吸收法、吸附-再生回收技术、等离子技术、紫外光解技术、生物法或其他等效技术。

(2)胶印油墨、UV 油墨生产车间单独收集处理，采用吸附技术、等离子技术、紫外光解技术等。

(3)溶剂型涂料、油墨生产车间排放优先选择冷凝回收或者吸附浓缩(转轮浓缩)回收利用；不凝气体排放则进入末端处理系统。如果单独处理，连续运转的可以选择直接热氧化炉工艺、RTO、催化氧化装置或者蓄热催化氧化工艺；非连续运转的可以选择催化氧化装置或者蓄热催化氧化工艺。

2.8 医药制造业

医药制造业是指原料经物理过程或化学过程后成为医药类产品的生产活动，医药类产品包含化学药品原料药、化学药品制剂、兽用药品等(国民经济行业代码 C27)。医药制造业按生产工艺可分为发酵类、提取类、化学合成类、制剂类、生物工程类和中药类。医药制造业排放的大气污染物以 VOCs 为主，是人为 VOCs 的主要排放源之一。

2.8.1 医药制造业生产工艺

发酵类、提取类、化学合成类、制剂类、生物工程类和中药类的生产工艺如表 2-8 所示。

表 2-8 医药制造业典型的生产工艺

行业分类	生产工艺
发酵类	一般需要经过菌种筛选、种子培养、微生物发酵、发酵液预处理和固液分离、提炼纯化、精制、干燥、包装等步骤
提取类	原料的选择和预处理、原料的粉碎、提取、分离纯化、干燥及包装、成品
化学合成类	主要包括反应和药品纯化两个阶段。反应阶段包括合成、药物结构改造、脱保护基等过程；纯化过程包括分离、提取、精制和成型等
制剂类	主要包括固体制剂类、注射剂类及其他制剂类 3 种类型
生物工程类	生物工程制药工艺可分为上、下游过程。上游过程以生物材料为核心，目的在于获得药物；下游过程以目标药物后处理为核心
中药类	主要分为中药饮片、中成药和中药材。中成药生产采用的主要工艺有清理与洗涤、浸泡、煮炼或熬制、漂洗等。中药材进行炮制(前处理)后，经提取、浓缩，最后根据产品的类型制成片剂、丸剂、胶囊、膏剂、糖浆剂等

2.8.2 医药制造业 VOCs 排放情况

医药制造业是 VOCs 排放量较大的行业。据统计，我国制药企业每年排放的废气量约为 10 亿 m^3，对环境的危害十分严重。发酵类、提取类、化学合成类、制剂类、生物工程类和中药类的排放特征如表 2-9 所示。

表 2-9　医药制造业的排放特征

行业分类	排放特征
发酵类	主要包括发酵尾气、含溶媒废气及废水处理装置产生的恶臭气体。分离提取精制等生产工序产生的有机溶媒废气(如甲苯、乙醇、甲醛、丙酮等)是主要的有机废气污染源
提取类	在提取工段中常用的有机溶剂如乙醇、丙酮、三氯甲烷、三氯乙酸、乙酸乙酯、草酸、乙酸等，在提取、沉淀、结晶过程中均会涉及溶剂的挥发
化学合成类	主要包括蒸馏、蒸发浓缩工段产生的有机不凝气，合成反应、分离提取过程产生的有机溶剂废气，污水处理厂产生的恶臭气体。排放的 VOCs 主要有使用的有机原料和有机溶剂，如苯、甲苯、氯苯、氯仿、丙酮、苯胺、二甲基亚砜、乙醇、甲醇、甲醛等
制剂类	基本不涉及 VOCs 排放
生物工程类	生物工程类生产工艺废气主要来自溶剂的使用，包括甲苯、乙醇、丙醇、丙酮、甲醛和乙腈等
中药类	制药过程中使用的部分 VOCs 的泄漏(主要为乙醇)

2.8.3　医药制造业 VOCs 防治技术

医药制造业主要有以下 VOCs 污染防治技术。

1.源头控制

大力推动实施清洁生产。逐步使用非卤化和非芳香性溶剂(如乙酸乙酯、乙醇和丙酮等)等无毒、无害或低毒、低害的原辅材料。采用低毒性、低臭、低挥发性的非敏感物料替代原物料，减少敏感物料的用量。根据行业类型选取挥发性较差或毒性较低的溶剂。

鼓励采用动态提取、微波提取、超声提取、双水相萃取、超临界萃取、液膜法、膜分离、大孔树脂吸附、多效浓缩、真空带式干燥、微波干燥、喷雾干燥等提取、分离、纯化、浓缩和干燥技术。选择高转化率低排放的工艺，如在真空系统中以循环蒸汽系统取代排放功率较大的单向循环系统。

2.过程管理

提升工艺装备水平。推广使用屏蔽泵、隔膜泵、磁力泵等无泄漏的泵；鼓励选用密闭式、自动化程度较高的压滤机和离心机，如过滤洗涤溶解二合一机、过滤洗涤干燥三合一机、立式全自动压滤机、密闭式自动卸料离心机等。使用先进的生产设备，提升设备性能，提高生产过程的信息化、自动化水平。

优化进出料方式。鼓励反应釜采用底部给料或使用浸入管给料，顶部添加液体宜采用导管贴壁给料，投料和出料均应设密封装置或密闭区域；除工艺要求外，避免采用高位槽计量，鼓励采用定量输送方式。

完善开停工、检修制度。废气处理设施应先于进料前开启，设备完全停工后关闭。开工过程和停工过程中产生的 VOCs 废气，均应进行有效收集。

鼓励开展泄漏检测与修复工作。针对泵、压缩机、阀门、法兰、连接头或导淋等易泄漏组件，定期检测并及时修复，防止或减少跑、冒、滴、漏现象的发生。检测频次、泄漏定义浓度及工作流程可参照执行《石化企业泄漏检测与修复工作指南》的要求，实现长效管理。

提高生产操作的密闭水平。生产过程应采用密闭设备和原料输送管道，封闭所有不必要的开口，提高工艺设备密闭性。投料宜采用放料、泵料或压料技术，不宜采用真空抽料，以减少有机溶剂的挥发。淘汰水冲泵，优先采用水环泵、液环泵、无油立式机械真空泵等密闭性较好的真空设备，真空尾气应冷凝回收物料，鼓励泵前、后安装缓冲罐并设置冷凝装置。沸点低于45℃的有机液体应采用压力储罐储存，沸点高于45℃的易挥发介质应选用固定顶储罐储存，应设置储罐控温和罐顶废气回收或预处理设施，原料、中间产品、成品储罐的气相空间宜设置氮气保护系统，呼吸排放废气应收集处理。

有效收集废气。针对生产过程中废气污染源和废气组分性质的差异，进行分类、分质的收集并处理，尽可能回收物料以实现达标排放。主要包括对VOCs储运过程产生的废气、反应釜的工艺废气、固液分离过程的废气、干燥过程的废气、废水处理站废气、固废堆场废气的收集。

3.末端治理

2017年5月23日，环境保护部印发了《制药工业大气污染物排放标准(征求意见稿)》，其针对制药行业规定了大气污染物排放限值，具有指导性作用。要求制药工业的投料、反应、精制、抽真空、固液分离、干燥等各生产工艺和反应器清洗过程废气应接入有机废气控制系统，进行溶剂回收和净化处理。有机溶剂废气应采用冷凝、吸附-冷凝、吸收等回收装置回收，对难以回收利用的采用燃烧、催化氧化等方式处理。发酵尾气应采取除臭措施进行处理，产生恶臭气体的车间和装置应配套除臭设施。易产生恶臭影响的污水处理单元应进行密闭，收集的废气应采用化学吸收、生物过滤、吸附等方法处理后达标排放。

由于不同行业、同一行业中的不同工序所排放的有机气体的排放条件有很大的差异，因此需要根据污染物特性和排放特征，选用一种或多种方法组合处理。常见的VOCs治理组合工艺如表2-10所示。需要特别注意的是，当废气中含有能够引起催化剂中毒的化合物(如含硫、卤素有机物等)时，不宜采用催化燃烧。另外，在有机废气燃烧过程中特别要注意二次污染，特别是含氯有机废气在焚烧处理过程中容易产生二噁英的二次污染问题。

表2-10 常见的VOCs治理组合工艺

废气浓度	组合技术
高	冷凝回收+吸附技术、吸附浓缩+燃烧技术、吸附浓缩+冷凝回收技术
中高	活性炭纤维吸附+吸附浓缩技术
低	等离子体+水吸净化技术、等离子体+光催化复合净化技术

2.9 橡胶制品业

橡胶制品业是指以天然及合成橡胶为原料生产各种橡胶制品的生产活动，还包括利用废橡胶再生产橡胶制品的生产活动，不包括橡胶鞋制造(国民经济行业代码 C291)。我国是橡胶工业大国，至今已有九十多年历史。橡胶制品业是传统的高加工产业，目前正由劳动密集型向技术密集型转移。我国橡胶工业持续、快速发展，工业生产总值增长迅速，产品产量大幅度增加。《标准》的制定既可以弥补行业标准的缺失，落实节能减排工作，又可以引导企业在节约资源、保护环境的理念下，加快产品结构和产品升级换代，有利于橡胶制品工业整体快速可持续发展。

2.9.1　橡胶制品业生产工艺

橡胶制品的主要原料是生胶、各种配合剂，以及作为骨架材料的纤维和金属材料，橡胶制品主要包括轮胎、力车胎、胶管、胶带、乳胶制品。橡胶制品的生产工艺流程如图 2-2 所示。

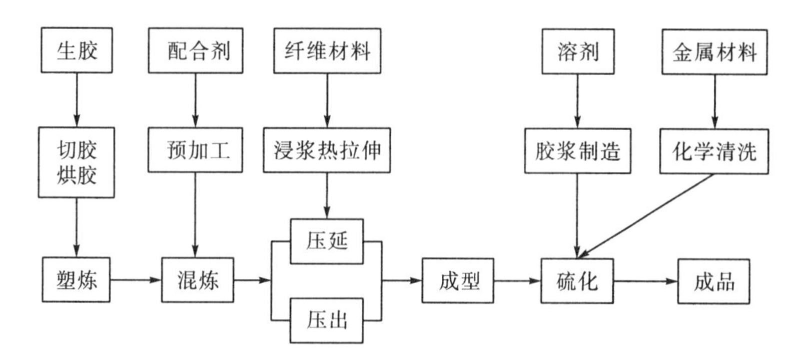

图 2-2　橡胶制品的生产工艺流程

2.9.2　橡胶制品业 VOCs 排放情况

据 2014 年《中国环境年鉴》记录，我国橡胶与塑料制品业的工业废气排放量达 3762 亿 m^3。橡胶制品工业有机废气主要产生于下列工艺过程：炼胶过程、纤维织物浸胶和烘干过程、压延过程、硫化工序，以及树脂、溶剂及其他挥发性有机物在配料、存放时产生的废气。其挥发性有机物来自以下 3 个方面。

(1)残存有机单体的释放。例如，天然生胶、丁苯橡胶、顺丁橡胶、丁基橡胶、乙丙橡胶、氯丁橡胶等，在高温热氧化、高温塑炼、燃烧条件下，会解离出微量的单体和有害分解物，主要是烷烃和烯烃衍生物。橡胶制品工业生产废气中可能含残存单体，包括丁二烯、戊二烯、氯丁二烯、丙烯腈、苯乙烯、二异氰酸钾苯酯、丙烯酸甲酯、甲基丙烯酸甲酯、丙烯酸、氯乙烯、煤焦沥青等。

(2)有机溶剂的挥发。在橡胶行业普遍使用汽油等作为有机稀释剂，橡胶制品工业可能使用的有机溶剂包括甲苯、二甲苯、丙酮、环己酮、松节油、四氢呋喃、环己醇、乙二醇醚、乙酸乙酯、乙酸丁酯、乙酸戊酯、二氯乙烷、三氯甲烷、三氯乙烯、二甲基甲酰胺等。

(3)热反应生成物。橡胶制品生产过程多在高温条件下进行，易引起各种化学物质之间的热反应，形成新的化合物。

2.9.3 橡胶制品业VOCs防治技术

橡胶工业生产中会产生大量的有机废气，废气特点是排放量大、污染成分复杂。污染控制技术基本分为两大类：第一类是以改进工艺技术、更换设备和防止泄漏为主的预防性措施，第二类是以末端治理为主的控制性措施。末端治理技术通常包括焚烧、固定床活性炭吸附、湿式洗涤、生物处理、冷凝回收等。

1.源头控制

淘汰传统橡胶生产过程当中的落后工艺，减少和避免使用含有大量有害挥发性有机物的材料，保证生胶、配合剂、纤维及金属材料的质量，满足橡胶生产的标准要求。

使用新型偶联剂、黏合剂等产品，使用石蜡油等全面替代普通芳烃油、煤焦油等助剂。

2.过程管理

选用自动化程度高、密闭性强、废气产生量少的生产成套设备；推广应用自动称量、配料、进料、出料的密闭炼胶生产线；推广采用串联法混炼工艺；优先采用水冷工艺，普及低温一次法炼胶工艺；硫化装置设置负压抽气、常压开盖的自动化排气系统。在橡胶生产的塑炼、混炼、压延、压出、成型及硫化等一系列流程中，应用先进的加工手段，配合浸渍、刮涂、喷涂等工艺方法的应用，进而实现工艺流程的优化。在密炼机进、出口安装集气罩局部抽风，在硫化机上方安装大围罩引风装置，打浆、浸胶、涂布工序应安装密闭集气装置，加强废气收集。

3.末端治理

常见的橡胶生产的排放废气末端治理技术有热力燃烧法、生物处理法、催化氧化法等。橡胶制品生产的炼胶工艺废气、硫化工艺废气的特点是排放量大、污染物浓度低(非甲烷总烃浓度$<20mg/m^3$)，目前多数企业采用换气抽排方式将其直接排入环境，仅少数新建企业采用水喷淋或生物净化处理后排放。对制品浸胶浆、胶浆喷涂等工艺中产生的挥发性有机物的主要防治技术有吸附、冷凝回收等。催化氧化技术以金属材料为催化物，对橡胶生产中产生的挥发性有机物进行氧化处理，且温度条件要求不高，是一种成本较低、效率较高的挥发性有机物治理的技术，被广泛应用于橡胶行业，但存在催化剂易被重金属或颗粒覆盖而失活、废催化剂不能循环使用等问题。

2.10 汽车制造业

汽车制造业是指由动力装置驱动，具有4个以上车轮的非轨道、无架线的车辆，并主要用于载送人员和(或)货物，牵引输送人员和(或)货物的车辆制造，还包括改装汽车、低速载货汽车、电车、汽车车身、挂车等的制造(国民经济行业代码C27)。随着技术的进步与人们对高品质生活的追求，汽车已成为家家户户代步的首选工具。近年来，中国汽车工业保持高速发展，2017年汽车产销量双双接近3000万辆，连续九年蝉联全球第一。“十二五”以来，我国汽车行业环境保护涂料使用比例不断提升，部分新建涂装生产线 VOCs 排放指标已经达到世界一流水平。但是，每年仍有超过 1000 万台汽车产品使用传统溶剂型涂装工艺生产，制造过程中排放大量 VOCs。

2.10.1　汽车制造业生产工艺

汽车制造过程中共有四大工艺，分别是冲压工艺、焊装工艺、涂装工艺和总装工艺。汽车冲压是把钢板在切割机上切割出合适的大小，然后在冲压机床上使用模具冲出各种各样工件的工艺。汽车焊装是将冲压好的车身板件局部加热或同时加热、加压而接合在一起形成车身总成的工艺。汽车涂装是将涂料覆于基底表面形成具有防护、装饰或特定功能涂层的过程，包括前处理、电泳漆底涂、中涂、面漆、烘干、封蜡等工序。汽车涂装有两个重要作用：汽车防腐蚀和增加美观。汽车总装就是将车身、发动机、仪表板、车门等各零件装配起来生产出整车的过程。典型汽车涂装生产工艺流程如图 2-3 所示。

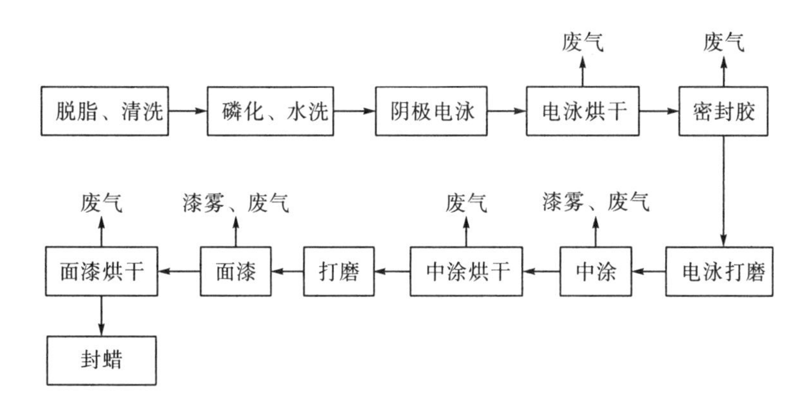

图 2-3　典型汽车涂装生产工艺流程

2.10.2　汽车制造业 VOCs 排放情况

汽车涂装是汽车制造过程中产生“三废”最多的环节。在涂装过程中，涂料里约 70%的 VOCs 将挥发，一条大型的车身涂装线每年排放的气体污染物总量可高达数百吨。根据典型企业调查结果，涂料中含 VOCs 组分主要包括乙酮、间/对-二甲苯、乙苯、甲苯、异丙醇、乙酸乙酯、丙酮、邻-二甲苯、甲基异丁基酮、1,2,4-三甲苯、1,3,5-三甲苯、苯、苯乙烯，以及正丁醇、异丁醇和乙酸丁酯。其中苯系物是汽车涂装企业 VOCs 排放的重要组分，排放最高占比为 30%～60%。苯系物中排放量最大的是二甲苯，占比 20%左右。乙酸丁酯、异丙醇、丁醇等醇酯类物质占比也相对较高，排放占比 30%～60%。随着溶剂行业的污染控制逐步加严，排放成分产生了显著的变化。近年来酯类和醇类等物质作为苯系物溶剂的代替成分，它们的使用量大大增加，特别是一些稀释剂和清洗剂。

汽车涂装工艺过程中的 VOCs 主要产生于电泳漆底涂、中涂和面漆喷涂及烘干工序。轿车底涂基本采用电泳漆涂装工艺，电泳漆的原辅材料为色浆和乳液，VOCs 含量不到 5%。目前 90%以上车身防护都采用阴极电泳涂装底漆工艺，使用的材料大部分为无铅、锡的阴极电泳材料(如低温固化型阴极电泳材料)，产生的 VOCs 较低。

中涂和面漆喷涂漆的原辅材料为中涂漆、色漆和清漆，VOCs 含量均超过 50%。80%～90%的 VOCs 在喷漆室和平流室排放。喷漆废气主要包括芳香烃、醇醚类和酯类有机溶剂；平流室废气成分与喷漆室排放废气成分相近，但不含漆雾，有机废气的总浓度比喷漆室废气偏大，通常与喷漆室排风混合后集中处理。为了防止喷漆室存在的大量漆雾沉降到喷漆工件上，要求喷漆室有较高的空气流速，使其通风优良。

烘干是继电泳、喷漆之后的工序，10%～20%的 VOCs 随车身涂膜在烘干室中排放。烘干废气的成分比较复杂，包含有机溶剂、部分增塑剂、树脂固化、热分解生成物、反应生成物等。电泳烘干废气中的总有机物浓度一般在 500～1000mg/m^3，喷漆烘干废气中总有机物浓度一般在 2500mg/m^3 左右，必须处理后才能达标排放。

2.10.3 汽车制造业 VOCs 防治技术

以下主要从源头控制、过程管理和末端治理 3 个方面来探究汽车制造业的 VOCs 防治技术。

1. 源头控制

汽车制造过程中有机废气的来源主要是涂料中的有机物。在生产过程中应使用《清洁生产标准汽车制造业(涂装)》(HJ/T 293—2006)中规定的水性漆或者固体分质量大于 70%的涂料。使用水性涂料、高固分涂料等低污染型涂料来替代溶剂型涂料，是降低 VOCs 排放较直接、较有效的途径之一。

鼓励新建紧凑型涂装生产线，采用高固体分涂料、水性涂料替代传统溶剂型涂料，推动粉末涂料在商用车领域的应用，推广静电喷涂等高效涂装工艺。

支持绿色内饰替代。开发低 VOCs 内饰材料及新型环境保护助剂，减少溶剂型胶黏剂使用，鼓励采用锁扣、超声波点焊、火焰复合、模内注塑等低 VOCs 生产工艺，逐步开展胶水复合、油漆与水转印等传统工艺替代。

2. 过程管理

推动传统涂装线改造。鼓励对传统溶剂型涂装生产线进行水性或高固体分改造，充分利用原有涂装设备及厂房设施，对空调系统、涂装机器人、输调漆系统等进行必要改造。

提高涂装自动化程度。鼓励采用自动化、智能化喷涂设备替代传统人工喷涂；根据车型不同优化相应喷涂距离、喷涂量、喷涂路径等技术指标，减少漆液浪费。

优化喷涂工序。鼓励企业在面漆线前设编组站，同色车型集中喷涂；推广高速旋杯雾化器，减小换色容量；调整长短清洗程序，减少清洗溶剂用量。

在涂装过程中取消中涂涂装工序。底漆电泳后，直接进行面漆喷涂，由于减少了喷涂工序，VOCs 排放大大降低。配套使用“三涂一烘”“两涂一烘”或免中涂等紧凑型涂装工艺。

配置密闭收集系统。整车制造企业有机废气收集率不低于 90%，其他汽车制造企业不低于 80%。

加强过程监控。鼓励适时安装、配置 VOCs 在线检测设备及便携式测试仪器，对生产车间及重点排污口进行实时监测。

3. 末端治理

在大多数情况下，汽车制造业排放的废气在进行 VOCs 处理之前要进行一定的预处理，颗粒物、油雾、催化剂毒物及难脱附的气态污染物和气体湿度过大均会导致堵塞吸附材料微孔，降低吸附容量，因此在进入吸附床层之前应尽可能除去。预处理还需调节气体温度、湿度、浓度和压力等，以满足后续处理工艺要求。根据喷漆室、流平室、烘干室 VOCs 浓度，可选用高温热氧化焚烧设备或沸石转轮吸附浓缩焚烧设备等高效治理设施对废气进行集中处理。

2.11　表面涂装业

表面涂装业是指为保护或装饰加工对象，在加工对象表面覆以涂料膜层的过程(国民经济行业代码 C34“金属制品业”、C35“通用设备制造业”、C36“专用设备制造业”、C373“摩托车制造”、C374“自行车制造等其他交通运输设备制造”、C39“电气机械及器材制造”等)。表面涂装业的 VOCs 来源主要是涂料中含有的有机溶剂和涂膜在喷涂及烘干时的分解物或挥发物，其成分主要有甲苯和二甲苯，这些成分会对人体健康和生态环境产生严重危害。

2.11.1　表面涂装业生产工艺

根据被涂装对象的材料不同，涂装工艺之间存在一定的差别。

1.木制品制造业表面涂装

木制品制造行业的生产工艺与其生产的产品类型有关，具体涂装工艺流程详见 2.3.1 小节。

2.汽车制造业表面涂装

汽车制造业的具体涂装工艺流程详见 2.10.1 小节。

3.塑料表面涂装

塑料常用于电子产品外壳、玩具、汽车配件等，有着质轻、价廉和制造方便等优点。使用涂料对塑料表面进行涂装，不仅可以改善塑料材料在实际应用过程中存在的色彩单调且不均匀、易老化、易脏的缺点，还可以增加塑料制品的装饰性和表面质感，赋予塑料制品阻燃和防静电的性能。典型塑料制品的表面涂装工艺流程为喷涂前准备、表面处理、喷涂(喷底漆、喷中涂漆、喷面漆、喷罩光漆)、干燥。

4.金属表面涂装

对金属表面进行涂装是生产金属制品过程中十分重要的一步，它关系到金属抗腐蚀、抗磨损的性能，以及使用寿命和装饰能力，直接影响涂装的工程质量。

喷涂工艺是将溶剂型涂料或水性涂料涂覆在金属表面的工艺。喷涂过程中需要使用大量的涂料和有机溶剂，产生较大的 VOCs 污染。

粉末涂装也叫喷粉，是将塑料粉末通过静电等技术涂覆在金属表面的工艺。目前的粉末喷涂工艺一般使用静电涂装。粉末涂装后的烘干工序会产生微量 VOCs 排放，基本上可忽略不计。

辊涂是借助转辊将涂料涂覆在被涂物表面的工艺，主要针对彩涂板生产行业。辊涂生产后的烘干工序会产生较多的 VOCs，主要以无组织形式排放。

浸涂是一种用浸渍达到涂装目的的涂装方法，浸涂过程为全封闭过程，所产生的 VOCs 污染可经过催化燃烧处理设施后有组织排放。

5.织物涂层

织物涂层是指将合成树脂或其他物质施加于织物表面上形成的紧贴织物的薄膜层。目前合成革生产工艺包括离型纸剥离工艺、压延工艺和湿法工艺。

(1)离型纸剥离的主要工艺是将 PU(聚氨基甲酸酯)/PVC(聚氯乙烯)浆料通过辊涂工艺涂覆在离型纸上，经过发泡后与基布贴合并烘干，从而得到合成革成品。在辊涂和烘干工序中，PU/PVC 浆料中的 DMF(*N*, *N*-二甲基甲酰胺)和甲苯等有机物质会挥发到大气中，产生 VOCs 污染。

(2)压延工艺主要应用于 PVC 人造革生产过程，在 140～170℃下将基布与 PVC 浆料通过压力使之贴合。该过程 PVC 浆料中主要包括 PVC 树脂、增塑剂和稳定剂，几乎不产生 VOCs。

(3)湿法工艺主要应用于 PU 合成革制造，所用涂装工艺为浸涂。湿法工艺过程中使用水溶解 DMF，大大降低了 DMF 排放到空气中的量。

2.11.2 表面涂装业 VOCs 排放情况

表面涂装业 VOCs 排放与涂料类型和涂装技术有关。涂装相同面积时，使用油性涂料产生的 VOCs 最多，水性涂料次之，粉末涂料最少；使用空气喷涂技术产生的 VOCs 最多，静电喷涂和刷涂等工艺产生的 VOCs 较少。表面涂装企业所使用的涂料由成膜物质(树脂或纤维素)、颜料、有机溶剂及各类添加剂所组成，加上涂装前的清洗脱脂、稀释剂的调配、涂装后的清洁、换色清洗等步骤等都需要使用有机溶剂，因此在涂装过程中上述环节都会存在有机溶剂挥发逸散，形成 VOCs 排放。

目前多数表面涂装企业生产过程中仍然使用油性涂料和空气喷涂技术，导致 VOCs 排放量大。同时，表面涂装业 VOCs 排放量与车间密闭性及末端治理措施也有很大关系。很大一部分表面涂装企业的生产车间为半封闭形式，生产设备分布不集中，部分企业只对污染较集中、较严重的喷漆、烘干等工位产生的废气进行收集和处理，而其他有机废气仍以无组织形式排放。部分企业未采取有效的末端治理措施，或仅安装水吸收、活性炭吸附等简易 VOCs 治理设施，对 VOCs 处理效率较低，使 VOCs 排放量高。表 2-11 列出了典型表面涂装过程 VOCs 排放环节及主要 VOCs 组分。

表 2-11　典型表面涂装过程 VOCs 排放环节及主要 VOCs 组分

典型行业	主要涂装工艺	VOCs 排放环节	涂料类型	排放的主要 VOCs 成分
木制品制造	油漆喷涂	喷涂、调漆、贴面、干燥	PE 漆、PU 漆、NC 漆、水性漆	甲苯、二甲苯、甲醛、苯乙烯
汽车零部件制造	空气喷涂	涂装、干燥	色漆、清漆	笨、甲苯、二甲苯、丁酮
金属零件制造	辊涂、粉末喷涂	表面预处理、涂装、干燥	丙烯酸漆、绝缘漆、环氧漆、水性漆	甲苯、二甲苯、丙醇、丁醇
家用电器制造	静电喷涂	涂装、干燥	氨基漆、丙烯酸漆、聚氨酯漆	甲苯、二甲苯、丁醇、丙酮
机械制造	空气喷涂、静电喷涂	涂装、干燥	丙烯酸漆、丙烯酸聚氨酯漆	甲苯、二甲苯、甲乙酮、乙酸、乙酸乙酯
人造革制造	辊涂	涂装、干燥	PU/PVC 浆料	甲苯、环己酮、丁醇

2.11.3　表面涂装业 VOCs 防治技术

以下主要从源头控制、过程管理和末端治理 3 个方面对表面涂装业的 VOCs 防治技术进行探究。

1.源头控制

表面涂装业实施源头控制主要是通过提高低有机溶剂含量的环境保护涂料(水性涂料或粉末涂料)的使用比例，选用紫外光固化涂料、水性涂料等环境标志产品认证的低(或无)VOCs 的原辅材料，并积极研发绿色的 VOCs 涂装工艺，降低涂装生产中 VOCs 的排放量，优化涂装工艺。

2.过程管理

加强涂装工艺废气的集中收集和治理。涂料、稀释剂、清洗剂等含 VOCs 的原辅材料应储存或设置于密封容器或密闭工作间内，以减少 VOCs 的无组织排放。各类表面涂装和烘干等产生 VOCs 废气的生产工艺应尽可能设置于密闭工作间内，集中排风并导入 VOCs 污染控制设备进行处理；无法设置密闭工作间的生产线，VOCs 排放工段应尽可能设置集气罩、排风管道组成的排气系统。也可以改进喷涂的工艺方式(静电喷涂、刷涂、滚涂等)，研发智能化涂装测试线，减少涂料在工艺过程中的损耗。

3.末端治理

废气后处理治理技术种类很多，需要根据废气的风量及浓度，结合处理效率、治理设施投入等具体情况来选择较为合适的处理工艺。VOCs 污染控制装置应与工艺设施同步运转，宜采用吸附法、吸附浓缩-(催化)燃烧法、蓄热式直接焚烧法、蓄热式催化焚烧法等净化处理后达标排放。

2.12 电子产品制造业

电子产品制造业包括电子器件制造和电子元件制造，电子器件制造指电子真空器件制造、半导体分立器件制造、集成电路制造、光电子器件及其他电子器件制造的生产活动(国民经济行业代码 C396)，电子元件制造指电子元件及组件制造、印制电路板制造的生产活动(国民经济行业代码 C397)。中国是世界上第一大电子产品消费国，也是世界电子产品制造大国。进入 21 世纪以来，我国在通信、高性能计算机、数字电视等领域取得一系列重大技术突破，电子及通信设备制造业的产业规模、产业结构、技术水平均得到大幅提升，成为全球最大的制造基地。在电子产品制造业中，由于其种类繁多，生产过程各异，《标准》主要涉及电子器件制造和电子元件制造，可细分为电子专用材料、电子元件、显示器、光电子器件、电子终端产品五大类。

2.12.1 电子产品制造业生产工艺

电子专用材料、电子元件、显示器、光电子器件、电子终端产品五大类产品的生产工艺如表 2-12 所示。

表 2-12 电子产品制造典型行业的生产工艺

行业	生产工艺
电子专用材料	主要包括原材料清洗、焊接、切削、冷冲压、电镀和其他加工工艺等
电子元件	单层板：制网版→基板开料→清洗→烘干→印制导体图形→腐蚀→清洗→烘干→印刷阻焊图形→烘干→冲孔落料→电路检查→表面涂覆助焊剂或防氧化剂 多层板：内层图形转移(包括贴干膜、曝光)→DES(包括显影、蚀刻、去膜、冲孔、烘干)→棕化→层压→钻孔→沉铜电镀→外层图形转移(包括贴干膜、曝光)→镀锡→外层蚀刻→阻焊图形(包括丝网印刷、烘干、曝光、显影、固化)→印字符(包括丝印、烘干)→电路板表面处理(包括喷锡、镀金)
显示器	薄膜晶体管液晶显示器生产工艺流程主要包括阵列工程、彩膜工程、成盒工程、模块工程四大部分
光电子器件	光电子生产的产品众多，每种产品的生产工艺不尽相同。综合来看，以发光二极管为代表的光电子器件生产污染物主要来源于外延生长、光刻、蚀刻、减薄等环节
电子终端产品	主要包括印制电路板(俗称板卡)组装(板级组装)、整机装配和产品调试

2.12.2 电子产品制造业 VOCs 排放情况

电子产品制造典型行业的 VOCs 排放特征如表 2-13～表 2-17 所示。

表 2-13 电子产品制造典型行业的排放特征

行业	排放特征
电子专用材料	①废气的产生：涂胶和贴膜设备产生的含感光胶废气；覆铜板用树脂制造过程中将产生甲醇、丙酮废气；荧光粉着色干燥设备产生的异丙醇废气；覆铜板浸胶设备产生的含甲醇、丙酮及甲醛的废气 ②有机物的挥发：树脂、溶剂及其他挥发性有机物在配料、运输、存放时；涂覆或含浸等加工及从传输过程中；电子化学品、电子浆料在抽取以及回收处理时；在使用溶剂清洗有关设备时；废水处理、固体废物处理及其他处理时

续表

行业	排放特征
电子元件	在单面、双面和多面印制电路板制作工艺中，产生的 VOCs 工艺环节相对较集中，主要来源于贴膜、烘干、沉铜、印刷等工序。印制电路板生产工艺中可能产生的污染源和主要污染物分析如表 2-14 所示
显示器	薄膜晶体管液晶显示器生产工艺中可能产生的污染源和主要污染物分析如表 2-15 所示
光电子器件	发光二极管生产工艺中可能产生的污染源和主要污染物分析如表 2-16 所示
电子终端产品	电子终端产品制造行业废气排放潜在的污染物主要是苯系物与乙醇、异丙醇、丙酮等，均为行业型特征大气污染。电子终端产品生产工艺中可能产生的污染源和主要污染物分析如表 2-17 所示

表 2-14　印制电路板产生的污染源和主要污染物

产生的工序	污染源	主要污染物
贴膜、烘干、沉铜、印刷等	有机废气	甲醛、醇类(乙醇、异丙醇、丁醇、丙醇)、酮类(丁酮)、酯类(乙酸乙酯、乙酸丁酯)、苯、甲苯、二甲苯等

表 2-15　TFT-LCD 产生的污染源和主要污染物

产生的工序		污染源	主要污染物
阵列工程	清洗	有机废气	四甲基氢氧化铵、甲基吡咯烷酮等
	光刻	有机废气 碱性废气	醇类(单甲基醚丙二醇、异丙醇等)、酯类(丙二醇甲醚乙酸酯等)等
	光刻胶剥离	高沸点有机废气	二甲基亚砜、乙醇胺等，剥离液产生的污染物中，高沸点有机废气含量小于 2%，VOCs 产生量少
彩膜工程	BM 膜涂光刻胶	有机废气	醇类(单甲基醚丙二醇、异丙醇等)、酯类(丙二醇甲醚乙酸酯等)
	R/G/B 膜涂膜刻胶		
	保护膜生成		
	MVA 膜、PS 膜生成		
成盒工程	清洗	有机废气	*N*-甲基-2-四氢吡咯酮、丙酮等

表 2-16　发光二极管生产中产生的污染源和主要污染物

工艺环节	主要污染物
基片处理	HF、三氯乙烯
氢氧化钠光刻	乙醇、丙酮、异丙醇、光刻胶(主体：酚醛树脂、丙二醇醚脂)、显影液(主体：四甲基氢氧化铵)
清洗	$CH_3COC_2H_5$

表 2-17　电子终端产品生产中产生的污染源和主要污染物

产生的工序	污染源	主要污染物
电路板清洗机	有机废气	三氯乙烯、二氯甲烷、丙酮、乙醇、异丙醇等
喷漆室、烘干室	喷漆废气	漆雾、二甲苯、甲苯、苯、环己酮、甲基戊酮、二甲基戊酮、乙酸丁酯等
注塑机	注塑废气	ABS 塑料、聚乙烯、聚苯乙烯、尼龙等，以颗粒物形式排放几乎全部回收，不产生VOCs
固化室	喷塑废气	环氧树脂、聚氨酯树脂类、胺类等，产生 VOCs 极少

2.12.3 电子产品制造业VOCs防治技术

电子产品制造过程通常都是高能耗、高水耗、高频率产生和排放有毒有害污染物的过程。下面将从源头控制、过程管理、末端治理3个方面对其防治技术进行分析。

1.源头控制

推广低挥发性有机物含量的原料使用。鼓励使用环境保护型材料，采用低溶剂含量的油墨，推广使用水溶性或光固化抗蚀剂、阻焊剂。使用清洁型溶剂清洗剂，包括半水清洗型(乙醇、异丙醇、醚、酯、石油烃、水、去离子水)及水清洗型(皂化水、去离子水)。

板面清洗工序不使用有机清洗剂，推广免清洗工艺。使用免洗助焊剂，焊接后不再需要清洗。

2.过程管理

《“十三五”挥发性有机物污染防治工作方案》要求，电子行业应重点加强溶剂清洗、光刻、涂胶、涂装等工序VOCs排放控制。

回收有机溶剂。从废液中回收有机溶剂再利用，回收利用光刻胶剥离液等。

使用粉末涂装工艺。粉末涂料不含溶剂，涂料利用率高，一次性涂装可达到要求厚度，取代二次及多次用液体漆涂布的工艺。

禁止在生产车间及存储油墨印料、溶剂和稀释剂等有机材料的车间仓库安装排气装置，将工艺过程废气及逃逸性有机废气直接排入大气环境当中。

3.末端治理

所有涉及VOCs排放的车间必须安装符合环境保护要求的废气收集系统和回收、净化设施。对主要产污环节如覆铜板制造中的点胶、涂布、清洗工序，印制电路板制造中的印刷、电镀、蚀刻、热风整平等工序中产生的挥发性有机废气等进行全面收集。采用回收处理技术对有机溶剂进行循环再用。结合具体生产工艺产生的有机废气特点，有针对性地采用吸附、蓄热/蓄热催化焚烧等处理技术，对浓度较低的有机废气可优先采用吸附浓缩与焚烧相结合的方法处理。

由于电子产品制造类生产工艺不同，所采取的废气处理技术也不同。电子行业VOCs治理技术如表2-18所示。

表2-18 电子行业VOCs治理技术

行业	治理方法
电子产品表面喷涂	活性炭吸附+催化燃烧
液晶显示器制造	吸附法+回收、吸附+浓缩焚烧
PCB电路板制造	填充或洗涤塔清水洗涤+废水处理系统
电子终端产品制造	局部排风+固定床活性炭吸附、水帘吸收 + 吸附组合法

2.13 工业开发区

我国作为制造业大国，建设了大量的工业开发区，大部分的生产制造过程在开发区内完成。很多工业开发区都涉及VOCs的排放问题，如石化、化工、制药、农药、制革、包装印刷、黏胶带、汽车、造船、家具等工业开发区。开发区内企业集中，VOCs排放强度大。随着近年来治理工作的不断推进，散乱污企业被关停并转，污染企业的集中度不断提高，各地开始全面推动污染企业的入园工作。从目前工业源VOCs排放情况来看，工业开发区内的排放占绝大部分，因此从工业开发区的治理入手，对开发区进行综合治理是目前我国实现VOCs减排的重点，开发区将是今后我国实现VOCs减排的主战场。

国家发展和改革委员会等六部委联合发布了2018年第4号公告，公布了2018年版《中国开发区审核公告目录》（简称《目录》）。《目录》显示，我国目前一共有2543家开发区，其中国家级开发区552家和省级开发区1991家。四川共有国家级开发区18家和省级开发区116家，这些工业开发区涉及VOCs排放的主导产业有装备制造、电子信息、医药、印刷、包装、机械、汽车、家具、橡胶化工、精细化工、日用化工、天然气化工、石化、轻工等。

由于开发区内污染企业高度集中，在开发区VOCs综合整治方案制定过程中，除了考虑每个企业的排污问题外，还要考虑开发区整体污染承载力的问题，避免出现每个企业都达标但开发区环境质量超标的情况。进行开发区综合整治，实现VOCs的减排目标是一项系统工程，需要政府部门进行统一规划、统一协调、逐步推进。从近年来的治理实践来看，工业开发区的VOCs综合整治应该从以下几个方面入手。

2.13.1 总体要求

按照生态文明建设的总体要求，认真贯彻落实科学发展观，综合运用法律、经济、技术、行政、市场和宣传等手段，坚持源头严控、过程严管、后果严惩，明确各方环境保护责任，严把环境准入关，充分发挥市场机制作用，努力实现开发区产业结构合理化、区域布局集聚化、企业生产清洁化、环境保护管理规范化、执法监管常态化，推动经济转型升级，改善城乡环境质量，促进经济社会持续健康发展。健全开发区污染治理设施建设、运营及风险防范体系，提高开发区循环化、生态化、低碳化、清洁化水平，完善环境监管和执法体系，实现污染物排放总量和单位产值能耗的明显下降，形成权界清晰、分工合理、责权一致、运转高效、法治保障的环境保护体制机制。

工业开发区VOCs综合整治应以提升企业治污能力、规范企业治污行为、强化环境保护长效监管为手段，以重点行业和重点企业的整治提升为抓手，减少VOCs排放总量。开展石化、化工、涂装、印刷包装、纺织印染、橡胶和塑料制品、电子产品制造、橡胶制品、涂料油墨及其类似产品制造、农药制造等重点VOCs排放行业的治理。要求企业在VOCs污染的源头减量、过程控制、末端治理和环境管理方面符合标准和规范要求，并逐步达到领先水平，为行业内其他企业的整治提升提供示范。

2.13.2 科学规划布局

科学规划布局开发区。开发区建设规划须与主体功能区规划、城乡建设规划、环境保护规划等衔接，依法开展环境影响评价，严格落实环境保护、安全设施和职业病防护设施制度及建设项目环境防护距离、安全防护距离要求。开发区须按照建设规划环评的要求布局相关产业。没有依法开展建设规划环评或防护间距达不到要求的开发区，不得引进新的有污染的入园建设项目。开发区现有的环境敏感目标，所在地政府应制定搬迁计划，并组织搬迁。严格控制石化、化工等行业的项目建设，除符合要求的环境功能区域和规划聚集区外，禁止新(扩)建石化、化工等行业中的项目。对未通过环评、能评审查的投资项目，有关部门不得审批、核准、批准开工建设，不得发放生产许可证。

2.13.3 严把环境准入条件

切实转变发展理念，不得将降低环境准入门槛作为开发区招商引资的优惠条件，不得引进高耗能、高污染、高排放的“三高”企业。入园建设项目必须严格执行国家产业政策，依法进行环境影响评价，落实各项环境保护要求。新、扩、改建排放 VOCs 污染物的项目，必须按照 “一流的设计、一流的设备、一流的治污、一流的管理”的原则进行建设，新增VOCs污染物排放量实行区域内现役源倍量削减量替代(达标城市执行等量削减量替代)，严格执行《四川省固定污染源大气挥发性有机物排放标准》(DB 51/2377—2017)(简称《标准》)要求。

2.13.4 严格治理标准

企业应对照污染物排放标准和治理规范，根据其排放特征选择合理可行的先进治理技术，制定“一厂一策”治理方案并经专家评审后备案实施。按照环评要求建设必要的废气收集和处理设施，对废气进行处理，达到环评批复的排放标准后方可排放。不得擅自停运或闲置废气处理设施，不得超标排放。

开发区及开发区内企业要加大对无组织排放废气尤其是有毒及恶臭气体的治理力度。建设相应的收集、处理、应急处置设施，通过局部密闭和负压操作等措施，减少无组织废气排放。化工类企业要通过工艺改进、密闭性改造、设备泄漏检测与修复等措施，减少 VOCs 的泄漏排放。

开发区内企业废气排放口应规范设置。排气筒的高度应达到相关规定要求，不得设置排放未处理废气的旁路系统。重点排污单位应按照国家有关规定和监测规范安装污染物排放在线监测设备，保证监测设备正常运行，保存原始监测记录。

依法淘汰落后企业。按照国家有关要求依法淘汰开发区落后产能及严重危及生产安全的工艺、设备，限制使用或者淘汰职业病危害严重的技术、工艺、设备、材料，取缔不符合国家产业政策的制革、印染、炼焦、炼油、农药等严重污染环境的生产项目。对污染严重、职业病危害严重、不具备安全生产条件，经限期整改达不到要求的企业依法予以关停。

2.13.5 加强环境基础设施建设

加快危险废物处置设施建设。在完善现有危险废物处置机构的基础上，进一步合理规划布局，加快区域危险废物处置中心建设，推动开发区内企业就地就近处置危险废物。以家具、汽车、化工等VOCs排放量较大的产业为主导的开发区，应配套建设危险废物利用企业，具备条件的开发区可以配套建设危险废物处置设施。建立活性炭的再生平台(基地)，由第三方进行统一管理，集中对使用后的活性炭进行再生后循环利用。

加快开发区一体化环境监测、监控体系和应急处置能力建设。逐步建立集企业污染源监控及开发区环境质量监控于一体的网格化监控系统，其中的VOCs检测模块要能够对重点企业的特征污染物或重点污染物进行检测识别，并与所在地环境保护部门联网。对重点污染源强制安装在线监测装置，对重点企业的排放情况进行实时监控。以化工类行业为主的开发区应在开发区内、开发区边界、距离开发区最近的环境敏感目标处，对重点污染物，如苯系物、卤代烃等要具有追踪与溯源功能，必要时配备移动式检测设备，一旦发现某项污染物超标或变化异常，可以快速追踪到具体的污染源头。开发区应加强应急体系和应急队伍建设，完善应急预案，切实提高环境应急处置能力。

有条件园区推行集中式处理设施规划和建设。一是针对单一行业的开发区，如包装印刷、纺织印染、黏胶带制造、人造革制造等工业开发区，在开发区内建立统一的溶剂精馏提纯中心，由第三方进行统一管理，对各企业回收的废溶剂进行统一分离提纯，减轻单一企业的治理负担。二是建设VOCs污染集中处置中心，专业团队管理，在每个企业建立简单的VOCs废气收集单元系统，按企业排污量进行收费，减少企业一次性投入和后期运行成本，降低企业工程建设和管理成本，同时有利于对污染排放及治理的统一管控。三是建设共享家具喷涂中心，面向开发区所有的家具生产企业承接和提供家具涂装服务，形成一个家居集中喷涂基地，建立完善的喷漆废气处理系统，既有利于家居涂装的专业化、规模化，保证良好的涂装质量和效果，同时也能促进和保证涂装过程的环境保护。集中式处理设施建设应按照科学规划、因地制宜、与开发区产业相适应的原则，合理确定建设规模和处理工艺，并安装在线监控设施，确保达到《标准》要求。

2.13.6 完善内部环境管理

完善台账管理。健全企业环境管理台账，包括含VOCs原辅料的消耗台账(包括使用量、废弃量、去向及VOCs含量)、储罐等设备的检查台账、废气监测台账、废气处理设施运行台账、废气处理耗材(吸附剂、催化剂等)的用量和更换及转移处置台账、整治方案及相关设计资料、企业整治达标承诺书，台账保存期限不得少于3年。

规范监测行为。企业应当根据污染物排放标准和环境影响评价文件或者相关行业整治规范的要求，对其排放的废气进行监测。不具备环境监测能力的企业可以委托符合要求的第三方监测机构对其污染物排放进行监测。监测内容包括处理设施进、出口VOCs污染物(原辅料所含主要特征污染物及非甲烷总烃)浓度、排放速率等，并核算处理设施VOCs净化效率；厂界无组织VOCs污染物(原辅料所含主要特征污染物及非甲烷总烃)浓度等。

整治公示。企业根据自身情况，逐条对照整治要求进行自查完成整治工作后开展监测(企业可委托有资质的监测单位进行监测)。监测合格后，企业填写整治达标承诺书并进行公示。根据公众有效意见，督促企业进行进一步的整改。整改结束后，企业准备好相关资料(包括“一厂一策”治理方案、监测报告和企业整治达标承诺书等)，备案后完成整治。

2.13.7 完善配套政策措施

拓宽环境保护资金渠道。对开发区环境保护基础设施建设，鼓励各地发挥市场机制作用，创造有利条件，采取合资、合作、政府和社会资本合作(pubic-private partnership，PPP)、建设-经营-转让(build-operate-transfer，BOT)、移交-经营-移交(transfer-operate-transfer，TOT)等方式，吸引社会资本参与建设和运营维护。

推进市场化第三方环境服务。开发区应充分利用市场，积极向社会购买专业化环境服务。鼓励有条件的开发区聘请第三方专业环境保护服务公司，为开发区提供环境监测、监理、环境保护设施建设运营、环境治理等环境保护一体化服务和解决方案。

开发区应择优选择有资质的第三方运维单位对开发区各类环境保护在线监控设施进行运维。环境保护部门负责污染源在线监控设施运行的监督管理，制定相关规章制度及标准。

开发区应明确在推进第三方环境服务中的各方责任，逐步建立“排污者付费担责、第三方依法依约治理、政府部门指导监管”的治污新机制。推动开发区集中式处理设施运营单位与开发区内企业签订服务合同，明确双方的权利和义务。

强化技术保障。开发区邀请有关专家组建的VOCs污染治理技术专家委员会，开展方案评审和技术交流工作，帮助企业解决VOCs污染治理过程中的重点、难点问题，确保治理工作取得成效。

支持环境保护领跑开发区和企业。以重点行业和重点企业强制性清洁生产审核为抓手，推进开发区升级改造，建设环境保护领跑开发区和企业。对环境保护领跑开发区和企业，可按有关规定予以表扬及融资、补贴等相关政策措施支持。

2.13.8 加大监管执法力度

开展开发区环境保护大排查。对开发区内所有企业进行例行全面排查。对存在问题的企业，按照“一厂一策”的要求依法下达整改通知，明确整改内容、时限和要求，督促落实到位。企业应制定翔实的整改方案，按时保质进行整改，直至达标排放。不能达标排放、不符合生产条件的坚决不能允许生产，落后的、污染严重的必须依法关停。

加大环境监测执法力度。加大对开发区内企业的环境监测力度，及时掌握企业的排放状况。定期组织开展开发区环境质量监测，在开展常规污染监测的同时，逐步加强对特征污染物的监测。加大对开发区内企业的环境执法力度，加强日常巡查、突击检查、监督检查。鼓励举报开发区及企业环境违法行为，对举报偷排偷放等严重违法行为的依法予以奖励。

加大惩处力度。依法综合运用按日计罚、限产限排、停产整治、停业关闭、查封扣押、行政拘留等手段，对开发区内偷排偷放、非法排放有毒有害污染物、非法处置危险废物、不正常使用污染防治设施、伪造或篡改环境监测数据等恶意违法行为依法严厉惩处。涉嫌犯罪的，一律移送司法机关处理，严厉打击环境违法犯罪行为。对环境问题突出的开发区，责令限期整改，逾期未整改的实行区域限批。

加强监管能力建设。重点加强环境监测监管执法队伍建设，健全机构，充实人员，强化专业技术培训。大力推进环境监测、监察机构标准化建设，配齐配全监测和执法装备，保障监测、监察工作用车，进一步提高开发区环境监管能力。充分发挥开发区环境监管网格作用，做到定区域、定人员、定职责、定场所、定经费，使开发区各重点排污单位得到有效监管，实现环境监管全方位、全覆盖。具备条件的开发区可设立环境保护机构，配备必要的监管力量。

2.13.9　强化环境信息公开

加大开发区环境信息公开力度。开发区所在地环境保护部门和其他有关部门要依法公开开发区相关企业落后产能淘汰、建设项目环评审批、重点污染源监督监测、强制性清洁生产审核、环保税缴纳、行政处罚和突发环境事件处理情况等环境信息。

开发区内重点排污单位应依法向社会公开其主要污染物的名称、排放方式、排放浓度和总量、达标排放情况，以及污染防治设施的建设和运行情况，接受社会监督。有条件的开发区及企业可在网站或开发区醒目位置采用电子显示屏等形式，实时公开在线监控数据。

畅通公众参与渠道。开发区管理机构及环境保护部门应向社会公开环境污染举报电话、电子邮箱，开通微博、微信公众号等方式，加强与公众的沟通交流。对涉及开发区的环境信访、投诉案件要及时调查、处理，答复反馈信访人或举报人。

开发区管理机构和重点企业应建立与周边群众的常态化沟通机制，通过上门走访、邀请群众参与、聘请环境保护监督员等形式，听取群众对开发区环境保护的意见和建议。

2.13.10　严格落实考核问责

明确和落实各方责任。各市、县(区)党委政府要切实担负环境保护“第一责任人”的责任，履行对环境实施统一监管的职责，加强对开发区污染防治工作的组织领导，制定、分解开发区污染防治目标和重点任务，不断完善政策措施，加大资金投入，确保开发区环境保护各项目标任务完成。要明确负责开发区环境保护工作的机构和人员，落实开发区环境保护管理责任。组织开展开发区环境保护情况排查，并结合实际，科学制定开发区环境综合整治方案。

各市、县(区)生态环境、发改委、工信、住建、自然资源、水利、应急管理、公安等部门及开发区管理机构要进一步强化环境保护的监管责任，认真按照职责分工，相互配合、形成合力，切实做好开发区环境保护相关工作。

开发区内企业要进一步强化污染治理的责任，严格执行环境保护法律法规和制度，加强污染治理设施建设和运行，落实环境监测、治污减排、环境风险防范等责任。环境污染第三方治理，运维单位要按照法律、法规和相关技术规范实施污染治理、设施运维，并承担相应的责任。

严格考核追责。定期组织开展对开发区环境保护工作的考核，考核结果向社会公布，并作为对领导班子和领导干部综合考核评价的重要依据。对考核结果不合格的开发区，约谈所在地政府及其有关部门负责人，责令整改落实。对违背科学发展要求、造成生态环境严重破坏和重大社会影响的，依据《党政领导干部生态环境损害责任追究办法(试行)》，严格追究相关领导和责任人的责任。

第3章 污染物控制项目

VOCs种类繁多、组分复杂，在不同行业中的生产、使用和排放情况千差万别，对大气氧化能力、二次有机污染形成等环境影响也各有不同。因为蒸气压的不同及毒性的差异，VOCs对人体健康的影响也各不相同。依据VOCs的这些特征，筛选出需要重点控制的污染物显得尤为重要。

3.1 筛选程序与筛选原则

3.1.1 筛选程序

《标准》对污染物控制项目的筛选程序如下：首先，通过对主要行业产业排放的常见污染物、国家排放标准规定或未规定的污染物及相关恶臭物质的调查，结合四川省典型大气污染问题和污染物排放影响等因素，确定污染物初选名单。其次，判断污染物是否具有成熟的监测方法。最后，根据污染物的筛选原则，选择并确定评估参数，应用模糊数学法建立评分系统，对初选名单中的VOCs进行排序，选出需要重点控制的VOCs。《标准》污染物控制项目筛选程序如图3-1所示。

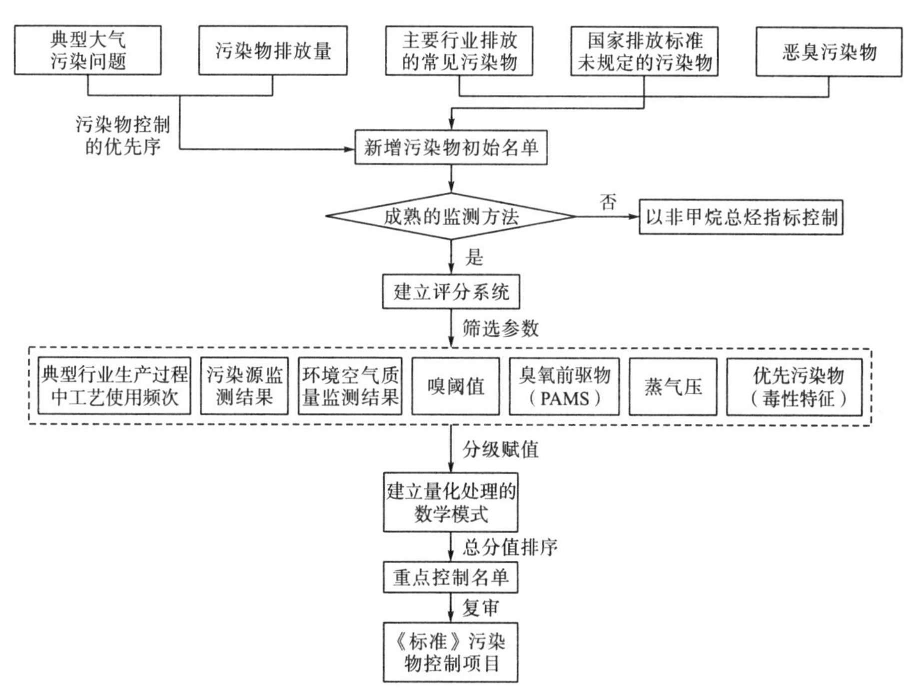

图3-1 《标准》污染物控制项目筛选程序

3.1.2 筛选原则

国外在其标准制定过程中都着重考虑污染物毒性大小、当地典型的大气污染问题和环境经济影响等因素。美国控制 VOCs 的排放主要是考虑其对光化学反应的贡献和导致空气中臭氧浓度升高的贡献程度，针对性地提出了典型行业 VOCs 排放标准和消费产品 VOCs 含量限值。国内标准污染物控制项目的筛选主要考虑的因素有改善环境质量和污染减排的需求、产生量或排放量大小、毒性大小、臭氧污染和二次转化问题、光化学活性强弱、是否便于监测、治理方法是否成熟等。

《标准》根据环境管理部门和环境监测部门的要求，结合国内外标准污染物的筛选原则，确定按照以下 7 个原则对污染物初始名单进行筛选：

(1)优先选择典型行业生产过程中使用频率较高、使用量较大的 VOCs。

(2)优先选择污染源监测结果中检出频次较高、检出浓度较高的 VOCs。

(3)优先选择环境空气质量监测结果中检出频次较高、检出浓度较高的 VOCs。

(4)优先选择毒性大、具有“三致”性的 VOCs。

(5)优先选择臭氧前驱物。

(6)兼顾选择蒸气压较大的 VOCs。

(7)兼顾选择主要的恶臭污染物。

3.2 污染物控制项目初始名单

根据《标准》确定的污染物控制项目筛选程序，首先分析了美国、欧盟、日本及我国大气污染物排放标准的特点，然后调研四川省主要工业行业，如电子产品制造业、家具制造业、汽车制造业、医药制造业等十多个行业排放的特征污染物；并对国内外受控恶臭污染物、典型行业排放污染物、国内外优先控制污染物名单及恶臭物质名录等进行综合分析，选出比较常见的恶臭污染物。同时，分析四川省目前典型的大气污染问题和污染物排放影响等因素，最终确定 58 种物质作为污染物筛选的初始名单，如表 3-1 所示。

表 3-1　污染物初始名单

污染物种类	污染物项目	数量
苯系物	苯、甲苯、二甲苯、乙苯、三甲苯、苯乙烯	6
卤代烃	四氯化碳、1,2-溴甲烷、1,2-二氯丙烷、氯甲烷、1,3-二氯丙烯、1,2-二氯乙烷、二氯甲烷、三氯甲烷、四氯乙烷、四氯乙烯、三氯乙烯、三氯乙烷、氯丁二烯	13
醛类	甲醛、异丁醛	2
酮类	甲基异丁基酮、环己酮、丙酮、2-丁酮、二甲基戊酮	5
酯类	乙酸丁酯、乙酸乙酯、乙酸戊酯、甲苯二异氰酸酯、丙烯酸甲酯、乙酸甲酯	6
醚类	乙二醇甲醚、乙二醇乙醚、甲基叔丁基醚、异丙醚	4
醇类	乙醇、乙二醇、甲醇、正丁醇、正丙醇、异丙醇、正戊醇	7

续表

污染物种类	污染物项目	数量
胺类	二甲胺、三乙胺、二甲基甲酰胺	3
有机酸	三氯乙酸、乙酸、丙烯酸	3
烷烯烃	正己烷、正庚烷、环己烷、1,3-丁二烯、丙烯	5
环氧类	环氧乙烷	1
其他	乙酸乙烯、萘	2
综合指标	VOCs	1
合计	—	58

3.3　筛选评分系统

《标准》应用模糊数学法建立评分系统，确定评估标准，利用定性-数量化方法进行标准化定量，根据综合分值确定最终污染物控制项目。

1.评分标准

(1)确定定量评估标准，对某些不易定量的数据，利用定性-数量化方法进行标准化定量。

(2)各项参数均分为 1、2、3、4、5 共 5 级分值。

(3)数据缺项时不能简单认为无分，应视情况予以适当分值。

(4)各参数分值经模糊数学法运算后求得综合分值，总分值越高，表示该物质可能造成的污染越严重，环境影响越大，越需要受控。

2.标准分值

(1)典型行业生产过程工艺使用频次。选取 10 种典型行业，分别分析其受控工艺设施和特征污染物项目。工艺使用频次较高，说明该物质排放源较多，影响面较大。典型行业工艺使用频次分值的划分如表 3-2 所示。

表 3-2　典型行业工艺使用频次分值的划分

分值	使用频次
1	1
2	2～3
3	4～5
4	6～8
5	9～10

(2)污染源监测结果。选取 10 种典型行业，涉及农药制造、医药制造、汽车制造、电子产品制造等多个行业。若污染物检出频次较高或检出浓度较大，说明该物质在该行业中使用较广泛，影响较大，需要重点控制。污染源检出频次和检出浓度分值的划分如表 3-3 所示。

表 3-3 污染源检出频次和检出浓度分值的划分

分值	检出频次	检出浓度较大者
1	1	+2 分(最多不超过 5 分)
2	2～3	
3	4～5	
4	6～8	
5	9～10	

(3)环境空气质量监测结果。分析成都市及其周边地区、广州、郑州、南京、杭州、长沙、济南等地环境空气质量的监测结果，其中浓度越高的污染物，说明其对环境的影响越大。环境空气检出浓度分值的划分如表 3-4 所示。

表 3-4 环境空气检出浓度分值的划分

分值	检出浓度/(μg/m^3)
1	0～10
2	10～20
3	20～50
4	50～100
5	＞100

(4)臭氧前驱物。臭氧前驱物光化学反应活性较大。若污染物属于臭氧前驱物，则其分值为 5；若污染物不属于臭氧前驱物，则其分值为 2。

(5)毒性特征。分析美国、世界卫生组织和中国优先监测的空气污染物，并对有机污染物毒性进行分级。毒性分级分值的划分如表 3-5 所示。

表 3-5 毒性分级分值的划分

分值	毒性分级	属优先污染物者
1	未分级的污染物	+1 分(最多不超过 5 分)
2	轻度危害	
3	中度危害	
4	高度危害	
5	极度危害	

3.建立量化处理的综合评分

根据典型行业工艺征用频次分析、污染源监测结果分析、环境空气质量监测结果分析、臭氧前驱物及毒性特征分析，得出各个筛选对象(污染物)的单项指标分值后，将其总和作为该项污染物的综合评分。以综合评分的排序确定最终的污染控制项目。

3.4　污染物控制项目筛选

3. 4. 1　典型行业特征污染物分析

四川省典型人为污染源 VOCs 排放量大，涉及的行业包括家具制造业、印刷业、石油炼制、农药制造业、涂料、油墨、胶黏剂及类似产品制造业、医药制造业、橡胶制品业、汽车制造业、电子产品制造业等。不同行业排放的特征污染物有所差异[9]，表 3-6 总结了典型行业受控工艺设施及其排放的特征污染物。

表 3-6　典型行业受控工艺设施及其排放的特征污染物

行业名称	受控工艺设施	特征污染物
家具制造[10]	喷涂、调漆、干燥等	甲醛、苯、甲苯、二甲苯、丙酮、2-丁酮、环己酮、正丁醇、乙酸丁酯、乙酸乙酯、乙苯、三甲苯、异丙醇、二氯甲烷、甲基异丁基甲酮、间-乙基甲苯
印刷[11-12]	印刷、烘干等	苯、甲苯、二甲苯、2-丁酮、异丙醇、乙酸乙酯、丙酮、正丁醇、乙酸丁酯、乙酸乙烯、乙酸、正己烷、乙苯、甲基异丁基甲酮、二氯甲烷
石油炼制[13]	重整催化剂再生、废水处理、有机废气收集处理等	苯、甲苯、二甲苯、1,3-丁二烯、正己烷、环己烷、乙苯、三甲苯、氯甲烷、1,2-二氯乙烷、甲烷、乙烷、丙烷、丁烷、乙烯、丙烯
农药制造	混合、涂覆、分离等	乙苯、三氯甲烷、氯甲烷、环氧乙烷
涂料、油墨、胶黏剂及类似产品制造[14]	原料混配、分散研磨及生产等	甲醛、苯、甲苯、二甲苯、2-丁酮、丙酮、乙酸乙酯、乙苯、三甲苯、异丙醇、正丁醇、乙酸丁酯、二氯甲烷、环己烷、1,2-二氯乙烷、苯乙烯
医药制造业[15]	化学反应、生物发酵、分离、回收等	苯、甲苯、二甲苯、1,2-二氯乙烷、三氯甲烷、环氧乙烷、乙酸丁酯、正丁醇、乙酸乙酯、二氯甲烷、乙苯、丙酮、2-丁酮、异丙醇、正己烷
橡胶制品业	炼胶、硫化、胶浆制备、浸浆、胶浆喷涂和涂胶等	苯、甲苯、二甲苯、1,3-丁二烯、1,2-二氯乙烷、三氯甲烷、三氯乙烯、环己酮、丙酮、乙酸乙酯、乙酸丁酯、戊二烯、甲苯二异氰酸酯、丙烯酸甲酯、丙烯酸、环己醇、二甲基甲酰胺
汽车制造业	底漆、喷漆、补漆、烘干等	苯、甲苯、二甲苯、丙酮、异丙醇、乙酸丁酯、三甲苯、乙苯、正丁醇、2-丁酮、乙酸乙酯、环己酮
表面涂装	喷涂、烘干等	苯、甲苯、二甲苯、三甲苯、乙苯、正丁醇、2-丁酮、乙酸乙酯、环己酮
电子产品制造[16-17]	清洗、蚀刻、涂胶、干燥等	苯、甲苯、二甲苯、异丙醇、丙酮、三氯乙烯、2-丁酮、正丁醇、环己酮、乙酸乙酯、二氯甲烷、乙酸丁酯、乙醇、丙醇、三氯乙烷
涉及有机溶剂生产和使用的其他行业[18]	—	VOCs

通过对典型行业受控工艺设施及其排放的特征污染物进行分析发现，典型行业生产过程中工艺使用频率较高和排放量较大的VOCs包括苯、甲苯、二甲苯、乙苯、三甲苯、甲醛、二氯甲烷、1,2-二氯乙烷、三氯甲烷、三氯乙烯、丙酮、2-丁酮、环己酮、异丙醇、丁醇、乙酸丁酯、乙酸乙酯、1,3-丁二烯、正己烷、环己烷、氯甲烷、苯乙烯等。

3.4.2 重点行业污染源实测数据分析

针对四川省重点行业的分布情况，对相关污染源排放的VOCs进行了监测，涉及农药制造、基础化学原料制造、合成材料制造、医药制造、汽车制造、电子产品制造等多个行业。部分重点行业污染源排放废气中VOCs检出情况如表3-7所示。

表3-7 部分重点行业污染源排放废气中VOCs检出情况

污染源	检出的主要VOCs	浓度较高的VOCs
某农药生产厂1	甲醇、甲醛、氯甲烷等	甲醇、甲醛、氯甲烷
某农药生产厂2	正己烷、三甲基硅醇、苯、甲苯、1,1-二氯丙烷、甲基环己烷、乙苯、二甲苯、三甲苯、2,4-二甲基戊烷、甲基环戊烷、1,3-二氯丙烯、2,4-二甲基己烷	苯、甲苯、二甲苯、正己烷、三甲苯
某化工厂1	三氯甲烷、四氯化碳、苯、甲苯、氯苯、二甲苯、乙苯、苯乙烯、正庚醛、1,1,2,2-四氯乙烷、1,2,3-三甲苯、1,2,4-三甲苯、对-二氯苯、邻-二氯苯、辛醛、间-二氯苯、壬醛、1,3,5-三氯苯、六氯丁二烯等	苯、甲苯、二甲苯、三氯甲烷、四氯化碳、苯乙烯、1,2,3-三甲苯、1,2,4-三甲苯
某化工厂2	正己烷、2-甲基戊烷、二硫化碳、异丙醇、三氯甲烷、2,4-二甲基己烷、环己烷、四氯化碳、苯、1,2-二氯乙烷、甲苯、四氯乙烯、乙酸丁酯、乙苯、二甲苯、苯乙烯、蒎烯、三甲苯、柠檬烯、萘等	二甲苯、正己烷、异丙醇、乙酸丁酯、苯乙烯、三甲苯
某化工厂3	氯乙烯、正己烷、2-甲基丁烷、1,4-二戊烯、甲基环戊烷、三氯甲烷、四氯化碳、苯、三氯乙烯、甲苯、二甲苯、苯乙烯、乙苯、蒎烯、异丙苯、甲乙苯、萘等	—
某制药厂	二氯二氟甲烷、正己烷、三氯氟甲烷、苯、甲苯、乙酸丁酯、二甲苯、苯乙烯、异丙苯、三甲苯、四甲苯、三氯甲烷、2,4-二甲基戊烷、二氯甲烷等	—
某汽车制造企业	异丙醇、2-丁氧基乙醇、乙酸乙酯、乙酸丁酯、2-丁酮、丁二酮、庚烷、甲苯、乙苯、对-二甲苯、邻-二甲苯、三甲苯、1-甲基-4-乙基苯等	甲苯、二甲苯、异丙醇、三甲苯、乙酸丁酯
某电子产品加工制造厂	丁烷、二甲醚、丙酮、2-丁酮、环己酮、甲基异丁基甲酮、乙酸乙酯、乙酸丁酯、异丙醇、2-甲基-1-丙醇、1-丁醇、苯、甲苯、乙苯、二甲苯等	—
某印制电路板厂	苯、甲苯、乙苯、二甲苯、3-氯丙烯、丙烯、1-丁烯、乙烷、丙烷、丁烷、正己烷、2-甲基己烷、甲基环戊烷、氯甲烷、四氯化碳、对-乙基甲苯、1,3-丁二烯、丙酮、2-丁酮、乙酸乙酯、正庚烷等	苯、甲苯、二甲苯、丙烷、乙酸乙酯、2-丁酮、2-甲基己烷、乙烷、丙酮、正己烷、正庚烷
某木制家具厂	苯、甲苯、甲醛、乙酸丁酯、乙苯、间/对-二甲苯、苯乙烯、邻-二甲苯、正十一烷等	甲醛、乙酸丁酯、乙苯、甲苯、二甲苯

通过对重点行业污染源排放废气中VOCs监测结果的分析发现，检出频次较多且检出浓度较高的VOCs包括苯、甲苯、二甲苯、甲醛、苯乙烯、正己烷、环己烷、1,3-丁二烯、三甲苯、乙苯、异丙苯、乙酸丁酯、乙酸乙酯、二氯甲烷、三氯甲烷、1,2-二氯乙烷、四

氯化碳、三氯乙烯、氯甲烷、异丙醇、甲乙酮、丙酮等。

3.4.3　环境空气质量监测结果分析

环境空气质量监测数据主要来源于成都市重污染时期的空气质量监测结果、成都市周边地区环境空气挥发性有机物的监测结果及文献调研结果。文献调研数据包括广州、郑州、南京、长沙、杭州、济南等地环境空气中挥发性有机物的监测结果。对环境空气质量监测结果的分析如表 3-8 所示。

表 3-8　对环境空气质量监测结果分析

城市	检出的主要 VOCs	浓度较高的 VOCs
成都	乙酸乙酯、二氯甲烷、正己烷、甲苯、苯、二甲苯、丙酮、1,2-二氯乙烷、乙苯、苯乙烯、三甲苯、4-乙基甲苯、1,3-丁二烯、异丙醇、丙烯、1,4-二氯苯、正庚烷、氯甲烷、环己烷、1,2-二氯丙烷等	乙酸乙酯、二氯甲烷、正己烷、甲苯、苯、二甲苯、丙酮、1,2-二氯乙烷、乙苯
成都周边地区	二氯甲烷、甲苯、苯、1,2 二氯乙烷、间/对-二甲苯、氯甲烷、1,2-二溴乙烷、乙苯、1,2,4-三甲苯、1,2-二氯苯、1,3-二氯苯、邻-二甲苯、1,3,5-三甲苯、四氯化碳、苯乙烯、氯仿、1,1,2,2-四氯乙烷、1,4-二氯苯、1,2-二氯丙烷等	二氯甲烷、甲苯、苯、1,2-二氯乙烷、间/对-二甲苯
广州[19]	乙烷、丙烷、异丁烷、正丁烷、己烷、环己烷、丙烯、乙烯、异丁烯、1,3-丁二烯、1-己烯、反-2-丁烯、顺-2-丁烯、苯、甲苯、二甲苯、乙苯、三甲苯、苯乙烯等	异丁烷、正丁烷、环己烷、苯、甲苯、二甲苯、乙苯、三甲苯
郑州[20]	苯、乙酸丁酯、甲苯、二甲苯、萘、氯仿、乙苯、三甲苯、四氯乙烯、乙醛、2-甲基乙苯、己醛、丙酮、丙苯、丁酮、丁烷、戊烷、3,4-二甲基乙苯、氯仿、甲基环戊烷、3-甲基己烷、甲基环己烷、3-甲基庚烷、乙酸乙酯等	苯、甲苯、乙苯、二甲苯、1,2,4-三甲苯、丁烷、戊烷
南京[21]	四氯化碳、苯、甲苯、乙苯、二甲苯、苯乙烯、异丙苯、丙苯、三甲苯、叔丁基苯、异丁基苯、对-异丙基苯等	苯、甲苯、乙苯、二甲苯、三甲苯
长沙[22]	苯、甲苯、乙酸丁酯、正十一烷、乙苯、对-二甲苯、邻-二甲苯、间-二甲苯、苯乙烯等	—
杭州[23]	丙酮、丁酮、氯仿、苯、庚烷、甲基环己烷、2-甲基-庚烷、甲苯、辛烷、己醛、乙酸丁酯、乙苯、二甲苯、戊烷、壬烷、癸烷、辛醛、萘、正己烷、苯乙烯、甲基环戊烷等	丙酮、丁酮、苯、甲苯、乙苯、二甲苯、辛醛、正己烷
济南[24]	乙烷、异丁烷、正丁烷、环戊烷、异戊烷、甲苯、乙基苯、间/对-二甲苯、1,2,4-三甲苯、乙烯、丙烯、异戊二烯等	乙烷、丁烷、戊烷、甲苯、乙苯、二甲苯

通过对环境空气质量监测结果的分析发现，检出频次较多且检出浓度较高的 VOCs 包括苯、甲苯、二甲苯、乙酸乙酯、二氯甲烷、正己烷、丙酮、1,2-二氯乙烷、乙苯、三甲苯、环己烷、甲乙酮、乙酸丁酯、三氯甲烷、四氯化碳、乙烷、丁烷、戊烷等。

3.4.4　臭氧前驱物分析

VOCs 具有光化学活性，是形成 $PM_{2.5}$ 和臭氧的重要前体物质。美国 VOCs 的光化学评估监测站点(photochemical assessment monitoring stations，PAMS)的监测目标清单列出了 57 种臭氧前驱物，如表 3-9 所示。

表 3-9 57 种臭氧前驱物

序号	化合物名称	CAS 号	序号	化合物名称	CAS 号
1	乙烯	74-85-1	30	3-甲基己烷	589-34-4
2	乙炔	74-86-2	31	2,2,4-三甲基戊烷	540-84-1
3	乙烷	74-84-0	32	正庚烷	142-82-5
4	丙烯	115-07-1	33	甲基环己烷	108-87-2
5	丙烷	74-98-6	34	2,3,4-三甲基戊烷	565-75-3
6	异丁烷	75-28-5	35	2-甲基庚烷	592-27-8
7	正丁烯	106-98-9	36	甲苯	108-88-3
8	正丁烷	106-97-8	37	3-甲基庚烷	589-81-1
9	顺-2-丁烯	590-18-1	38	正辛烷	111-65-9
10	反-2-丁烯	624-64-6	39	对-二甲苯	106-42-3
11	异戊烷	78-78-4	40	乙苯	100-41-4
12	1-戊烯	109-67-1	41	间-二甲苯	108-38-3
13	正戊烷	109-66-0	42	正壬烷	111-84-2
14	反-2-戊烯	646-04-8	43	苯乙烯	100-42-5
15	2-甲基 1,3-丁二烯	78-79-5	44	邻-二甲苯	95-47-6
16	顺-2-戊烯	627-20-3	45	异丙苯	98-82-8
17	2,2-二甲基丁烷	75-83-2	46	正丙苯	103-65-1
18	环戊烷	287-92-3	47	1-乙基-2-甲基苯	611-14-3
19	2,3-二甲基丁烷	79-29-8	48	1-乙基-3-甲基苯	620-14-4
20	2-甲基戊烷	107-83-5	49	1,3,5-三甲苯	108-67-8
21	3-甲基戊烷	96-14-0	50	对-乙基甲苯	622-96-8
22	1-己烯	592-41-6	51	癸烷	124-18-5
23	正己烷	110-54-3	52	1,2,4-三甲苯	95-63-6
24	2,4-二甲基戊烷	108-08-7	53	1,2,3-三甲苯	526-73-8
25	甲基环戊烷	96-37-7	54	1,3-二乙基苯	141-93-5
26	苯	71-43-2	55	对-二乙苯	105-05-5
27	环己烷	110-82-7	56	十一烷	1120-21-4
28	2-甲基己烷	591-76-4	57	十二烷	112-40-3
29	2,3-二甲基戊烷	565-59-3			

3.4.5 优先污染物分析

VOCs 种类繁多，组分复杂，不同污染物毒性大小也有很大差异。国内外基本都根据“毒性大、难降解、出现频率高、可生物积累、属三致物质及检测方法成熟”的原则确立了优先监测的污染物[25, 26]。美国环境保护署、世界卫生组织和我国原环境保护部都列出了各自需要优先监测的空气污染物，如表 3-10～表 3-12 所示。

表 3-10　美国环境保护署优先监测的有机污染物(160 种)

类别	名称
卤代烃类	四氯化碳、1,1-二氯乙烷、三氯甲苯、氯乙苯、六氯环己烷、二氯甲烷、1,2-二溴-3-氯丙烷、2-氯-1,3-丁二烯、六氯环戊烷、溴仿、六氯乙烷、溴甲烷、氯苯、氯乙烷、氯甲烷、烯丙基氯、1,2-二溴乙烷、1,1,1-三氯乙烷、三氯甲烷、1,4-二氯苯、1,2-二氯乙烷、碘甲烷、1,3-二氯丙烯、四氯乙烯、1,1,2-三氯乙烷、溴乙烯、1,2-二氯丙烷、三氯乙烯、氯乙烯、1,1,2,2-四氯乙烷、1,1-二氯乙烯、六氯丁二烯、1,2,4-三氯苯、苯乙烯
苯系物	异丙基苯、乙苯、苯、对-二甲苯、甲苯、二甲苯
烷烯烃	正己烷、1,3-丁二烯、2,2,4-三甲基戊烷
酯类	邻苯二甲酸二丁酯、异氰酸甲酯、2-甲基丙烯酸甲酯、硫酸二乙酯、邻二苯甲酸二辛酯、丙烯酸乙酯、2,4-甲苯二异氰酸酯、二苯基亚甲基二异氰酸酯、氨基甲酸乙酯、1,6-己二异氰酸酯、邻苯二甲酸二甲酯、硫酸二甲酯、乙二醇酯、乙酸乙烯酯、1,3-丙基磺酸内酯
酚类	甲酚、苯酚、对-苯二酚、邻-苯二酚、4-硝基苯酚、2,4,6-三氯苯酚、2,4-二硝基苯酚、4,6-二硝基邻甲苯酚、2,4,5-三氯苯酚
硝基苯类	2,4-二硝基甲苯、硝基苯、五氯硝基苯
胺类	乙酰胺、*N,N*-二甲基苯胺、3,3-二甲氧基联苯胺、丙烯酰胺、3,3'-二甲基联苯胺、3,3-二氯联苯胺、二甲基甲酰胺、苯胺、二乙醇胺、六甲基磷酰胺、己内酰胺、三乙胺、环乙亚胺、*N*-亚硝基二甲胺、邻-甲苯胺、对-苯二胺、2,4-甲苯二胺
其他含氮化合物	1,2-亚乙基硫脲、对二氨基苯、乙腈、1,2-二苯肼、2-乙酰胺芴、4,4'-二氨基-3,3'-二氯二苯甲烷、对二甲基偶氮苯、重氮甲烷、4,4'-二苯胺基甲烷、二甲氨基甲酰氯、丙烯腈、氰胺化钙、1,1-二甲基肼、甲基肼、2-硝基丙烷、*N*-亚硝基-*N*-甲基脲、2-甲基氮丙啶、氮杂萘、*N*-亚硝基-吗啉
醇、醛、酮、醚类	丙醛、乙醛、甲醛、丙烯醛、甲醇、乙二醇、异氟尔酮、苯乙酮、甲乙酮、异己酮、丙酮、甲基叔丁基醚、1,3-二氯甲醚、氯甲基甲醚、邻氨基苯甲醚、二氯乙醚
有机酸及酸酐	2,4-二氯苯氧乙酸、马来酸酐、氯乙酸、丙烯酸、邻苯二甲酸酐
联苯类	联苯、4-硝基联苯、4-氯联苯、多氯联苯
农药	敌敌畏、残杀威、草灭畏、七氯、六氯苯、甲氧滴滴涕、乙醇杀螨酯、克菌丹、毒杀酚、甲萘威、对硫磷、氟乐灵、五氯酚
其他	1,4-二噁烷、环氧氯丙烷、2,3,7,8-四氯二苯丙-1,4-二噁英、氯化茚、环氧丁烷、p,p'-二氯联苯乙烷、α-氯乙酰苯、氧芴、萘、多环芳香化合物、环氧乙烷、环氧丙烷、氧化苯乙烯、焦炉排放物、苯醌、氧硫化碳

表 3-11　世界卫生组织优先监测的空气污染物(16 种)

名称	丙烯腈、苯、丁二烯、二硫化碳、一氧化碳、1,2-二氯乙烯、二氯甲烷、甲醛、多环芳香族化合物、多氯联苯、多氯氧芴、苯乙烯、四氯乙烯、甲苯、三氯乙烯、氯乙烯

表 3-12　我国原环境保护部优先监测的空气污染物(65 种)

类别	名称
卤代(烷、烯)烃类	二氯甲烷、三氯甲烷、四氯化碳、1,1-二氯乙烷、1,1,1-三氯乙烷、1,1,2-三氯乙烷、1,1,2,2-四氯乙烷、三氯乙烯、四氯乙烯、三溴甲烷
苯系物	苯、甲苯、乙苯、邻-二甲苯、间-二甲苯、对-二甲苯
氯代苯类	氯苯、邻-二氯苯、对-二氯苯、六氯苯
多氯联苯类	多氯联苯

续表

类别	名称
酚类	苯酚、间甲酚、2,4-二氯酚、2,4,6-三氯酚、五氯酚、对-硝基酚
硝基苯类	硝基苯、对-硝基甲苯、2,4-二硝基甲苯、三硝基甲苯、对-硝基氯苯等
苯胺类	苯胺、二硝基苯胺、对-硝基苯胺、2,6-二氯硝基苯胺
多环芳烃	萘、荧蒽、苯并[b]荧蒽、苯并[k]荧蒽、苯并[a]芘、茚并[1,2,3-c,d]芘等
酞酸酯类	酞酸二甲酯、酞酸二丁酯、酞酸二辛酯
农药	六六六、滴滴涕、敌敌畏、乐果、对硫磷、除草醚、敌百虫
丙烯腈	丙烯腈
亚硝胺类	*N*-亚硝基二丙胺、*N*-亚硝基二正丙胺
氰化物	氰化物
重金属及其化合物	砷及其化合物、铍及其化合物、镉及其化合物、铬及其化合物、铜及其化合物、铅及其化合物、汞及其化合物、镍及其化合物、铊及其化合物

3.4.6 毒性分级分析

国际癌症研究机构根据 900 种化学物和混合物及其接触场所对人致癌性的综合评价结果以及职业卫生的最高容许浓度或 8 小时时间加权平均容许浓度等[27]，将 VOCs 按健康毒性大小分为 3 类，其中具有代表性的污染物毒性分级如表 3-13 所示。

表 3-13　VOCs 按健康毒性大小的分类

类别	污染物项目
第一类高毒害	丙烯腈、苯、环氧乙烷、1,3-丁二烯、1,2-二氯乙烷、氯乙烯
第二类中等毒害	甲醛、乙醛、酚类、苯胺、硝基苯、氯甲烷
第三类低毒害	甲苯、二甲苯、乙苯、氯苯、甲醇、丙酮

美国环境保护署关于人体健康风险评价指南中，基于对动物和人类的研究数据，将污染物毒性影响分为 5 类，具体如表 3-14 所示。

表 3-14　美国环境保护署对部分大气污染物致癌性的分类

类别		污染物名称
A 类		苯、联苯胺、炼焦炉排放物、氯乙烯
B 类	B_1	丙烯腈、甲醛
	B_2	多氯联苯、1,2-二氯乙烷、三氯甲烷、四氯化碳、苯并［a］芘、苯胺、乙醛
C 类		丙烯醛、1,3-丁二烯、氯丁二烯、1,1-二氯乙烷、二氯甲烷、1,3 二氯丙烯、柴油机尾气、硝基苯、四氯乙烷、四氯乙烯、三氯乙酸、氯甲烷
D 类		丙酮、乙腈、苯乙酮、乙酰氯、钡及其化合物、联苯、溴甲烷、丁醇、氯苯、正己烷、环己烷、二苯并呋喃、邻苯二甲酸二丁酯、乙苯、甲乙酮、甲基异丁基酮、苯酚、丙醛、甲苯、二甲苯
E 类		尚不清楚

注：A 类表示人体致癌物；B 类表示很有可能的人体致癌物，分为 B_1 和 B_2；C 类表示可能的致癌物；D 类表示不能分类为人类致癌物；E 类表示有人类非致癌性证据。

我国 2010 年发布的《职业性接触毒物危害程度分级》（GBZ 230—2010）[28]，规定了职业性接触毒物危害程度的分级及相关的依据。

通过对国内外关于 VOCs 毒性的研究分析，可列出部分具有致癌性、高毒害和危害性大的 VOCs，包括甲苯、二甲苯、甲醛、苯乙烯、苯胺、多氯联苯、三氯乙烯、二氯乙烷、三氯甲烷、四氯化碳、二氯甲烷、氯甲烷、氯丙烯、1,3 二氯丙烯、四氯乙烷、四氯乙烯、1,3-丁二烯、氯丁二烯、环氧乙烷等。

3.4.7　综合评分及筛选结果

根据上述筛选方法和评分办法，对初步筛选出的主要有机污染物的各项评分分别进行量化处理，将得出的综合分值由高到低排列，如表 3-15 所示。

表 3-15　污染物综合分值

污染物项目	典型行业使用频次得分	污染源检出结果		环境空气检出结果	PAMS	毒性分级	总分
		检出频次	检出浓度较大者				
苯	5	5	2	4	5	5	26
甲苯	5	5	2	4	5	2	23
二甲苯	5	5	2	4	5	2	23
乙苯	4	5	2	3	5	2	21
正己烷	2	4	2	5	5	2	20
二氯甲烷	3	3	2	5	2	3	18
苯乙烯	2	3	2	3	5	3	18
乙酸乙酯	4	3	2	5	2	1	17
1,2-二氯乙烷	3	2	0	4	2	5	16
丙酮	4	2	2	4	2	2	16
三甲苯	3	4	2	1	5	1	16
三氯甲烷	2	3	2	1	2	4	14
乙酸丁酯	4	4	2	1	2	1	14
四氯化碳	2	3	2	1	2	4	14
氯甲烷	2	2	2	1	2	3	12
甲醛	2	2	2	0	2	4	12
异丙醇	4	2	2	1	2	1	12
1,3-丁二烯	2	2	2	1	2	3	12
2-丁酮	4	2	2	0	2	1	11
环己烷	2	1		1	5	2	11
萘	2	2	2	1	2	2	11
三氯乙烯	2	2	0	0	2	3	9
环己酮	3	1	0	1	2	2	9

续表

污染物项目	典型行业使用频次得分	污染源检出结果		环境空气检出结果	PAMS	毒性分级	总分
		检出频次	检出浓度较大者				
正丁醇	4	1	0	0	2	2	9
丙烯	1	1	0	1	5	1	9
环氧乙烷	2	0	0	0	2	5	9
正庚烷	0	1	0	1	5	1	8
甲醇	1	1	2	0	2	2	8
四氯乙烷	0	1	0	1	2	3	7
四氯乙烯	0	1	0	1	2	3	7
三氯乙烷	1	0	0	0	2	3	6
氯丁二烯	0	1	0	0	2	3	6
甲苯二异氰酸酯	1	0	0	0	2	2	5
丙烯酸甲酯	1	0	0	0	2	2	5
乙醇	1	1	0	0	2	1	5
二甲基甲酰胺	1	0	0	0	2	2	5
三氯乙酸	0	0	0	0	2	3	5
1,2-溴甲烷	0	0	0	1	2	1	4
1,2-二氯丙烷	0	0	0	1	2	1	4
1,3-二氯丙烯	0	0	0	1	2	1	4
异丁醛	0	0	0	0	2	2	4
甲基异丁基酮	0	0	0	0	2	2	4
甲基叔丁基醚	0	0	0	0	2	2	4
丙醇	1	0	0	0	2	1	4
乙酸	1	0	0	0	2	1	4
丙烯酸	1	0	0	0	2	1	4
乙酸乙烯	1	0	0	0	2	1	4
二甲基戊酮	0	0	0	0	2	1	3
乙酸戊酯	0	0	0	0	2	1	3
乙酸甲酯	0	0	0	0	2	1	3
乙二醇甲醚	0	0	0	0	2	1	3
乙二醇乙醚	0	0	0	0	2	1	3
异丙醚	0	0	0	0	2	1	3
乙二醇	0	0	0	0	2	1	3
正戊醇	0	0	0	0	2	1	3
二甲胺	0	0	0	0	2	1	3
三乙胺	0	0	0	0	2	1	3

考虑到目前的监测条件和经济、技术可行性，最终筛选出其中的 24 种污染物作为《标准》污染物控制项目，涉及家具、印刷、汽车制造、电子产品制造、医药制造、橡胶制品、农药制造等 14 个行业。同时还将非甲烷总烃设置为 VOCs 的综合性表征指标，以控制臭氧前体物的排放，缓解当前臭氧污染严重的环境问题，具体如表 3-16 所示。

表 3-16　《四川省固定污染源大气挥发性有机物排放标准》污染物控制项目名单

类别	污染物控制项目	数量
苯系物	苯、甲苯、二甲苯、三甲苯、乙苯、苯乙烯	6
烷烃	正己烷、环己烷	2
烯烃	1,3-丁二烯	1
卤代烃	二氯甲烷、三氯甲烷、1,2-二氯乙烷、四氯化碳、氯甲烷、三氯乙烯	6
除苯系物外的其他芳香烃	萘	1
醇类	异丙醇、正丁醇	2
醛类	甲醛	1
酮类	丙酮、环己酮、2-丁酮	3
酯类	乙酸乙酯、乙酸丁酯	2
综合指标	VOCs	1
合计	—	25

第4章 污染物排放控制

按照我国排放标准制定要求，在确定了污染物控制项目之后，应确定污染物的排气筒排放浓度和排放速率限值，以及无组织排放浓度限值。《标准》通过对比分析国外标准的排放限值确定原则，结合最佳实用治理技术和对污染物的毒性分析，选择了适宜于四川经济社会发展现状和污染控制水平的污染物排放限值。

4.1 排放限值确定原则

4.1.1 国内外排放标准控制方式

1. 国外排放标准

美国新污染源执行标准是基于最佳可得控制技术制定的，有害大气污染物国家排放标准是基于最佳可得控制技术制定的[29]。对于现有源，当同类或亚类的污染源有30家以上时，最大可得控制技术不能低于控制水平最好的12%现源所能达到的平均控制水平。当同类或亚类的污染源小于30家时，最佳可得控制技术不能低于控制水平最好的5家污染源的平均控制水平。对于新源，其最佳可得控制技术不应低于同类污染源中采用最好的控制技术所能达到的控制水平[30]。

欧盟发布的IPPC指令要求污染物排放限值必须基于最佳可行技术制定[31]。此外，欧洲一些国家根据污染物致癌性或毒性高低，制定了污染物分级排放标准。例如，德国2002年颁布的《空气质量控制技术规范¬TA Luft》，采用将同类污染物分级的方法制定分级排放标准，如有机污染物根据其致癌性及毒性分级：致癌性分为I、II、III级，排放浓度限值分别为0.05mg/m^3、0.5mg/m^3、1mg/m^3；毒性分为I级和II级，排放浓度限值分别为20mg/m^{3}和100mg/m^3。

2. 国内排放标准

我国排放标准的指标体系包括最高允许排放速率、最高允许排放浓度和无组织排放浓度限值，同时最高允许排放速率和最高允许排放浓度按现有企业和新建企业分别进行控制。国内排放标准制定过程中均会考虑实际监测数据、污染控制技术及国内外标准比对情况等因素。《制定地方大气污染物排放标准技术方法》(GB/T 3840—1991)、《大气污染物综合排放标准详解》[32]、国家行业标准或地方标准编制说明均提出了排放标准的制定方法。

1)最高允许排放速率

《制定地方大气污染物排放标准技术方法》(GB/T 3840—1991)中规定排气筒最高允

许排放速率限值按如下公式计算：

$$Q=C_mRK_e$$

式中，Q 为排气筒最高允许排放速率(kg/h)；C_m 为环境质量标准浓度限值(mg/m^3)，一般取《环境空气质量标准》(GB 3095—2012)规定的二级标准中任何一次浓度限值；R 为排放系数，参照 GB/T 3840—1991 中表 1 和表 4 确定；K_e 为地区性经济技术系数，取值为 0.5~1.5。

2)最高允许排放浓度

最高允许排放浓度大多根据污染控制技术(最佳实用治理技术)所能达到的治理效果确定。另外，北京《大气污染物综合排放标准》(DB 11/501—2007)规定了高毒害物质的排放浓度为 5mg/m^3，对其他 VOCs 实施了分类控制，即依据国家职业卫生标准中的容许浓度划分为其他 A 类物质和其他 B 类物质，最高允许排放浓度分别设定为 20mg/m^3 和 80mg/m^3。

3)无组织排放浓度限值

一般按我国《环境空气质量标准》(GB 3095—2012)二级标准一次值确定无组织排放浓度限值。北京《大气污染物综合排放标准》(DB 11/501—2007)规定的无组织排放浓度限值是利用《工作场所有害因素职业接触限值 化学有害因素》(GBZ 2.1—2007)中 TWA 值或 MAC 值除以 50 定值。

4.1.2 排放限值确定原则

1. 最高允许排放速率的确定

根据《制定地方大气污染物排放标准的技术方法》(GB/T 3840—1991)，最高允许排放速率的计算需确定环境质量标准浓度限值 C_m、排放系数 R、地区性经济技术系数 K_e。

对于《标准》控制的大多数有机污染物而言，《环境空气质量标准》(GB 3095—2012)未对其作控制要求。北京市在制定《大气污染物综合排放标准》(DB 11/501—2007)时，计算 C_m 的方法如下：《工作场所有害因素职业接触限值 化学有害因素》(GBZ 2.1—2007)中时间加权平均容许浓度(time weighted average，TWA)或最高容许浓度(maximum allowable concentration，MAC)除以 50[33]，即 C_m=TWA/50 或 MAC/50。考虑到目前四川省社会经济发展水平和计算的简化，《标准》VOCs 的 C_m 取值参照北京。

因此《标准》C_m 是以《工作场所有害因素职业接触限值化学有害因素》(GBZ 2.1—2007)中 TWA 值除以 50 确定的，并在此基础上对氯代烃等光化学活性较强、苯系物等毒性较大及异丙醇等恶臭污染物进行适当加严。24 种污染物控制项目及 VOCs 的 C_m 计算结果如表 4-1 所示。

表 4-1　污染物控制项目的 C_m　（单位：mg/m³）

序号	污染物项目	GBZ 2.1—2007/PC-TWA①	TWA/50	《标准》C_m
1	苯	6	0.12	0.1
2	甲苯	50	1.0	0.4
3	二甲苯	50	1.0	0.6
4	甲醛	0.5	—	0.1②
5	1,3-丁二烯	5	0.1	0.1
6	1,2-二氯乙烷	7	0.14	0.1
7	四氯化碳	15	0.3	0.3
8	萘	50	1.0	0.4
9	苯乙烯	50	1.0	0.4
10	氯甲烷	60	1.2	0.4
11	三氯乙烯	30	0.6	0.4
12	三氯甲烷	20	0.4	0.4
13	二氯甲烷	200	4.0	0.6
14	乙苯	100	2.0	0.8
15	三甲苯	—	—	0.8
16	丙酮	300	6.0	0.8
17	环己酮	50	1.0	0.8
18	正丁醇	100	2.0	0.8
19	正己烷	100	2.0	0.8
20	2-丁酮	300	6.0	1.0
21	异丙醇	350	7.0	1.0
22	乙酸丁酯	200	4.0	1.0
23	乙酸乙酯	200	4.0	1.0
24	环己烷	250	5.0	1.0
25	VOCs	—	—	2.0

注：①PC-TWA 为 8h 时间加权平均容许浓度；

②甲醛 C_m 直接根据《室内空气质量标准》（GB/T 18883—2002）而定。

参照 GB/T 3840—1991，排放系数 R 取四川省二类区的排放系数（对应于环境空气质量功能区划分的二类区，即城镇规划中确定的居住区、商业交通居民混合区、文化区、一般工业区和农村地区），如表 4-2 所示；地区性经济技术系数 K_e 一般取值为 0.5~1.5，《标准》计算排放速率时，从严考虑，K_e 取 0.5。

表 4-2　四川省排放系数 R

功能区分类		一类	二类
排气筒有效高度/m	15	2	4
	20	4	8
	30	12	24
	40	21	42

2. 最高允许排放浓度的确定

大气污染物最高允许排放浓度通常是基于污染源实测排放数据和污染控制技术制定的。但《标准》涉及的污染物控制项目排放源监测数据欠缺，因此最高允许排放浓度的确定主要考虑 VOCs 污染防治的总体控制水平并参照了国内外制定分级排放标准的方法，具体过程如下：

(1) 苯、甲苯、二甲苯为常规典型污染物，涉及行业众多，不同行业使用和排放水平差异较大。为了增强标准适用性，对苯、甲苯、二甲苯按行业制定不同的标准限值，各行业排放浓度限值主要根据国内同行业排放标准及 3 种污染物间相对毒性的大小确定。《标准》既具有综合性的特点，也具有行业性的特点。

(2) 对苯、甲苯、二甲苯以外的其他污染物，根据毒性特征，按照国际癌症研究组织对致癌性的分级定义，进行分级。级别越高，排放浓度限值越低，同级污染物排放浓度限值则相同。国际癌症研究组织将有机污染物分为 G1、G2、G3 共 3 级，G1 为致癌性或高毒害物质(确认人类致癌物)，G2 为中等毒害物质(可能人类致癌物)，G3 为低毒害物质(无法就其对人类的致癌性进行分类)。《标准》除苯、甲苯、二甲苯外控制项目毒性大小分级结果如表 4-3 和表 4-4 所示(未分级的有机污染物基本属于低毒类，统一将其归类为 G3)。

表 4-3　污染物毒性分级

污染物名称	毒性分级	毒性特征
甲醛	G1	属致癌类。长期、低浓度接触甲醛会引起头痛、头晕、乏力、感觉障碍、免疫力降低，并可出现瞌睡、记忆力减退或神经衰弱、精神抑郁；慢性中毒对呼吸系统的危害也是巨大的，长期接触甲醛可引发呼吸功能障碍和肝中毒性病变，表现为肝细胞损伤、肝辐射能异常等
1,3-丁二烯	G1	属致癌类。对肝、肾、肺等有损害。具有麻醉和刺激作用。急性中毒：轻者出现头痛、头晕、恶心、咽痛、耳鸣、全身乏力、嗜睡等症状。重者出现酒醉状态、呼吸困难、脉速等症状。长期接触可出现头痛、头晕、全身乏力、记忆力减退、恶心、心悸等症状
三氯乙烯	G2A	有蓄积作用。对中枢神经系统有强烈抑制作用，有后作用。对肝、肾和心脏等脏器有损害。对眼黏膜及皮肤有刺激作用。可经皮吸收
1,2-二氯乙烷	G2B	属高毒类，为可疑致癌物。对眼及呼吸道有刺激作用，可引起肺水肿和肝、肾、肾上腺损害。皮肤接触后引起皮炎。对动物有明显致癌作用
二氯甲烷	G2B	对人类潜在的致癌物。有麻痹作用，在高浓度时对呼吸道有刺激，可引起肺水肿。对肝、肾都有轻微毒性
三氯甲烷	G2B	为可疑人类致癌物。主要作用于中枢神经系统，具有麻醉作用，对心、肝、肾有损害。慢性影响主要表现为肝脏损害，并有消化不良、乏力、头痛、失眠等症状
四氯化碳	G2B	为可疑人类致癌物。高浓度蒸气对黏膜有轻度刺激作用，对中枢神经系统有麻醉作用，对肝、肾有严重损害。慢性中毒表现为神经衰弱综合征、肝肾损害、皮炎

续表

污染物名称	毒性分级	毒性特征
乙苯	G2B	为可疑人类致癌物。对皮肤、黏膜有较强刺激性，高浓度有麻醉作用。慢性影响表现为眼及上呼吸道刺激症状、神经衰弱综合征等
萘	G2B	属高毒类。具有刺激作用，高浓度致溶血性贫血及肝、肾损害。反复接触萘蒸气，可引起头痛、乏力、恶心、呕吐和血液系统损害。皮肤接触可引起皮炎
苯乙烯	G2B	对眼和上呼吸道黏膜有刺激和麻醉作用。高浓度时，立即引起眼及上呼吸道黏膜的刺激，出现眼痛、流泪、流涕、喷嚏、咽痛、咳嗽等症状，继之出现头痛、头晕、恶心、呕吐、全身乏力等症状；严重者表现为眩晕、步态蹒跚
氯甲烷	G3	属中等毒类。有刺激和麻醉作用，严重损伤中枢神经系统，也能损害肝、肾和睾丸。急性中毒主要表现为头痛、眩晕、恶心、呕吐、视力模糊、步态蹒跚、精神错乱等
丙酮	—	属低毒类。对眼有刺激。其蒸气与空气可形成爆炸性混合物。遇明火、高热极易燃烧爆炸
环己酮	G3	具有麻醉和刺激作用。急性中毒主要表现有眼、鼻、喉、黏膜刺激症状和头晕、胸闷、全身无力等症状。长期反复接触可致皮炎
2-丁酮	—	属低毒类。侵入途径：吸入、食入、经皮吸收。健康危害：对眼、鼻、喉、黏膜有刺激性。长期接触可致皮炎
异丙醇	G3	属中等毒类。高浓度蒸气具有明显麻醉作用，对眼、呼吸道的黏膜有刺激作用，能损伤视网膜及视神经
正丁醇	—	属低毒类。对眼有刺激。易燃，其蒸气与空气可形成爆炸性混合物，遇明火、高热能引起燃烧爆炸
乙酸丁酯	—	属低毒类。有麻醉和刺激作用，在34～50mg/L浓度下对人的眼、鼻有相当强烈的刺激。在高浓度下会引起麻醉
乙酸乙酯	—	属低毒类。对眼、鼻、咽喉有刺激作用。高浓度吸入可引起麻醉，急性肺水肿，肝、肾损害
正己烷	—	属低毒类。毒作用主要是麻醉和皮肤黏膜刺激
环己烷	—	属低毒类。对眼和上呼吸道有轻度刺激作用。持续吸入可引起头晕、恶心、嗜睡和其他一些麻醉症状
三甲苯	—	属中等毒类。刺激眼睛、皮肤和呼吸道，吸入能引起气管炎，反复或长时间接触可影响血液，干扰血细胞计数。易经皮肤吸收

注：毒性分级按国际癌症组织分级：

——G1 确认人类致癌物(carcinogenic to humans)；

——G2A 可能人类致癌物(probably carcinogenic to humans)；

——G2B 可疑人类致癌物(possibly carcinogenic to humans)；

——G3 无法就其对人类的致癌性进行分类(not classifiable as to its carcinogenicity to humans)。

表 4-4 除苯、甲苯、二甲苯外的挥发性有机污染物控制项目毒性大小分级结果

毒性分级	有机污染物控制项目	数量
G1	甲醛、1,3-丁二烯	2
G2	三氯乙烯、1,2-二氯乙烷、二氯甲烷、三氯甲烷、四氯化碳、乙苯、萘、苯乙烯	8
G3	氯甲烷、丙酮、环己酮、2-丁酮、异丙醇、正丁醇、乙酸丁酯、乙酸乙酯、正己烷、环己烷、三甲苯	11

(3)参照国内外规定的各级排放浓度限值，并根据四川省目前VOCs污染控制技术的处理效果和经济发展现状，确定污染物分级排放浓度标准，具体规则如下。

①对于 G1 级污染物，排放浓度限值参照国内外标准值，取 5mg/m^3。

②对于 G2 级污染物，排放浓度限值参照国内外标准值，取 20mg/m^3。但 1,2-二氯乙烷的国内外标准值均小于 5mg/m^3，故以此值作为排放浓度限值；乙苯的国内标准值较大，故以 G3 级污染物的排放限值定值。

③对于 G3 级污染物，排放浓度限值参照国内外标准值，取 40mg/m^3。但氯甲烷国内外标准值均为 20mg/m^3，故以此值作为排放浓度限值。

对于 VOCs 综合性控制指标——非甲烷总烃，其排放浓度限值参照国内新出台的国家排放标准和地方标准，在国家综合排放标准基础上加严 33%～50%。

3. 无组织排放监控浓度限值的确定

在实际生产中除了排气筒的有组织排放外，还有大量的无组织排放源，其排放高度低，扩散距离近，落地浓度高，对人群健康的危害更大，需要单独规定监控点的浓度限值。

苯、甲苯、二甲苯和非甲烷总烃的无组织排放浓度参照国内同类型排放标准确定。其他污染物的无组织排放浓度的取值方法是按 C_m(表 4-1) 定值，并结合标准比较和污染控制技术水平进行适当调整。

4. 现有企业和新建企业排放限值的确定

新建企业排放限值应严于现有企业。通过查阅国家及地方相关大气污染物排放标准，计算了各排放标准中新建企业与现有企业的排放浓度比和排放速率比，如表 4-5 所示。

表 4-5　新建企业与现有企业的排放浓度和排放速率比值

标准名称	排放浓度比/%	排放速率比/%
《橡胶制品工业污染物排放标准》(GB 27632—2011)	58	—
《电池工业污染物排放标准》(GB 30484—2013)	64	—
《炼焦化学工业污染物排放标准》(GB 16171—2012)	63	—
《平板玻璃工业污染物排放标准》(GB 26453—2011)	80	—
《轧钢工业大气污染物排放标准》(GB 28665—2012)	73	—
《炼铁工业大气污染物排放标准》(GB 28663—2012)	73	—
《电镀污染物排放标准》(GB 21990—2008)	70	—
《合成革与人造革工业污染物排放标准》(GB 21902—2008)	58	—
《大气污染物综合排放标准》(DB 11/501—2007)	62	100
《大气污染物排放限值》(DB 44/27—2001)	100	84
《生物制药行业污染物排放标准》(DB 31/373—2010)	80	100
《家具制造行业挥发性有机化合物排放标准》(DB 44/814—2010)	67	88
《表面涂装(汽车制造业)挥发性有机化合物排放标准》(DB 44/816—2010)	70	66
《大气污染物综合排放标准》(GB 16297—1996)	77	85
平均	69	87

根据表 4-5 的统计结果，确定新建企业的排放速率限值约为现有企业排放速率限值的 85%执行，排放浓度限值约为现有企业排放浓度限值的 70%。

4.2 污染物排放限值

《标准》限值具有综合性和行业性的特点，采用分阶段执行，确定结果如表 4-6～表 4-11 所示。

表 4-6 第一阶段排气筒 VOCs 排放限值(常规控制污染物项目)

行业名称	工艺设施	污染物项目	最高允许排放浓度/(mg/m^3)	与排气筒高度对应的最高允许排放速率/(kg/h)				最低去除效率[①]/%
				15m	20m	30m	40m	
家具制造	喷涂、调漆、干燥等	苯	1	0.3	0.5	1.4	2.5	—
		甲苯	7	0.5	0.9	2.4	4.1	—
		二甲苯	20	0.7	1.2	3.5	6.5	—
		VOCs	80	4.0	8.0	24	42	70
印刷	印刷、烘干等	苯	1	0.3	0.5	1.4	2.5	—
		甲苯	5	0.8	1.6	4.8	8.4	—
		二甲苯	15	1.0	1.7	5.9	10	—
		VOCs	80	4.0	8.0	24	42	70
石油炼制	重整催化剂再生烟气	VOCs	50	2.0	4.0	12	21	95
	废水处理有机废气收集处理装置	苯	4	0.3	0.5	1.4	2.5	—
		甲苯	15	0.8	1.6	4.8	8.4	—
		二甲苯	20	1.0	1.7	5.9	10	—
		VOCs	120	6.0	12	36	60	95
涂料、油墨、胶黏剂及类似产品制造	原料混配、分散研磨及生产等	苯	1	0.3	0.5	1.4	2.5	—
		甲苯	15	0.8	1.6	4.8	8.4	—
		二甲苯	30	1.0	1.7	5.9	10	—
		VOCs	80	4.0	8.0	24	42	80
橡胶制品制造	轮胎企业及其他制品企业炼胶、硫化装置	VOCs	10	2.0	4.0	12	21	80
	轮胎企业及其他制品企业胶浆制备、浸浆、胶浆喷涂和涂胶装置	苯	1	0.3	0.5	1.4	2.5	—
		甲苯	3	0.5	0.9	2.4	4.1	—
		二甲苯	12	0.7	1.2	3.5	6.5	—
		VOCs	100	5.0	10	30	50	80
汽车制造	底漆、喷漆、补漆、烘干等	苯	1	0.3	0.5	1.4	2.5	—
		甲苯	7	0.8	1.6	4.8	8.4	—
		二甲苯	20	1.0	1.7	5.9	10	—
		VOCs	80	4.0	8.0	24	42	80

续表

行业名称	工艺设施	污染物项目	最高允许排放浓度/(mg/m³)	与排气筒高度对应的最高允许排放速率/(kg/h)				最低去除效率①/%
				15m	20m	30m	40m	
表面涂装	底漆、喷漆、补漆、烘干等	苯	1	0.3	0.5	1.4	2.5	—
		甲苯	7	0.8	1.6	4.8	8.4	—
		二甲苯	20	1.0	1.7	5.9	10	—
		VOCs	80	4.0	8.0	24	42	70
农药制造	混合、涂覆、分离等	VOCs	80	4.0	8.0	24	42	80
医药制造	化学反应、生物发酵、分离、回收等	VOCs	80	4.0	8.0	24	42	80
电子产品制造	清洗、蚀刻、涂胶、干燥等	苯	1	0.3	0.5	1.4	2.5	—
		甲苯	3	0.5	0.9	2.4	4.1	—
		二甲苯	12	0.7	1.2	3.5	6.5	—
		VOCs	80	4.0	8.0	24	42	80
涉及有机溶剂生产和使用的其他行业	—	VOCs	80	4.0	8.0	24	42	70

注：①最低去除效率要求仅适用于处理风量大于 10000m³/h，且进口 VOCs 浓度大于 200mg/m³ 的净化设施。

表 4-7　第一阶段排气筒 VOCs 排放限值(特别控制污染物项目)

序号	污染物项目	最高允许排放浓度/(mg/m³)	与排气筒高度对应的最高允许排放速率/(kg/h)			
			15m	20m	30m	40m
1	甲醛	7	0.2	0.4	1.2	2.1
2	1,3-丁二烯	7	0.2	0.4	1.2	2.1
3	1,2-二氯乙烷	7	0.3	0.5	1.7	2.9
4	四氯化碳	30	0.6	1.2	3.6	6.3
5	萘	30	0.8	1.6	4.8	8.4
6	苯乙烯	30	0.8	1.6	4.8	8.4
7	氯甲烷	30	0.8	1.6	4.8	8.4
8	三氯乙烯	30	0.8	1.6	4.8	8.4
9	三氯甲烷	30	0.8	1.6	4.8	8.4
10	二氯甲烷	30	1.2	2.4	7.2	13
11	乙苯	60	1.6	3.2	9.6	17
12	三甲苯	60	1.6	3.2	9.6	17
13	丙酮	60	1.6	3.2	9.6	17
14	环己酮	60	1.6	3.2	9.6	17
15	正丁醇	60	1.6	3.2	9.6	17
16	正己烷	60	1.6	3.2	9.6	17
17	2-丁酮	60	2.0	4.0	12	21
18	异丙醇	60	2.0	4.0	12	21
19	乙酸丁酯	60	2.0	4.0	12	21
20	乙酸乙酯	60	2.0	4.0	12	21
21	环己烷	60	2.0	4.0	12	21

表 4-8 第二阶段排气筒 VOCs 排放限值（常规控制污染物项目）

行业名称	工艺设施	污染物项目	最高允许排放浓度/(mg/m^3)	与排气筒高度对应的最高允许排放速率/(kg/h)				最低去除效率①/%
				15m	20m	30m	40m	
家具制造	喷涂、调漆、干燥等	苯	1	0.2	0.4	1.2	2.1	—
		甲苯	5	0.4	0.8	2.0	3.5	—
		二甲苯	15	0.6	1.0	3.0	5.5	—
		VOCs	60	3.4	6.8	20	36	80
印刷	印刷、烘干等	苯	1	0.2	0.4	1.2	2.1	—
		甲苯	3	0.6	1.4	4.1	7.1	—
		二甲苯	12	0.9	1.4	5.0	8.5	—
		VOCs	60	3.4	6.8	20	36	80
石油炼制	重整催化剂再生烟气	VOCs	40	1.7	3.4	10	18	97
	废水处理有机废气收集处理装置	苯	4	0.2	0.4	1.2	2.1	—
		甲苯	15	0.6	1.4	4.1	7.1	—
		二甲苯	20	0.9	1.4	5.0	8.5	—
		VOCs	100	5.0	10	30	50	97
涂料、油墨、胶黏剂及类似产品制造	原料混配、分散研磨及生产等	苯	1	0.2	0.4	1.2	2.1	—
		甲苯	10	0.6	1.4	4.1	7.1	—
		二甲苯	20	0.9	1.4	5.0	8.5	—
		VOCs	60	3.4	6.8	20	36	90
橡胶制品制造	轮胎企业及其他制品企业炼胶、硫化装置	VOCs	10	1.7	3.4	10	18	90
	轮胎企业及其他制品企业胶浆制备、浸浆、胶浆喷涂和涂胶装置	苯	1	0.2	0.4	1.2	2.1	—
		甲苯	3	0.4	0.8	2.0	3.5	—
		二甲苯	12	0.6	1.0	3.0	5.5	—
		VOCs	80	4.0	8.0	24	42	90
汽车制造	底漆、喷漆、补漆、烘干等	苯	1	0.2	0.4	1.2	2.1	—
		甲苯	5	0.6	1.4	4.1	7.1	—
		二甲苯	15	0.9	1.4	5.0	8.5	—
		VOCs	60	3.4	6.8	20	36	90
表面涂装	底漆、喷漆、补漆、烘干等	苯	1	0.2	0.4	1.2	2.1	—
		甲苯	5	0.6	1.4	4.1	7.1	—
		二甲苯	15	0.9	1.4	5.0	8.5	—
		VOCs	60	3.4	6.8	20	36	80
农药制造	混合、涂覆、分离等	VOCs	60	3.4	6.8	20	36	90
医药制造	化学反应、生物发酵、分离、回收等	VOCs	60	3.4	6.8	20	36	90
电子产品制造	清洗、蚀刻、涂胶、干燥等	苯	1	0.2	0.4	1.2	2.1	—
		甲苯	3	0.4	0.8	2.0	3.5	—
		二甲苯	12	0.6	1.0	3.0	5.5	—
		VOCs	60	3.4	6.8	20	36	90
涉及有机溶剂生产和使用的其他行业	—	VOCs	60	3.4	6.8	20	36	80

注：①最低去除效率要求仅适用于处理风量大于 10000m^3/h，且进口 VOCs 浓度大于 200mg/m^3 的净化设施。

表 4-9　第二阶段排气筒 VOCs 排放限值(特别控制污染物项目)

序号	污染物项目	最高允许排放浓度/(mg/m^3)	与排气筒高度对应的最高允许排放速率/(kg/h)			
			15m	20m	30m	40m
1	甲醛	5	0.2	0.3	1.0	1.8
2	1,3-丁二烯	5	0.2	0.3	1.0	1.8
3	1,2-二氯乙烷	5	0.2	0.5	1.4	2.5
4	四氯化碳	20	0.5	1.0	3.1	5.4
5	萘	20	0.7	1.4	4.1	7.1
6	苯乙烯	20	0.7	1.4	4.1	7.1
7	氯甲烷	20	0.7	1.4	4.1	7.1
8	三氯乙烯	20	0.7	1.4	4.1	7.1
9	三氯甲烷	20	0.7	1.4	4.1	7.1
10	二氯甲烷	20	1.0	2.0	6.1	11
11	乙苯	40	1.4	2.7	8.2	14
12	三甲苯	40	1.4	2.7	8.2	14
13	丙酮	40	1.4	2.7	8.2	14
14	环己酮	40	1.4	2.7	8.2	14
15	正丁醇	40	1.4	2.7	8.2	14
16	正己烷	40	1.4	2.7	8.2	14
17	2-丁酮	40	1.7	3.4	10	18
18	异丙醇	40	1.7	3.4	10	18
19	乙酸丁酯	40	1.7	3.4	10	18
20	乙酸乙酯	40	1.7	3.4	10	18
21	环己烷	40	1.7	3.4	10	18

表 4-10　无组织排放监控浓度限值(常规控制污染物项目)　(单位：mg/m^3)

序号	污染物项目	无组织排放浓度	
		石油炼制	其他
1	苯	0.2	0.1
2	甲苯	0.8	0.2
3	二甲苯	0.5	0.2
4	VOCs	2.0	2.0

表 4-11 无组织排放监控浓度限值(特别控制污染物项目) (单位：mg/m^3)

序号	污染物项目	无组织排放浓度
1	甲醛	0.1
2	1,3-丁二烯	0.1
3	1,2-二氯乙烷	0.1
4	四氯化碳	0.3
5	萘	0.4
6	苯乙烯	0.4
7	氯甲烷	0.4
8	三氯乙烯	0.4
9	三氯甲烷	0.4
10	二氯甲烷	0.6
11	乙苯	0.8
12	三甲苯	0.8
13	丙酮	0.8
14	环己酮	0.8
15	正丁醇	0.8
16	正己烷	0.8
17	2-丁酮	1.0
18	异丙醇	1.0
19	乙酸丁酯	1.0
20	乙酸乙酯	1.0
21	环己烷	1.0

4.3 苯系物和 VOCs 排放限值对比

4.3.1 家具制造业

目前，北京、广东、天津、上海等省(市)已出台有关家具制造业的 VOCs 排放标准，排放浓度和排放速率对比如表 4-12 和表 4-13 所示。

就排气筒有组织排放浓度和无组织排放浓度限值而言，《标准》在严于国家综合排放标准的基础上，略宽于北京、上海的地方排放标准，与广东、河北等地方排放标准基本相当，严于重庆、陕西的地方排放标准。

就排放速率限值而言，《标准》在严于国家综合排放标准的基础上，略宽于广东、天津、上海的地方排放标准，与山东地方排放标准基本相当，严于重庆地方排放标准。

表 4-12 家具制造业排放浓度限值对比

限值来源及时间	分类	苯/(mg/m³)	甲苯/(mg/m³)	二甲苯/(mg/m³)	苯系物/(mg/m³)	VOCs/NMHC	去除效率/%
国家大气综合 1996	排气筒	12	40	70		120	
	无组织	0.4	2.4	1.2		4.0	
北京家具制造业 2015	排气筒	0.5(0.5)			15(2)	40(10)	
	无组织	0.1			0.5(0.2)	1(0.5)	
广东家具制造业 2010	排气筒	1	20			30	
	无组织	0.1	0.6	0.2		2.0	
河北工业企业-家具制造业 2016	排气筒	1	20			60	70
	无组织	0.1	0.6	0.2		2.0	
天津-家具制造 2014 调漆、喷漆工艺	排气筒	1	20			60	
	无组织	0.1	0.6	0.2		2.0	
天津-家具制造 2014 烘干工艺	排气筒	1	20			40	
	无组织	0.1	0.6	0.2		2.0	
上海家具制造业 2017	排气筒	0.5	2	5	8	15	
	无组织	0.1	0.2	0.2	0.2	2.0	
山东家具行业 2017	排气筒	1(0.5)	40(20)			80(40)	
	无组织	0.1	0.2	0.2		2.0	
重庆家具制造业 2017	排气筒	1(1)	40(20)		50(25)	80(40)	
	无组织	0.1	0.8		1.0	6.0	
陕西挥发性有机物-家具制造 2017	排气筒	1	20			40	80
	无组织	0.1	0.3	0.3		3.0	
《标准》2017①	排气筒	1(1)	7(5)	20(15)		80(60)	70(80)
	无组织	0.1	0.2	0.2		2.0	

注：括号外为现有企业标准限值，括号内为新建企业标准限值，下同。

①即《四川省固定污染源大气挥发性有机物排放标准》。

表 4-13 家具制造业排放速率限值对比 （单位：kg/h）

限值来源及时间	分类	最高允许排放速率				
		15m	20m	30m	40m	50m
国家大气综合 1996	苯	0.5	0.9	2.9	5.6	
	甲苯	3.1	5.2	18	30	
	二甲苯	1.0	1.7	5.9	10	
	非甲烷总烃	10	17	53	100	
广东家具制造行业 2010	苯	0.4				
	甲苯和二甲苯合计	1.0				
	总 VOCs	2.9				

续表

限值来源及时间		分类	最高允许排放速率				
			15m	20m	30m	40m	50m
天津-家具制造2014	调漆、喷漆工艺	苯	0.2	0.3	0.9	1.2	1.5
		甲苯和二甲苯合计	0.8	1.7	6.0	10.2	17.0
		VOCs	1.5	3.4	11.9	18.7	32.3
	烘干工艺	苯	0.2	0.3	0.9	1.2	1.5
		甲苯和二甲苯合计	0.6	1.7	6.0	10.2	17.0
		VOCs	1.5	3.4	11.9	18.7	32.3
上海家具制造业 2017		苯	0.05				
		甲苯	0.1				
		二甲苯	0.5				
		非甲烷总烃	2.0				
山东家具行业 2017		苯	0.4(0.2)				
		甲苯和二甲苯合计	1.5(1.0)				
		VOCs	3.6(2.4)				
重庆家具制造业 2017		苯	0.4(0.36)				
		甲苯和二甲苯合计	3.2(2.88)				
		VOCs	8.0(7.2)				
《标准》2017		苯	0.3(0.2)	0.5(0.4)	1.4(1.2)	2.5(2.1)	
		甲苯	0.5(0.4)	0.9(0.8)	2.4(2.0)	4.1(3.5)	
		二甲苯	0.7(0.6)	1.2(1.0)	3.5(3.0)	6.5(5.5)	
		VOCs	4.0(3.4)	8.0(6.8)	24(20)	42(36)	

4.3.2 印刷业

目前，北京、上海、广东、天津等省(市)已出台有关印刷业的VOCs排放标准，排放浓度和排放速率对比如表4-14和表4-15所示。

就排气筒有组织排放浓度和无组织排放浓度限值而言，《标准》在严于国家综合排放标准的基础上，略宽于北京的地方排放标准，与上海、广东、河北等地方排放标准基本相当，严于重庆、陕西的地方排放标准。

就排放速率限值而言，《标准》在严于国家综合排放标准的基础上，略宽于天津、上海的地方排放标准，严于广东、重庆的地方排放标准。

表4-14 印刷业排放浓度限值对比

限值来源及时间	分类	苯/(mg/m³)	甲苯/(mg/m³)	二甲苯/(mg/m³)	苯系物/(mg/m³)	VOCs/NMHC	去除效率/%
国家大气综合 1996	排气筒	12	40	70		120	
	无组织	0.4	2.4	1.2		4.0	

续表

限值来源及时间		分类	苯/(mg/m^3)	甲苯/(mg/m^3)	二甲苯/(mg/m^3)	苯系物/(mg/m^3)	VOCs/NMHC	去除效率/%
北京印刷业 2015		排气筒	0.5	15(10)			50(30)	
		无组织	0.1	0.5(0.2)			2.0(1.0)	
广东包装印刷业 2010		排气筒	1	15			80	
		无组织	0.1	0.6	0.2		2.0	
上海印刷业 2015		排气筒	1	3	12		50	
		无组织	0.1	0.2	0.2		4.0	
河北工业企业-印刷业 2016		排气筒	1	15			50	70
		无组织	0.1	0.6	0.2		2.0	
天津-印刷 2014	平版印刷等	排气筒	1	15			50	
		无组织	0.1	0.6	0.2		2.0	
	凹版、凸版印刷	排气筒	1	15			50	
		无组织	0.1	0.6	0.2		2.0	
重庆包装印刷业 2017		排气筒	6(1)	70(15)			120(80)	
		无组织	0.1	0.8			6.0	
陕西挥发性有机物-印刷 2017		排气筒	1	3	12		50	80
		无组织	0.1	0.3	0.3		3.0	
《标准》2017		排气筒	1(1)	5(3)	15(12)		80(60)	70(80)
		无组织	0.1	0.2	0.2		2.0	

表 4-15 印刷业排放速率限值对比 (单位：kg/h)

限值来源及时间		分类	最高允许排放速率				
			15m	20m	30m	40m	50m
国家大气综合 1996		苯	0.5	0.9	2.9	5.6	
		甲苯	3.1	5.2	18	30	
		二甲苯	1.0	1.7	5.9	10	
		非甲烷总烃	10	17	53	100	
广东包装印刷业 2010		苯	0.4				
		甲苯和二甲苯合计	1.6				
		总 VOCs	5.1				
上海印刷业 2015		苯	0.03				
		甲苯	0.1				
		二甲苯	0.4				
		非甲烷总烃	1.5				
天津-印刷 2014	平版印刷等	苯	0.2	0.3	0.9	1.2	1.5
		甲苯和二甲苯合计	0.8	1.7	6.0	10.2	17.0
		VOCs	1.5	3.4	11.9	18.7	32.3
	凹版、凸版印刷	苯	0.2	0.3	0.9	1.2	1.5
		甲苯和二甲苯合计	0.6	1.7	6.0	10.2	17.0
		VOCs	1.5	3.4	11.9	18.7	32.3

续表

限值来源及时间	分类	最高允许排放速率				
		15m	20m	30m	40m	50m
重庆包装印刷业 2017	苯	0.5(0.36)				
	甲苯和二甲苯合计	4.1(1.6)				
	VOCs	14(5.7)				
《标准》2017	苯	0.3(0.2)	0.5(0.4)	1.4(1.2)	2.5(2.1)	
	甲苯	0.8(0.6)	1.6(1.4)	4.8(4.1)	8.4(7.1)	
	二甲苯	1.0(0.9)	1.7(1.4)	5.9(5.0)	10(8.5)	
	VOCs	4.0(3.4)	8.0(6.8)	24(20)	42(36)	

4.3.3 石油炼制业

目前，国家及北京、河北、天津已出台有关石油炼制业的 VOCs 排放标准，排放浓度和排放速率对比如表 4-16 和表 4-17 所示。

就排气筒有组织排放浓度和无组织排放浓度限值而言，《标准》在严于国家综合排放标准的基础上，与北京、河北等地方排放标准基本相当，严于天津的地方排放标准。

就排放速率限值而言，《标准》在严于国家综合排放标准的基础上，重整催化再生烟气严于天津的地方排放标准，废水处理有机废气宽于天津的地方排放标准。

表 4-16 石油炼制业排放浓度限值对比

限值来源及时间		分类	苯/(mg/m³)	甲苯/(mg/m³)	二甲苯/(mg/m³)	苯系物/(mg/m³)	VOCs/NMHC	去除效率/%
国家行标石油炼制 2015	重整催化再生烟气	排气筒					60	95
	废水处理有机废气	排气筒	4	15	20		120	95
	—	无组织	0.4	0.8	0.8		4.0	
北京炼油与石油化学行业 2015		排气筒	4	15	20		100	97
		无组织	0.2	0.8	0.5		2.0	
河北工业-石油炼制与石油化学 2016		排气筒	4	15	20		100	97
		无组织	0.2	0.8	0.5		2.0	
天津工业-石油炼制与石油化学 2014		排气筒	5	20	30		80	
		无组织	0.2	0.8	0.5		2.0	
《标准》2017	重整催化再生烟气	排气筒					50(40)	95(97)
	废水处理有机废气	排气筒	4	15	20		120(100)	95(97)
	—	无组织	0.2	0.8	0.5		2.0	

表 4-17　石油炼制业排放速率限值对比　　（单位：kg/h）

限值来源及时间		分类	最高允许排放速率				
			15m	20m	30m	40m	50m
天津工业-石油炼制与石油化学 2014		苯	0.2	0.4	1.0	1.5	1.7
		甲苯	0.8	1.4	4.3	6.8	10.2
		二甲苯	0.5	0.9	3.4	4.3	8.5
		VOCs	2.8	3.8	12.8	21.3	34.0
《标准》2017	重整催化再生烟气	VOCs	2.0(1.7)	4.0(3.4)	12(10)	21(18)	
	废水处理有机废气	苯	0.3(0.2)	0.5(0.4)	1.4(1.2)	2.5(2.1)	
		甲苯	0.8(0.6)	1.6(1.4)	4.8(4.1)	8.4(7.1)	
		二甲苯	1.0(0.9)	1.7(1.4)	5.9(5.0)	10(8.5)	
		VOCs	6.0(5.0)	12(10)	36(30)	60(50)	

4.3.4　涂料、油墨及其类似产品制造业

目前，上海、天津、陕西等省市已出台有关涂料、油墨及类似产品制造业的 VOCs 排放标准，排放浓度和排放速率对比如表 4-18 和表 4-19 所示。

就排气筒有组织排放浓度和无组织排放浓度限值而言，《标准》在严于国家综合排放标准的基础上，与天津、上海的地方排放标准基本相当，严于陕西地方排放标准和涂料、油墨及胶黏剂工业大气污染物排放标准(征求意见稿)。

就排放速率限值而言，《标准》在严于国家综合排放标准的基础上，略宽于天津、上海的地方排放标准。

表 4-18　涂料、油墨及其类似产品制造业排放浓度限值对比

限值来源及时间	分类	苯/(mg/m^3)	甲苯/(mg/m^3)	二甲苯/(mg/m^3)	苯系物/(mg/m^3)	VOCs/NMHC	去除效率/%
国家大气综合 1996	排气筒	12	40	70		120	
	无组织	0.4	2.4	1.2		4.0	
上海涂料、油墨及类似产品制造业 2015	排气筒	1	10	20		50	
	无组织	0.1	0.2	0.2		4.0	
天津工业-涂料与油墨制造 2014	排气筒	5	30			80	
	无组织	0.1	0.6	0.2		2.0	
陕西挥发性有机物-涂料与油墨制造 2017	排气筒	1	10	20		80	80
	无组织	0.1	0.3	0.3		3.0	
涂料、油墨及胶黏剂工业大气污染物排放标准(征求意见稿)2017	排气筒	1	15	30		80	
	无组织	0.1	0.3	0.3		4.0	
《标准》2017	排气筒	1	15(10)	30(20)		80(60)	80(90)
	无组织	0.1	0.2	0.2		2.0	

表 4-19　涂料、油墨及其类似产品制造业排放速率限值对比　（单位：kg/h）

限值来源及时间	分类	最高允许排放速率				
		15m	20m	30m	40m	50m
国家大气综合 1996	苯	0.5	0.9	2.9	5.6	
	甲苯	3.1	5.2	18	30	
	二甲苯	1.0	1.7	5.9	10	
	非甲烷总烃	10	17	53	100	
上海涂料、油墨及类似产品制造业 2015	苯	0.05				
	甲苯	0.2				
	二甲苯	0.8				
	非甲烷总烃	2.0				
天津工业-涂料与油墨制造 2014	苯	0.25	0.3	0.9	1.2	1.5
	甲苯和二甲苯合计	1.0	1.7	6.0	10.2	17.0
	VOCs	2.0	3.4	11.9	18.7	32.3
《标准》2017	苯	0.3(0.2)	0.5(0.4)	1.4(1.2)	2.5(2.1)	
	甲苯	0.8(0.6)	1.6(1.4)	4.8(4.1)	8.4(7.1)	
	二甲苯	1.0(0.9)	1.7(1.4)	5.9(5.0)	10(8.5)	
	VOCs	4.0(3.4)	8.0(6.8)	24(20)	42(36)	

4.3.5　橡胶制品业

橡胶制品业的 VOCs 排放标准对比如表 4-20 和表 4-21 所示。

表 4-20　橡胶制品业排放浓度限值对比

限值来源及时间		分类	苯/(mg/m^3)	甲苯/(mg/m^3)	二甲苯/(mg/m^3)	苯系物/(mg/m^3)	VOCs/NMHC	去除效率/%
国家橡胶制品工业 2011	炼胶、硫化	排气筒					10	
	胶浆制备、浸浆、喷涂和涂胶	排气筒		15			100	
	—	无组织		2.4	1.2		4.0	
天津-橡胶制品 2014	炼胶、硫化	排气筒					10	
	胶浆制备、浸浆、喷涂和涂胶	排气筒		15			80	
	—	无组织		0.6	0.2		2.0	
陕西-橡胶 2017	炼胶、硫化	排气筒					10	80
	胶浆制备、浸浆、喷涂和涂胶	排气筒		15			80	80
	—	无组织	0.1	0.3	0.3		3.0	
《标准》2017	炼胶、硫化	排气筒					10	80(90)
	胶浆制备、浸浆、喷涂和涂胶	排气筒	1	3	12		100(80)	80(90)
	—	无组织	0.1	0.2	0.2		2.0	

表 4-21　橡胶制品业排放速率限值对比　　(单位：kg/h)

限值来源及时间		分类	最高允许排放速率				
			15m	20m	30m	40m	50m
天津-橡胶制品 2014	炼胶、硫化	VOCs	1.0	1.7	6.0	10.2	17.0
	胶浆制备、浸浆、喷涂和涂胶	甲苯和二甲苯合计	0.6	1.7	6.0	10.2	17.0
		VOCs	2.0	3.4	11.9	18.7	32.3
《标准》2017	炼胶、硫化	VOCs	2.0(1.7)	4.0(3.4)	12(10)	21(18)	
	胶浆制备、浸浆、喷涂和涂胶	苯	0.3(0.2)	0.5(0.4)	1.4(1.2)	2.5(2.1)	
		甲苯	0.5(0.4)	0.9(0.8)	2.4(2.0)	4.1(3.5)	
		二甲苯	0.7(0.6)	1.2(1.0)	3.5(3.0)	6.5(5.5)	
		VOCs	5.0(4.0)	10(8.0)	30(24)	50(42)	

就排气筒有组织排放浓度和无组织排放浓度限值而言，《标准》在严于国家橡胶制品工业排放标准的基础上，与天津地方排放标准基本相当，严于陕西地方排放标准。

就排放速率限值而言，《标准》略宽于天津地方排放标准。

4.3.6　汽车制造业

目前，北京、广东、上海、重庆等省(市)已出台有关汽车制造业的 VOCs 排放标准，排放浓度和排放速率对比如表 4-22 和表 4-23 所示，单位面积排放总量限值对比如表 4-24 所示。

就排气筒有组织排放浓度和无组织排放浓度限值而言，《标准》在严于国家综合排放标准的基础上，略宽于上海、江苏、北京的地方排放标准，与天津、重庆、陕西的地方排放标准基本相当，严于广东地方排放标准。

就排放速率限值而言，《标准》在严于国家综合排放标准的基础上，略宽于广东、天津的地方排放标准，与重庆地方排放标准基本相当，严于上海、江苏的地方排放标准。

就单位面积排放总量限值而言，《标准》略宽于北京地方排放标准，与广东、天津、上海、重庆、江苏地方排放标准基本相当。

表 4-22　汽车制造业排放浓度限值对比

限值来源及时间		分类	苯/(mg/m^3)	甲苯/(mg/m^3)	二甲苯/(mg/m^3)	苯系物/(mg/m^3)	VOCs/NMHC	去除效率/%
国家大气综合 1996		排气筒	12	40	70		120	
		无组织	0.4	2.4	1.2		4.0	
广东汽车制造业 2010		排气筒	1	18		60	90	
		无组织	0.1	0.6	0.2		2.0	
天津-汽车制造 2014	溶剂储运及混合等	排气筒	1	20			50	
		无组织	0.1	0.6	0.2		2.0	
	烘干工艺	排气筒	1	20			40	
		无组织	0.1	0.6	0.2		2.0	

续表

限值来源及时间	分类	苯/(mg/m³)	甲苯/(mg/m³)	二甲苯/(mg/m³)	苯系物/(mg/m³)	VOCs/NMHC	去除效率/%
上海汽车制造业 2015	排气筒	1	3	12	21	30	90
	无组织	0.1	0.2	0.2			
重庆汽车整车制造 2015	排气筒	1	18		21（烘干） 40（其他）	30（烘干） 75（其他）	
	无组织	0.1	0.6	0.2	1.0	2.0	
江苏汽车制造业 2016	排气筒	1	3	12	20	30（乘用车） 60（其他）	90
	无组织	0.1	0.6	0.2	1.0	1.5	
北京汽车整车制造 2015	排气筒	0.5			10	25	
	无组织	0.5			2.0	5.0	
陕西-汽车整车制造 2017	排气筒	1	20			40	80
	无组织	0.1	0.3	0.3		3.0	
《标准》2017	排气筒	1（1）	7（5）	20（15）		80（60）	80（90）
	无组织	0.1	0.2	0.2		2.0	

表 4-23　汽车制造业排放速率限值对比　（单位：kg/h）

限值来源及时间		分类	最高允许排放速率				
			15m	20m	30m	40m	50m
国家大气综合 1996		苯	0.5	0.9	2.9	5.6	
		甲苯	3.1	5.2	18	30	
		二甲苯	1.0	1.7	5.9	10	
		非甲烷总烃	10	17	53	100	
广东汽车制造业 2010		苯	0.2		1.0		
		甲苯和二甲苯合计	1.4		7.7		
		总 VOCs	2.8		15		
天津-汽车制造 2014	溶剂储运及混合等	苯	0.2	0.3	0.9	1.2	1.5
		甲苯和二甲苯合计	0.5	1.7	6.0	10.2	17.0
		VOCs	1.5	3.4	11.9	18.7	32.3
	烘干工艺	苯	0.2	0.3	0.9	1.2	1.5
		甲苯和二甲苯合计	0.8	1.7	6.0	10.2	17.0
		VOCs	1.5	3.4	11.9	18.7	32.3
上海汽车制造业 2015		苯	0.6				
		甲苯	1.2				
		二甲苯	4.5				
		非甲烷总烃	32				

续表

限值来源及时间	分类	最高允许排放速率				
		15m	20m	30m	40m	50m
重庆汽车整车制造 2015	苯	0.2		1.2		
	甲苯和二甲苯合计	1.6		9.6		
	总 VOCs	3.6		20.5		
江苏汽车制造业 2016	苯	0.6				
	甲苯	1.2				
	二甲苯	4.5				
	TVOCs	32(乘用) 60(其他)				
《标准》2017	苯	0.3(0.2)	0.5(0.4)	1.4(1.2)	2.5(2.1)	
	甲苯	0.8(0.6)	1.6(1.4)	4.8(4.1)	8.4(7.1)	
	二甲苯	1.0(0.9)	1.7(1.4)	5.9(5.0)	10(8.5)	
	VOCs	4.0(3.4)	8.0(6.8)	24(20)	42(36)	

表 4-24　汽车制造业单位面积排放总量限值对比　(单位：g/m^2)

车型范围	广东汽车制造业 2010	天津-汽车制造 2014	上海汽车制造业 2015	重庆汽车整车制造 2015	北京汽车整车制造 2015	江苏汽车制造业 2016	《标准》2017	说明
小汽车	20	35	35	35	20	35	35	指 GB/T 15089—2001 规定的 M1 类汽车
货车驾驶室	55	55	—	55	35	55	55	指 GB/T 15089—2001 规定的 N2、N3 类车的驾驶室
货车、厢式货车	70	70	—	70	—	70	70	指 GB/T 15089—2001 规定的 N1、N2、N3 类车
客车	150	150	210/150	150	80	150	150	指 GB/T 15089—2001 规定的 M2、M3 类车

注：根据 GB/T 15089 的规定，M1、M2、M3、N1、N2、N3 类车定义如下：

M1 类车指包括驾驶员座位在内，座位数不超过 9 座的载客汽车；

M2 类车指包括驾驶员座位在内座位数超过 9 座，且最大设计总质量不超过 5000kg 的载客汽车；

M3 类车指包括驾驶员座位在内座位数超过 9 座，且最大设计总质量超过 5000kg 的载客汽车；

N1 类车指最大设计总质量不超过 3500kg 的载货汽车；

N2 类车指最大设计总质量超过 3500kg，但不超过 12000kg 的载货汽车；

N3 类车指最大设计总质量超过 12000kg 的载货汽车。

4.3.7　表面涂装业

目前，北京、河北、天津等省(市)已出台有关表面涂装业的 VOCs 排放标准，排放浓度和排放速率对比如表 4-25 和表 4-26 所示。

就排气筒有组织排放浓度和无组织排放浓度限值而言，《标准》在严于国家综合排放标准的基础上，与北京地方排放标准基本相当，略严于河北、天津、陕西的地方排放标准。

就排放速率限值而言，《标准》在严于国家综合排放标准的基础上，略宽于天津地方排放标准。

表 4-25 表面涂装业排放浓度限值对比

限值来源及时间	分类	苯/(mg/m^3)	甲苯/(mg/m^3)	二甲苯/(mg/m^3)	苯系物/(mg/m^3)	VOCs/NMHC	去除效率/%
国家大气综合 1996	排气筒	12	40	70		120	
	无组织	0.4	2.4	1.2		4.0	
北京工业涂装工序 2015	排气筒	1(0.5)			40(20)	80(50)	
	无组织	0.2			2.0	5.0	
河北工业企业-表面涂装业 2016	排气筒	1	20			60	70
	无组织	0.1	0.6	0.2		2.0	
天津-表面涂装 2014 调漆、喷漆工艺	排气筒	1	20			60	
	无组织	0.1	0.6	0.2		2.0	
天津-表面涂装 2014 烘干工艺	排气筒	1	20			50	
	无组织	0.1	0.6	0.2		2.0	
陕西-表面涂装 2017	排气筒	1	5	15		50	80
	无组织	0.1	0.3	0.3		3.0	
《标准》2017	排气筒	1(1)	7(5)	20(15)		80(60)	80(90)
	无组织	0.1	0.2	0.2		2.0	

表 4-26 表面涂装业排放速率限值对比 （单位：kg/h）

限值来源及时间	分类	最高允许排放速率				
		15m	20m	30m	40m	50m
国家大气综合 1996	苯	0.5	0.9	2.9	5.6	
	甲苯	3.1	5.2	18	30	
	二甲苯	1.0	1.7	5.9	10	
	非甲烷总烃	10	17	53	100	
天津-表面涂装 2014 调漆、喷漆工艺	苯	0.2	0.3	0.9	1.2	1.5
	甲苯和二甲苯合计	0.6	1.7	6.0	10.2	17.0
	VOCs	1.5	3.4	11.9	18.7	32.3
天津-表面涂装 2014 烘干工艺	苯	0.2	0.3	0.9	1.2	1.5
	甲苯和二甲苯合计	0.6	1.7	6.0	10.2	17.0
	VOCs	1.5	3.4	11.1	18.7	32.3
《标准》2017	苯	0.3(0.2)	0.5(0.4)	1.4(1.2)	2.5(2.1)	
	甲苯	0.8(0.6)	1.6(1.4)	4.8(4.1)	8.4(7.1)	
	二甲苯	1.0(0.9)	1.7(1.4)	5.9(5.0)	10(8.5)	
	VOCs	4.0(3.4)	8.0(6.8)	24(20)	42(36)	

4.3.8　医药制造业

目前，上海、浙江、天津等省(市)已出台有关医药制造业的 VOCs 排放标准，排放浓度和排放速率对比如表 4-27 和表 4-28 所示。

就排气筒有组织排放浓度和无组织排放浓度限值而言，《标准》在严于国家综合排放标准的基础上，略宽于天津地方排放标准，与河北的地方排放标准基本相当，严于上海、浙江、陕西的地方排放标准。

就排放速率限值而言，《标准》在严于国家综合排放标准的基础上，略宽于天津地方排放标准，严于上海地方排放标准。

表 4-27　医药制造业排放浓度限值对比

限值来源及时间	分类	苯/(mg/m³)	甲苯/(mg/m³)	二甲苯/(mg/m³)	苯系物/(mg/m³)	VOCs/NMHC	去除效率/%
国家大气综合 1996	排气筒	12	40	70		120	
	无组织	0.4	2.4	1.2		4.0	
上海生物制药行业 2010	排气筒	10	32	50		80	85
	无组织	0.4	2.4	1.2		2.0	
浙江生物制药行业 2014	排气筒	10	32	50		80	85
	无组织	0.4	2.4	1.2		4.0	
河北工业企业-医药制造 2016	排气筒					60	90
	无组织					2.0	
天津-医药制造 2014	排气筒					40	
	无组织					2.0	
陕西-医药制造 2017	排气筒					80	80
	无组织					3.0	
《标准》2017	排气筒					80(60)	80(90)
	无组织					2.0	

表 4-28　医药制造业排放速率限值对比　(单位：kg/h)

限值来源及时间	分类	最高允许排放速率				
		15m	20m	30m	40m	50m
国家大气综合 1996	苯	0.5	0.9	2.9	5.6	
	甲苯	3.1	5.2	18	30	
	二甲苯	1.0	1.7	5.9	10	
	非甲烷总烃	10	17	53	100	
上海生物制药行业 2010	苯	0.5	0.9	2.9		
	甲苯	3.1	5.2	18		
	二甲苯	1.0	1.7	5.9		
	非甲烷总烃	10	17	53		
天津-医药制造 2014	VOCs	1.5	3.4	11.9	18.7	32.3
《标准》2017	VOCs	4.0(3.4)	8.0(6.8)	24(20)	42(36)	

4.3.9 电子产品制造业

目前，上海、天津等省(市)已出台有关电子产品制造业的 VOCs 排放标准，排放浓度和排放速率对比如表 4-29 和表 4-30 所示。

就排气筒有组织排放浓度和无组织排放浓度限值而言，《标准》在严于国家综合排放标准的基础上，略宽于天津地方排放标准，严于上海、广东、陕西地方排放标准和国家电子工业排放标准(征求意见稿)。

就排放速率限值而言，《标准》在严于国家综合排放标准的基础上，略宽于广东、天津的地方排放标准。

表 4-29 电子产品制造业 VOCs 排放浓度对比

限值来源及时间	分类	苯/(mg/m³)	甲苯/(mg/m³)	二甲苯/(mg/m³)	苯系物/(mg/m³)	VOCs/NMHC	去除效率/%
国家大气综合 1996	排气筒	12	40	70		120	
	无组织	0.4	2.4	1.2		4.0	
上海半导体 2006	排气筒					100	88
天津-电子工业 2014 半导体制造	排气筒	1	10			20	
	无组织	0.1	0.6	0.2		2.0	
天津-电子工业 2014 电子元器件等	排气筒	1	10			50	
	无组织	0.1	0.6	0.2		2.0	
国家电子工业(征求意见稿)2016	排气筒	3	10	20		100	
	无组织	0.4	0.8	0.8		4.0	
广东电子设备制造业(征求意见稿)2016	排气筒	1	10(5)	20(10)	30(15)	60(40)	
	无组织	0.1	1.0	0.5	1.5	2.0	
陕西-电子产品制造 2017	排气筒	1	5	10		50	80
	无组织	0.1	0.3	0.3		3.0	
《标准》2017	排气筒	1	3	12		80(60)	80(90)
	无组织	0.1	0.2	0.2		2.0	

表 4-30 电子产品制造业 VOCs 排放速率对比 (单位：kg/h)

限值来源及时间	分类	最高允许排放速率				
		15m	20m	30m	40m	50m
国家大气综合 1996	苯	0.5	0.9	2.9	5.6	
	甲苯	3.1	5.2	18	30	
	二甲苯	1.0	1.7	5.9	10	
	非甲烷总烃	10	17	53	100	

续表

限值来源及时间		分类	最高允许排放速率				
			15m	20m	30m	40m	50m
天津-电子工业 2014	半导体制造	苯	0.2	0.3	0.9	1.2	1.5
		甲苯和二甲苯合计	0.5	1.7	6.0	10.2	17.0
		VOCs	0.7	3.4	11.9	18.7	32.3
	电子元器件等	苯	0.2	0.3	0.9	1.2	1.5
		甲苯和二甲苯合计	0.5	1.7	6.0	10.2	17.0
		VOCs	1.5	3.4	11.9	18.7	32.3
广东电子设备制造业(征求意见稿)2016		苯	0.15(0.1)				
		甲苯	0.3(0.2)				
		二甲苯	0.8(0.6)				
		VOCs	2.0(1.2)				
《标准》2017		苯	0.3(0.2)	0.5(0.4)	1.4(1.2)	2.5(2.1)	
		甲苯	0.5(0.4)	0.9(0.8)	2.4(2.0)	4.1(3.5)	
		二甲苯	0.7(0.6)	1.2(1.0)	3.5(3.0)	6.5(5.5)	
		VOCs	4.0(3.4)	8.0(6.8)	24(20)	42(36)	

4.3.10　其他行业

其他行业的 VOCs 排放浓度和排放速率对比如表 4-31 和表 4-32 所示。

就排气筒有组织排放浓度和无组织排放浓度限值而言，《标准》在严于国家综合排放标准的基础上，略严于天津、河北的地方排放标准。

就排放速率限值而言，《标准》在严于国家综合排放标准的基础上，略宽于天津的地方排放标准。

表 4-31　其他行业 VOCs 排放浓度对比

限值来源及时间	分类	苯/(mg/m^3)	甲苯/(mg/m^3)	二甲苯/(mg/m^3)	苯系物/(mg/m^3)	VOCs/NMHC	去除效率/%
国家大气综合 1996	排气筒	12	40	70		120	
	无组织	0.4	2.4	1.2		4.0	
天津-其他行业 2014	排气筒	1	40			80	
	无组织	0.1	0.6	0.2		2.0	
河北-其他行业 2016	排气筒	1	40			80	
	无组织	0.1	0.6	0.2		2.0	
《标准》2017	排气筒					80(60)	70(80)
	无组织					2.0	

表 4-32 其他行业 VOCs 排放速率对比 （单位：kg/h）

限值来源及时间	分类	最高允许排放速率				
		15m	20m	30m	40m	50m
国家大气综合 1996	苯	0.5	0.9	2.9	5.6	
	甲苯	3.1	5.2	18	30	
	二甲苯	1.0	1.7	5.9	10	
	非甲烷总烃	10	17	53	100	
天津-其他行业 2014	苯	0.25	0.3	0.9	1.3	1.7
	甲苯和二甲苯合计	1.0	2.1	6.8	11.9	18.7
	VOCs	2.0	3.8	12.8	21.3	34
《标准》2017	VOCs	4.0(3.4)	8.0(6.8)	24(20)	42(36)	

4.4 其他污染物排放限值对比

1. 排气筒排放浓度限值对比分析

将其他污染物控制项目与国内外污染物排放标准进行对比，结果如表 4-33 所示。对比发现，《标准》污染物排放浓度与国内外排放标准限值基本相当。

表 4-33 其他污染物排气筒排放浓度限值与国内外相关排放标准对比情况 （单位：mg/m^3）

污染物名称	排气筒排放浓度标准限值	受控工艺设施	限值来源
1,3-丁二烯	5	—	IARC 2010
	1	—	德国 2002
	2	印刷、汽车涂装、皮革涂料、鞋类生产	欧盟 1999
	5	丁二烯抽提装置；顺丁橡胶装置；丁苯橡胶装置；其他产生或使用 1,3-丁二烯的工艺单元	北京炼油与石化工业 2015
	5	—	上海大气综合 2015
	7(5)	—	《标准》
甲醛	25	—	国家大气综合 1996
	5	—	上海家具制造业 2017
	20(5)	—	北京大气综合 2017
	5	—	涂料、油墨及胶黏剂工业(征求意见稿)2017
	7(5)	—	《标准》
1,2-二氯乙烷	5	—	IARC 2010
	1	—	德国 2002
	5	—	世界银行 1998
	5	氯乙烯装置；其他产生或使用 1,2-二氯乙烷的工艺单元	北京炼油与石化工业 2015
	5	—	上海大气综合 2015

续表

污染物名称	排气筒排放浓度标准限值	受控工艺设施	限值来源
	5	—	涂料、油墨及胶黏剂工业(征求意见稿)2017
	7(5)	—	《标准》
苯乙烯	20	—	涂料、油墨及胶黏剂工业(征求意见稿)2017
	30(20)	—	《标准》
四氯化碳	20	—	德国 2002
	20	印刷、汽车涂装、皮革涂料、鞋类生产	欧盟 1999
	20	—	世界银行 1998
	20	—	上海大气综合 2015
	30(20)	—	《标准》
氯甲烷	20	—	IARC 2010
	20	—	德国 2002
	20	印刷、汽车涂装、皮革涂料、鞋类生产	欧盟 1999
	20	丁基橡胶装置；其他产生或使用氯甲烷的工艺单元	北京炼油与石化工业 2015
	20	—	上海大气综合 2015
	30(20)	—	《标准》
三氯乙烯	1	—	德国 2002
	20	印刷、汽车涂装、皮革涂料、鞋类生产	欧盟 1999
	300～1500(150～300)	使用三氯乙烯的清洗设备	日本 1998
	20	—	世界银行 1998
	20	—	上海大气综合 2015
	30(20)	—	《标准》
三氯甲烷	20	—	德国 2002
	20	印刷、汽车涂装、皮革涂料、鞋类生产	欧盟 1999
	20	—	上海大气综合 2015
	30(20)	—	《标准》
二氯甲烷	20	—	德国 2002
	20	印刷、汽车涂装、皮革涂料、鞋类生产	欧盟 1999
	20	—	上海大气综合 2015
	30(20)	—	《标准》
乙苯	100	—	IARC 2010
	60(40)	—	《标准》
丙酮	100	—	IARC 2010
	80	—	世界银行 1998
	150	—	厦门 2011

续表

污染物名称	排气筒排放浓度标准限值	受控工艺设施	限值来源
	60	医药制造工业	河北省工业企业挥发性有机物排放标准 2016
	60(40)	—	《标准》
环己酮	50	—	厦门 2011
	60(40)	—	《标准》
乙酸丁酯	50	—	上海大气综合 2015
	60(40)	—	《标准》
乙酸乙酯	100	—	厦门 2011
	50	—	上海大气综合 2015
	60(40)	—	《标准》

2. 排气筒排放速率限值对比分析

将《标准》除苯系物外的其他污染物控制项目与地方排放标准中污染物排放速率限值进行对比，结果如表 4-34 所示。对比发现，《标准》现有企业污染物排放速率普遍宽于国内各地方的排放标准，新建企业污染物排放速率与上海、厦门大气污染物综合排放标准基本相当。

表 4-34 排气筒排放速率限值与国内相关排放标准对比情况 （单位：kg/h）

污染物	最高允许排放速率				标准限值来源
	15m	20m	30m	40m	
1,3-丁二烯	0.36	—	—	—	上海大气综合 2015
	0.2	0.4	1.2	2.1	《标准》（现有企业）
	0.2	0.3	1.0	1.8	《标准》（新建企业）
甲醛	0.26	0.43	1.4	2.6	国家大气综合 1996
	0.1	—	—	—	上海家具制造业 2017
	0.2	0.4	1.2	2.1	《标准》（现有企业）
	0.2	0.3	1.0	1.8	《标准》（新建企业）
1,2-二氯乙烷	0.48	—	—	—	上海大气综合 2015
	0.3	0.5	1.7	2.9	《标准》（现有企业）
	0.2	0.5	1.4	2.5	《标准》（新建企业）
四氯化碳	0.45	—	—	—	上海大气综合 2015
	0.6	1.2	3.6	6.3	《标准》（现有企业）
	0.5	1.0	3.1	5.4	《标准》（新建企业）
三氯甲烷	0.45	—	—	—	上海大气综合 2015
	0.8	1.6	4.8	8.4	《标准》（现有企业）
	0.7	1.4	4.1	7.1	《标准》（新建企业）

续表

污染物	最高允许排放速率				标准限值来源
	15m	20m	30m	40m	
二氯甲烷	0.45	—	—	—	上海大气综合 2015
	1.2	2.4	7.2	13	《标准》（现有企业）
	1.0	2.0	6.1	11	《标准》（新建企业）
氯甲烷	0.45	—	—	—	上海大气综合 2015
	0.8	1.6	4.8	8.4	《标准》（现有企业）
	0.7	1.4	4.1	7.1	《标准》（新建企业）
乙酸乙酯	1.2	2.1	7.0	12	厦门大气综合 2011
	1.0	—	—	—	上海大气综合 2015
	2.0	4.0	12	21	《标准》（现有企业）
	1.7	3.4	10	18	《标准》（新建企业）
丙酮	1.4	2.4	8.2	14	厦门大气综合 2011
	1.6	3.2	9.6	17	《标准》（现有企业）
	1.4	2.7	8.2	14	《标准》（新建企业）
环己酮	0.41	0.7	2.3	4.0	厦门大气综合 2011
	1.6	3.2	9.6	17	《标准》（现有企业）
	1.4	2.7	8.2	14	《标准》（新建企业）

3. 无组织排放浓度限值对比分析

将除苯系物外的其他污染物控制项目与国内污染物无组织排放浓度限值进行对比，结果如表 4-35 所示。对比发现，《标准》污染物无组织排放浓度与国内其他地方的大气污染物综合排放标准基本相当，部分污染物更严。

表 4-35　无组织排放浓度限值与国内相关排放标准对比情况　（单位：mg/m^3）

序号	污染物名称	《标准》	北京 2017	重庆 2016	厦门 2011	上海 2015	大气综合 1996
1	甲醛	0.1	0.05	0.2	—	0.05	0.2
2	1,3-丁二烯	0.1	—	—	—	0.1	—
3	1,2-二氯乙烷	0.1	—	—	—	0.14	—
4	氯甲烷	0.4	—	—	—	1.2	—
5	三氯乙烯	0.4	—	—	—	0.6	—
6	三氯甲烷	0.4	—	—	—	0.4	—
7	二氯甲烷	0.6	—	—	—	4.0	—
8	丙酮	0.8	—	—	1.8	—	—
9	环己酮	0.8	—	—	1.0	1.0	—
10	乙酸乙酯	1.0	—	—	1.5	1.0	—
11	乙酸丁酯	1.0	—	—	—	0.5	—

综上，《标准》在污染控制因子更加全面的基础之上，确定的排放限值科学合理，排气筒排放浓度、排放速率和无组织排放浓度与国内外排放标准限值基本相当，部分污染物的排放速率和无组织排放浓度严于国内某些排放标准。从整体上来看，《标准》与四川省目前的经济社会发展现状和污染控制水平相适应，能够切实起到控制管理作用，能够体现四川省在大气污染控制及管理方面在国内的先进性。

第 5 章 监测分析技术

针对不同行业固定污染源排气筒有组织排放废气和无组织排放废气中的不同污染物控制项目，根据实验室的配置情况和标准方法的要求，建立本实验室的监测分析方法，并在样品采集、样品流转、样品保存、样品前处理、仪器分析、数据处理及报告编写等全过程中实施严格的质量保证程序，以保证监测数据的代表性、准确性、精密性、可比性和完整性。

5.1 分析方法现状

5.1.1 主要国家及国际组织的分析方法

美国环境保护署方法中测定环境空气中 VOCs 的方法有 TO-1、TO-2、TO-14、TO-15 和 TO-17。其中 TO-1 方法为 Tenax 吸附管/热脱附/气相色谱-质谱法，其目标化合物为沸点在 80～200℃的非极性有机物，经过验证的有苯等 19 种 VOCs；TO-2 方法为碳分子筛/热脱附/气相色谱-质谱法，其目标化合物为沸点在-15～+120℃的非极性、非活性有机物，经过验证的有氯乙烯等 11 种 VOCs；TO-14 方法为 Summa 罐/冷冻预浓缩/质谱法，该方法前处理采用渗透膜除水，除水时会损失部分极性化合物，该方法不限检测器，质谱也可作为其中一种检测器，目标化合物为二氟二氯甲烷等 42 种 VOCs；TO-15 采用罐采样气相色谱-质谱法测定环境空气中 VOCs，其目标化合物比较多，有 97 种，此方法减少了水溶性 VOCs 的损失，可分析大多数 VOCs。TO-17 方法为固体吸附/热脱附/气相色谱-质谱法，该方法不限吸附剂，不限目标化合物，由使用者根据需要测定的化合物选择合适的吸附剂进行测定，对吸附剂的选择及其使用做出了相应的指导，但 TO-17 方法重点推荐了 3 种常用的组合型吸附剂，并以 TO-14 的目标化合物为例给出了验证数据。

ISO 16017 方法对 VOCs 的测定分为两个部分，其中 ISO 16017-1 适用于环境空气等 VOCs 浓度较低的地方，采用固体吸附剂泵采样/热脱附方法，ISO 16017-1 的技术路线和 TO-17 方法基本一致，也是根据目标化合物的不同选择不同吸附剂进行采样、测定；ISO 16017-2 适用于车间空气等 VOCs 浓度较高的地方，采用固体吸附剂被动吸附/热脱附方法。ISO 16200 采用溶剂解吸/毛细管气相色谱仪法测定工作场所空气中的 VOCs。

美国材料与测试协会方法 D5466（空气中 VOCs 的测定，罐采样方法），使用范围是环境空气、室内空气和工作场所。方法中样品的除水方式有两种：半渗透膜吸附和冷阱吸附后升温解吸。方法明确规定，如果使用半渗透膜除水，水溶性或者极性化合物损失很大；如果用冷阱除水，损失小，可分析更多的化合物。

5.1.2 国内相关分析方法

我国在2010年以前对空气中挥发性有机物监测分析方法以吸附剂采样、溶剂洗脱、气相色谱分析为主，大都以单个组分分析，检出限较高。2010年以后陆续推出了苯系物、挥发性卤代烃和挥发性有机物的分析方法，使用了热脱附、冷阱预浓缩和气相色谱-质谱联用等技术，空气中常用挥发性有机物的分析方法如表5-1和表5-2所示。但目前国内固定污染源的挥发性有机物标准分析方法还很欠缺，很多分析方法还正在制定中，如表5-3所示。

表5-1 常用挥发性有机物分析方法

序号	标准编号	标准名称	备注
1	HJ 919—2017	《环境空气 挥发性有机物的测定 便携式傅里叶红外仪法》	
2	HJ 759—2015	《环境空气 挥发性有机物的测定罐采样/气相色谱-质谱法》	
3	HJ 734—2014	《固定污染源废气 挥发性有机物的测定 固相吸附-热脱附/气相色谱-质谱法》	
4	HJ 732—2014	《固定污染源废气 挥发性有机物的采样 气袋法》	
5	HJ 683—2014	《空气 醛、酮类化合物的测定 高效液相色谱法》	
6	HJ 645—2013	《环境空气 挥发性卤代烃的测定 活性炭吸附-二硫化碳解吸/气相色谱法》	
7	HJ 644—2013	《环境空气 挥发性有机物的测定 吸附管采样-热脱附/气相色谱-质谱法》	
8	HJ 604—2017	《环境空气 总烃、甲烷和非甲烷总烃的测定 直接进样-气相色谱法》	代替 HJ 604—2011
9	HJ 584—2010	《环境空气 苯系物的测定 活性炭吸附/二硫化碳解吸-气相色谱法》	
10	HJ 583—2010	《环境空气 苯系物的测定 固体吸附/热脱附-气相色谱法》	
11	HJ/T 400—2007	《车内挥发性有机物和醛酮类物质采样测定方法》	
12	HJ/T 66—2001	《大气固定污染源 氯苯类化合物的测定 气相色谱法》	
13	HJ/T 39—1999	《固定污染源排气中氯苯类的测定 气相色谱法》	
14	HJ 38—2017	《固定污染源排废气 总烃、甲烷和非甲烷总烃的测定 气相色谱法》	代替 HJ/T38—1999
15	HJ/T 37—1999	《固定污染源排气中丙烯腈的测定 气相色谱法》	
16	HJ/T 36—1999	《固定污染源排气中丙烯醛的测定 气相色谱法》	
17	HJ/T 35—1999	《固定污染源排气中乙醛的测定 气相色谱法》	
18	HJ/T 34—1999	《固定污染源排气中氯乙烯的测定 气相色谱法》	
19	HJ/T 33—1999	《固定污染源排气中甲醇的测定 气相色谱法》	
20	GB/T 15516—1995	《空气质量 甲醛的测定 乙酰丙酮分光光度法》	
21	GB/T 14678—1993	《空气质量 硫化氢、甲硫醇、甲硫醚和二甲二硫的测定 气相色谱法》	
22	GB/T 14680—1993	《空气质量 二硫化碳的测定 二乙胺分光光度法》	
23	GB/T 14676—1993	《空气质量 三甲胺的测定 气相色谱法》	

续表

序号	标准编号	标准名称	备注
24	GB/T 15516—1995	《空气质量　甲醛的测定　乙酰丙酮分光光度法》	
25	HJ/T 167—2004	《室内环境空气质量监测技术规范》	
26	GB 21902—2008	《合成革与人造革工业污染物排放标准》	附录
27	GB 50325—2010	《民用建筑工程室内环境污染控制规范(2013 版)》	附录
28	GB/T 18883—2002	《室内空气质量标准》	附录
29	QXT 218—2013	《大气中挥发性有机物测定　采样罐采样和气相色谱质谱联用分析法》	气象行业标准
30	DB 51/T 733—2007	《室内挥发性有机化合物硅烷化罐采样气相色谱法》	地方标准
31	DB 11/T 1367—2016	《固定污染源废气　甲烷/总烃/非甲烷总烃的测定　便携式氢火焰离子化检测器法》	地方标准

表 5-2　工作场所挥发性有机物分析方法

序号	标准编号	化合物	备注
1	GBZ/T 300.59—2017	正己烷等 37 种挥发性有机物	
2	GBZ/T 300.60—2017	戊烷、己烷、庚烷、辛烷和壬烷	
3	GBZ/T 300.61—2017	丁烯、1,3-丁二烯和二聚环戊二烯	
4	GBZ/T 300.62—2017	溶剂汽油、液化石油气、抽余油和松节油	
5	GBZ/T 300.65—2017	环己烷和甲基环己烷	
6	GBZ/T 300.66—2017	苯、甲苯、二甲苯和乙苯	
7	GBZ/T 300.67	三甲苯、异丙苯和对特丁基甲苯	暂未发布
8	GBZ/T 300.68—2017	苯乙烯、甲基苯乙烯和二乙烯基苯	
9	GBZ/T 300.72	二氟氯甲烷和二氟二氯甲烷	暂未发布
10	GBZ/T 300.73—2017	氯甲烷、二氯甲烷、三氯甲烷和四氯化碳	
11	GBZ/T 300.74	氯乙烷和氯丙烷	暂未发布
12	GBZ/T 300.75	溴甲烷、四溴化碳、二溴乙烷和溴丙烷	暂未发布
13	GBZ/T 300.76	碘甲烷和碘仿	暂未发布
14	GBZ/T 300.77—2017	四氟乙烯和六氟丙烯	
15	GBZ/T 300.78—2017	氯乙烯、二氯乙烯、三氯乙烯和四氯乙烯	
16	GBZ/T 300.79	β-氯丁二烯、六氯丁二烯和六氯环戊二烯	暂未发布
17	GBZ/T 300.80—2017	氯丙烯和二氯丙烯	
18	GBZ/T 300.81—2017	氯苯、二氯苯和三氯苯	
19	GBZ/T 300.82—2017	苄基氯和对氯甲苯	
20	GBZ/T 300.83—2017	溴苯	
21	GBZ/T 300.84—2017	甲醇、丙醇和辛醇	
22	GBZ/T 300.85—2017	丁醇、戊醇和丙烯醇	
23	GBZ/T 300.86—2017	乙二醇	
24	GBZ/T 300.88—2017	氯乙醇和 1,3-二氯丙醇	

续表

序号	标准编号	化合物	备注
25	GBZ/T 300.90	甲硫醇、乙硫醇和正丁硫醇	暂未发布
26	GBZ/T 300.99—2017	甲醛、乙醛和丁醛	
27	GBZ/T 300.101—2017	三氯乙醛	
28	GBZ/T 300.102	丙烯醛和巴豆醛	暂未发布
29	GBZ/T 300.103—2017	丙酮、丁酮和甲基异丁基甲酮	
30	GBZ/T 300.109	环己酮、甲基环己酮、苯乙酮和异佛尔酮	暂未发布
31	GBZ/T 300.111	环氧乙烷、环氧丙烷和环氧氯丙烷	暂未发布
32	GBZ/T 300.112—2017	甲酸和乙酸	
33	GBZ/T 300.113	丙酸、丙烯酸和甲基丙烯酸	暂未发布
34	GBZ/T 300.123	乙酸酯类	暂未发布
35	GBZ/T 300.127—2017	丙烯酸酯类	
36	GBZ/T 300.128	甲基丙烯酸酯类	暂未发布
37	GBZ/T 300.133—2017	乙腈、丙烯腈和甲基丙烯腈	
38	GBZ/T 300.135	一甲胺和二甲胺	暂未发布
39	GBZ/T 300.136—2017	三甲胺、二乙胺和三乙胺	

表 5-3　正在制定的挥发性有机物标准分析方法

序号	标准方法
1	《环境空气　二甲二硫　甲硫醇　甲硫醚　三甲胺　气相色谱质谱法》
2	《空气和废气　乙腈和丙烯腈的测定　气相色谱法(修订 HJ/T 37—1999)》
3	《空气和废气　丙烯酸酯类的测定　气相色谱法》
4	《空气和废气　乙酸酯类的测定　固体吸附-溶剂解吸　气相色谱法》
5	《空气和废气　三氟甲烷、全氟化碳和六氟乙烷的测定　气相色谱-质谱法》
6	《固定污染源排气　挥发性卤代烃的测定　气相色谱法》
7	《固定污染源排气　二硫化碳、硫化氢、甲硫醇、甲硫醚和二甲二硫的测定泰德拉袋采样预浓缩气相色谱-质谱法》
8	《环境空气和废气　吡啶的测定　气相色谱法》
9	《固定污染源排气　氯苯类的测定　气相色谱法(修订 HJ/T 39—1999 和 HJ/T 66—2001》
10	《固定污染源废气　氯乙烯和丙烯醛的测定　气相色谱法(修订 HJ/T 34—1999 和 HJ/T 36—1999)》
11	《环境空气　三甲胺的测定　离子色谱法》
12	《环境空气　恶臭的测定　三点比较式仪器法》
13	《固定污染源废气 VOCs 连续监测系统技术要求及检测方法》
14	《便携式 VOCs 监测仪技术要求及检测方法》
15	《环境空气 VOCs 连续监测系统技术要求及检测方法》
16	《固定污染源废气 VOCs 的测定　便携气相色谱-质谱法》
17	《固定污染源排气中甲醇的测定　气相色谱法(修订 HJ/T 33—1999)》
18	《固定污染源排气　挥发性有机物的测定》
19	《固定源排气卤乙酸的测定　气相色谱法》
20	《固定污染源排气气相和颗粒物中一氯萘的测定气相色谱-质谱》

续表

序号	标准方法
21	《固定污染源排气氯代甲基醚的测定　气相色谱法》
22	《固定源排气三甲胺的测定》
23	《环境空气　挥发性有机物的测定　便携式气相色谱-质谱法》

5.2　采集与保存技术

5.2.1　直接采样法

当空气中被测组分浓度较高，或者监测方法灵敏度高时，可直接采集少量气样。常用的采样容器有注射器、采样袋、采气管、真空玻璃瓶(管)、Summa 罐采样系统等。

1.注射器

常用 100mL 玻璃注射器，采样时，先用现场空气抽洗 3～5 次，然后抽取 100mL，用硅橡胶帽密封进气口，将注射器进气口朝下，垂直或倾斜放置，使注射器内压力略大于大气压，对注射器密闭性要求高。注射器主要用来分析空气中的甲烷和非甲烷总烃及浓度较高的化合物，样品存放时间不宜长，一般应在采样当天分析完成。如果需要延长样品保存时间，可做目标组分的标准气体在所用材质类型针筒中更长保存时间的回收率。如果回收率能满足要求，可延长保存时间。

2.采样袋

选择与气样中污染组分不发生化学反应、不吸附、不渗漏的采样袋。常用的有聚四氟乙烯袋、聚乙烯袋及聚酯袋等。为减小对被测组分的吸附，可在袋的内壁衬银、铝等金属膜。采样系统如图 5-1 所示。

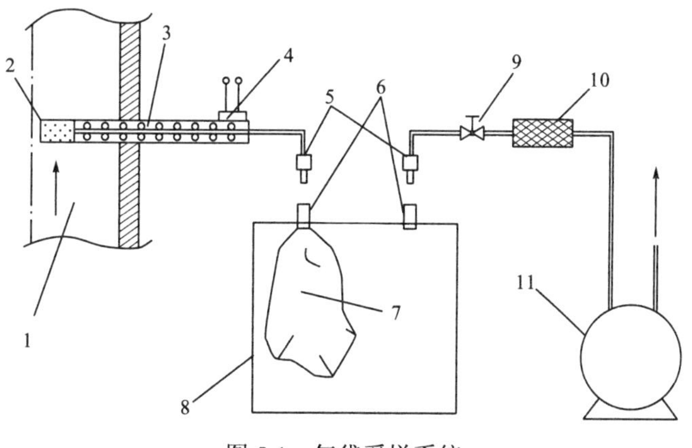

图 5-1　气袋采样系统

1—排气管道；2—玻璃棉过滤头；3—Teflon 连接管；4—加热采样管；5—快速接头阳头；6—快速接头阴头；7—采样气袋；8—真空箱；9—阀门；10—活性炭过滤器；11—抽气泵

根据《固定污染源废气 挥发性有机物的采样 气袋法》(HJ 732—2014)要求，样品采集后应及时分析，一般要求在8h内进样分析，如果需要延长样品保存时间，可参考该标准的附录A(表5-4)来确定，或通过进行实验确认含目标VOCs的标准气体在所用材质类型气袋中不同保存时间的回收率。

表5-4 60种VOCs 气体样品①②在气袋中保存8h和24h后的回收率 (单位：%)

序号	CAS号	化合物名称	8h后回收率			24h后回收率		
			聚氟乙烯	聚全氟乙丙烯	共聚偏氟乙烯	聚氟乙烯	聚全氟乙丙烯	共聚偏氟乙烯
1	115-07-1	丙烯	99.1	99.0	86.5	97.0	90.4	78.4
2	75-71-8	二氯二氟甲烷	90.4	85.2	73.0	78.7	78.1	72.6
3	74-87-3	氯甲烷	98.3	96.9	87.9	97.0	90.0	84.4
4	76-14-2	二氯四氟乙烷	94.5	92.6	78.1	86.3	85.1	76.8
5	75-01-4	氯乙烯	99.4	97.5	81.8	92.6	85.4	79.6
6	106-99-0	1,3-丁二烯	92.1	94.6	83.5	92.2	85.4	79.8
7	74-83-9	溴甲烷	87.8	84.7	79.2	77.2	75.3	71.0
8	75-00-3	氯乙烷	88.7	89.3	88.1	87.7	85.1	80.8
9	67-64-1	丙酮	88.7	96.7	84.0	81.5	75.5	65.6
10	75-69-4	三氯氟甲烷	82.4	77.2	73.3	70.8	71.0	68.2
11	67-63-0	异丙醇	89.1	79.2	85.5	77.5	86.2	72.8
12	75-35-4	1,1-二氯乙烯	87.7	82.7	79.0	74.1	73.1	71.8
13	75-15-0	二硫化碳	98.7	76.8	88.5	87.1	74.9	82.0
14	75-9-2	二氯甲烷	90.8	75.2	81.1	74.1	74.0	68.2
15	76-13-1	三氯三氟乙烷	85.4	80.4	86.6	92.4	93.6	88.4
16	156-60-5	反-1,2-二氯乙烯	95.1	90.7	89.2	81.3	73.2	76.3
17	75-34-3	1,1-二氯乙烷	98.6	96.7	92.2	86.1	87.9	81.2
18	1634-04-4	甲基特二丁醚	97.3	98.2	90.0	82.4	84.3	72.1
19	108-05-4	乙酸乙烯酯	95.4	96.5	90.4	81.6	76.0	68.0
20	78-93-3	甲基乙基酮	96.6	95.6	96.8	85.7	82.2	69.6
21	156-59-2	顺-1,2-二氯乙烯	96.2	93.7	90.8	80.9	81.1	76.8
22	110-54-3	正己烷	95.3	93.1	97.7	95.9	92.8	89.9
23	67-66-3	氯仿	95.8	91.5	87.3	79.8	80.2	76.9
24	141-78-6	乙酸乙酯	95.2	94.9	95.5	83.6	78.5	75.0
25	109-99-9	四氢呋喃	99.2	64.5	96.0	97.0	86.3	88.7
26	107-06-2	1,2-二氯乙烷	87.0	87.5	79.9	72.1	73.0	67.0
27	71-55-6	1,1,1-三氯乙烷	93.4	90.4	85.7	78.8	79.8	75.4
28	71-43-2	苯	99.5	99.9	97.8	89.2	86.3	81.7
29	56-23-5	四氯化碳	93.6	90.5	86.3	79.3	79.2	75.9
30	110-82-7	环己烷	94.6	98.1	96.5	94.6	96.8	91.9

续表

序号	CAS 号	化合物名称	8h 后回收率			24h 后回收率		
			聚氟乙烯	聚全氟乙丙烯	共聚偏氟乙烯	聚氟乙烯	聚全氟乙丙烯	共聚偏氟乙烯
31	78-87-5	1,2-二氯丙烷	95.1	96.0	98.5	89.4	87.9	80.4
32	75-27-4	溴二氯甲烷	92.9	91.7	86.4	76.5	76.9	74.3
33	79-01-6	三氯乙烯	95.2	94.9	96.1	87.0	76.0	84.3
34	123-91-1	1,4-二噁烷	95.6	99.4	72.6	80.7	97.2	75.6
35	142-82-5	庚烷	93.7	94.0	94.9	100.0	91.1	96.9
36	10061-01-5	顺-1,3-二氯丙烯	93.8	99.1	90.8	76.2	75.7	71.6
37	108-10-1	甲基异丁基酮	98.8	99.0	84.3	81.7	79.3	72.2
38	10061-02-6	反-1,3-二氯丙烯	87.7	95.6	84.4	64.0	68.0	62.9
39	79-00-5	1,1,2-三氯乙烷	96.5	99.5	94.1	79.9	80.1	77.5
40	108-88-3	甲苯	94.6	68.0	97.7	81.6	76.0	75.3
41	626-93-7	甲基丁基酮	99.9	97.1	85.7	78.6	70.6	67.6
42	124-48-1	二溴氯甲烷	92.3	98.1	90.5	75.1	77.1	72.6
43	540-49-8	1,2-二溴乙烷	92.7	98.2	92.1	70.3	73.2	69.4
44	127-18-4	四氯乙烯	98.4	90.5	92.7	82.5	64.3	80.9
45	108-90-7	氯苯	90.9	94.4	91.8	63.3	61.4	67.5
46	100-41-4	乙苯	94.3	95.0	95.2	66.1	63.5	67.5
47	106-42-3	间/对-二甲苯	92.6	91.7	91.4	62.9	58.3	65.2
48	75-25-2	溴仿	88.2	98.5	88.1	59.0	70.2	64.1
49	100-42-5	苯乙烯	90.1	93.9	94.5	53.7	57.3	62.4
50	79-34-5	1,1,2,2-四氯乙烷	93.9	97.8	90.0	65.2	71.1	66.4
51	95-47-6	邻-二甲苯	95.4	91.5	93.4	62.6	61.4	66.1
52	622-96-8	4-乙基甲苯	90.1	85.8	91.2	57.7	49.8	63.9
53	108-67-8	1,3,5-三甲苯	91.8	88.2	89.6	58.7	54.7	65.7
54	95-63-6	1,2,4-三甲苯	87.7	82.6	89.2	53.6	48.6	62.5
55	541-73-1	1,3-二氯苯	80.3	73.5	86.8	44.8	38.3	58.0
56	106-46-7	1,4-二氯苯	80.3	73.5	86.8	44.8	38.3	58.0
57	95-50-1	1,2-二氯苯	77.8	76.6	82.4	42.9	40.8	54.3
58	120-82-1	1,2,4-三氯苯	60.8	47.6	72.1	22.8	19.5	39.0
59	87-68-3	六氯-1,3-丁二烯	77.0	66.8	60.9	42.9	43.3	55.6
60	107-13-1	丙烯腈	>91.2[③]	—	—	82.3	—	—

注：①不含丙烯腈的 59 种 VOCs 混合气体，各化合物浓度为 1.0μmol/mol；

②丙烯腈气体浓度为 41.9μmol/mol；

③丙烯腈标准气体在 PVF 气袋中保存 12h 后的回收率。

3.采气管

采气管是两端具有旋塞的管式玻璃容器，其体积一般为100～500mL。采样时，打开两端旋塞，将二联球或抽气泵接在管的一端，迅速抽进比采气管容积大6～10倍的欲采气体，使采气管中原有气体被完全置换后，关上两端旋塞，采气体积即为采气管的容积。

4.真空玻璃瓶

真空玻璃瓶是一种用耐压玻璃制成的采气瓶，容积为 500～1000mL。采样前先用抽真空装置将采气瓶内抽至剩余压力1330Pa左右；如瓶内预先装入吸收液，可抽至溶液不冒泡为止，关闭旋塞。采样时，打开旋塞，被采空气即充入瓶内，关闭旋塞，则采样体积为真空采气瓶的容积。目前环境空气中的臭气浓度推荐用真空玻璃瓶采样。

5.采样罐(内壁惰性化处理的不锈钢罐)

罐采样的原理同真空瓶采样，采用内壁经惰化处理的不锈钢器皿(Summa 罐)，将其内部抽成真空后，到现场打开进气阀进行采样，采集的样品需再用吸附剂(如Tenax)或低温浓缩等富集处理，然后进行气相色谱-质谱测定。不锈钢罐内壁经电子抛光和钝化处理，能避免光照引起的化学反应，几乎对空气中的挥发性有机物没有吸附性，能保持样品的完整性，消除了由现场采样引起的采样体积的不确定性，准确性和重现性都较高。

目前罐采样系统在空气中挥发性有机物的分析中应用很广，Summa 罐采样系统主要由如下部件组成。

(1)采样罐：带阀、内壁经特殊处理过的密封不锈钢容器，常用的是硅烷化技术，体积有多种(0.4L、1L、2.7L、3.2L、6L和15L)，常用的为3.2L和2.7L。

(2)流量控制器：当温度(20～40℃)和湿度发生变化时，能保持在24h采样期间的流速恒定(±10%)。

(3)限流阀(流量阻尼器)：可选择用固定孔口、毛细管等来控制采样的流速。常用固定孔口的阀芯来控制流速，阀芯一般选择红宝石，可以克服温度和湿度对流量造成的影响。限流阀和流量控制器配合在一起就可以根据采样时间来调节所需的流速，限流阀的选择可参照表5-5。

表5-5 限流阀的规格及采样时间

编号	流量/(mL/min)	采满罐子需要的时间			
		0.4L	3.2L	6.0L	15.0L
1	40～160	2～10min	20～80min	0.62～2.5h	1.6～6.2h
2	13.5～54	7～29min	1～3.9h	2～7.4h	4.6～18.5h
3	5～20	20～80min	2.2～10.6h	5～20h	0.52～2.1d
4	1.2～6.8	1～3.9h	7.8～31.3h	14.7～2.4d	1.5～7d
5	0.4～1.2	5.5～10h	1.85～3.5d	3.5～7d	8.7～26d

(4) 不锈钢真空/压力表：检查采样罐的真空度和压力，真空/压力表应该保证清洁且不漏气。

(5) 颗粒物过滤装置：2μm 烧结的不锈钢过滤器，配合流量控制器使用。

(6) 罐加热装置：常用的是带状加热带，可缠绕在 Summa 罐外壁，也可以使用恒温箱来控制温度。

(7) 罐清洗系统：罐清洗系统主要由粗级泵、分子涡轮泵、多个电子阀、加湿装置、清洗溶剂、真空规和压力计等组成，整个系统由计算机工作站控制，其工作示意图如图 5-2 所示。

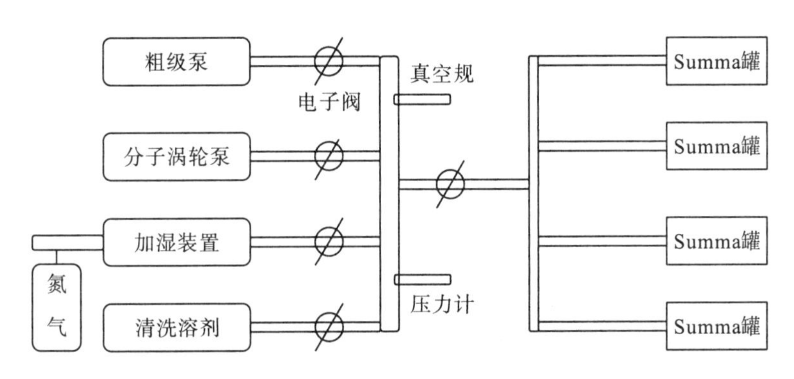

图 5-2　采样罐清洗系统示意图

罐采样后样品保存时间较长，在美国环境保护署 TO-14 和 TO-15 方法及美国材料与测试协会 D5466 方法中样品保存期限均为 30d。根据《环境空气　挥发性有机物的测定　罐采样/气相色谱质谱法》(HJ 759—2015) 的标准编制说明，采集实际样品和各组分浓度为 5ppbv 标准样品 (接近环境空气实际浓度)，罐压力为环境压力 (1atm)。分别放置 5d、10d、15d、20d、25d、30d、35d 后测定其浓度，计算各组分降解率。试验结果表明：二氟二氯甲烷、一氯甲烷、甲硫醇、丙酮、2-甲氧基-甲基丙烷、2-丁酮等目标组分，常温、常压下放置 20d 后，降解率超过 20%。含硫化合物、醛酮类化合物、氯氟烃类化合物、低分子烯烃类化合物在放置 0～10d 内降解较快，降解率接近 10%。苯系物类、烷烃类较为稳定，放置 30d 后降解率小于 10%。故建议样品在常温下保存，采样后尽快分析，20d 内分析完毕。降解率测定结果如表 5-6 和表 5-7 所示。

表 5-6　各组分浓度为 5ppbv 标准样品保存期限测定结果　(单位：%)

序号	化合物名称	降解率						
		5d	10d	15d	20d	25d	30d	35d
1	丙烯	4.5	6.8	10.3	14.6	19.3	30.6	37.6
2	二氟二氯甲烷	4.3	8.9	9.8	18.0	27.7	29.9	36.7
3	1,1,2,2-四氟-1,2-二氯乙烷	0.3	0.8	7.2	8.5	9.1	9.0	10.1
4	一氯甲烷	8.1	11.4	12.2	17.3	23.7	28.8	29.0
5	氯乙烯	8.6	10.7	12.7	16.6	19.3	22.3	22.4

续表

序号	化合物名称	降解率						
		5d	10d	15d	20d	25d	30d	35d
6	丁二烯	0.8	0.6	0.8	0.6	2.4	3.6	5.0
7	甲硫醇	8.5	10.5	14.2	18.6	25.4	27.2	38.5
8	一溴甲烷	0.6	0.8	0.8	2.4	6.7	10.9	10.9
9	氯乙烷	0.6	2.4	2.3	2.4	2.8	4.8	13.4
10	一氟三氯甲烷	9.2	10.3	13.3	15.4	19.0	20.1	23.4
11	丙烯醛	7.7	12.4	14.1	15.7	16.7	17.9	18.3
12	1,2,2-三氟-1,1,2-三氯乙烷	2.6	3.7	4.9	5.2	9.1	10.8	11.9
13	1,1-二氯乙烯	3.9	8.7	8.1	8.8	9.5	10.5	10.9
14	丙酮	5.7	9.9	16.7	18.1	28.2	28.7	38.8
15	甲硫醚	7.5	7.8	9.5	10.2	16.5	18.3	18.7
16	异丙醇	4.2	6.1	7.5	9.6	10.1	11.0	12.0
17	二硫化碳	1.3	4.6	4.6	5.9	5.6	9.2	12.3
18	二氯甲烷	4.9	5.6	9.4	10.1	10.3	11.1	15.2
19	顺-1,2-二氯乙烯	3.5	4.3	4.6	5.6	6.4	9.4	9.8
20	2-甲氧基-甲基丙烷	9.5	14.8	45.5	19.6	26.9	29.5	29.5
21	正己烷	2.0	2.4	5.6	7.4	10.5	13.4	15.7
22	亚乙基二氯(1,1-二氯乙烷)	4.9	5.8	5.8	6.7	7.9	7.6	8.7
23	乙酸乙烯酯	4.7	5.1	5.9	6.9	6.1	8.4	9.1
24	2-丁酮	4.9	9.3	17.3	19.2	22.2	25.3	23.2
25	反-1,2-二氯乙烯	1.9	4.9	4.8	5.9	5.9	7.9	8.2
26	乙酸乙酯	4.9	4.9	5.9	5.9	6.3	7.5	9.7
27	四氢呋喃	6.8	10.9	14.9	15.0	15.0	14.9	15.9
28	氯仿	4.9	5.9	5.9	6.7	8.7	8.0	10.1
29	1,1,1-三氯乙烷	2.5	4.2	4.8	5.1	5.0	5.4	5.9
30	环己烷	1.5	3.9	4.4	5.1	6.6	7.1	8.5
31	四氯化碳	3.1	5.6	5.4	5.8	6.0	7.1	9.4
32	苯	3.8	4.0	5.0	5.6	6.4	6.1	9.4
33	1,2-二氯乙烷	4.8	4.9	5.6	5.9	5.9	6.1	7.1
34	正庚烷	0.8	0.9	1.6	2.4	7.4	12.1	15.2
35	三氯乙烯	1.2	3.8	4.2	5.4	5.9	8.0	10.1
36	1,2-二氯丙烷	3.1	5.6	5.3	5.7	6.1	6.4	6.4
37	甲基丙烯酸甲酯	0.3	2.5	4.9	5.4	9.3	14.1	16.5

续表

序号	化合物名称	降解率						
		5d	10d	15d	20d	25d	30d	35d
38	1,4-二噁烷	9.6	14.3	15.3	15.9	18.5	20.2	22.0
39	一溴二氯甲烷	7.6	13.7	15.8	16.4	18.4	19.1	22.1
40	顺-1,3-二氯-1-丙烯	2.1	4.9	5.3	7.1	7.6	8.2	8.4
41	二甲二硫醚	5.1	7.2	9.2	10.7	15.2	17.2	18.0
42	4-甲基-2-戊酮	5.9	6.1	6.3	6.6	5.9	7.6	9.1
43	甲苯	1.8	2.6	3.4	5.4	5.1	6.4	7.3
44	反-1,3-二氯-1-丙烯	2.5	3.5	4.9	5.3	5.2	6.1	6.4
45	1,1,2-三氯乙烷	2.5	4.9	5.4	5.7	6.8	7.1	9.7
46	四氯乙烯	1.6	4.2	5.0	5.6	5.9	7.6	8.1
47	2-己酮	6.5	8.7	12.5	12.5	15.1	16.4	18.1
48	二溴一氯甲烷	1.6	3.8	4.2	5.2	7.6	8.4	9.1
49	1,2-二溴乙烷	5.2	5.9	6.2	6.7	6.2	6.6	6.9
50	氯苯	1.3	1.2	1.0	1.4	1.7	4.0	5.2
51	乙苯	0.9	0.8	1.2	3.5	3.3	3.7	5.3
52	间-二甲苯	0.8	0.9	1.2	3.5	3.3	5.1	13.6
53	对-二甲苯	0.8	1.5	2.4	4.2	5.6	9.1	14.0
54	邻-二甲苯	0.8	1.3	3.7	4.2	6.5	8.7	13.9
55	苯乙烯	0.1	0.9	1.7	1.7	3.6	4.1	14.9
56	三溴甲烷	2.6	2.8	4.8	5.4	7.8	9.2	12.1
57	四氯乙烷	1.1	1.3	4.6	5.4	5.1	7.6	8.1
58	4-乙基甲苯	1.8	2.1	3.4	3.8	8.5	10.5	14.8
59	1,3,5-三甲苯	0.7	2.4	3.5	3.9	4.3	5.1	10.6
60	1,2,4-三甲苯	2.8	2.5	3.3	5.3	5.3	8.2	11.2
61	1,3-二氯苯	3.0	2.9	2.8	3.7	3.9	4.2	5.6
62	对-二氯苯	1.6	1.9	2.9	3.2	3.8	4.5	4.2
63	氯代甲苯	2.5	3.5	5.9	6.4	7.5	8.5	9.4
64	邻-二氯苯	1.6	1.9	2.9	3.2	3.8	4.2	4.5
65	1,2,4-三氯苯	1.9	4.6	5.3	5.3	5.5	7.0	8.1
66	1,1,2,3,4,4-六氯-1,3-丁二烯	0.6	2.8	2.1	4.8	4.0	7.8	9.8
67	萘	2.1	3.4	3.1	4.0	5.1	5.1	6.0

表 5-7 实际样品保存期限测定结果 (单位：%)

序号	化合物名称	降解率						
		5d	10d	15d	20d	25d	30d	35d
1	2-丁酮	5.2	9.8	16.5	18.1	29.8	33.1	33.9
2	苯	2.7	3.6	4.9	5.2	6.7	8.5	9.0
3	三氯乙烯	1.8	4.2	5.0	5.6	7.5	8.9	10.5
4	1,2-二氯丙烷	2.1	5.4	6.5	7.2	6.8	7.5	8.1
5	甲苯	1.5	2.4	3.2	4.8	5.5	5.8	6.5
6	1,3-二氯苯	2.5	3.1	5.6	7.5	8.2	9.2	9.6
7	对-二氯苯	2.1	2.3	5.2	5.8	7.5	9.4	10.0
8	萘	1.6	2.5	2.3	2.9	4.2	5.1	5.6

5.2.2 溶液吸收法

该方法是采集气体样品中气态、蒸气态及某些气溶胶态污染物质的常用方法。采样时，用抽气装置将待测气体样品以一定流量抽入装有吸收液的吸收管(瓶)。采样结束后，倒出吸收液进行测定，根据测定结果及采样体积计算气体样品中污染物的浓度。

溶液吸收法的吸收效率主要取决于吸收速度和气样与吸收液的接触面积。要提高吸收速度，需要根据被吸收污染物的性质选择效能好的吸收液。常用的吸收液有水、水溶液和有机溶剂等。按照吸收原理可分为两种类型：一种是气体分子溶解于溶液中的物理作用，如用水吸收甲醇、丙酮等，用二硫化碳溶液吸收空气中的苯系物，用 5%的甲醇吸收有机农药，用 10%乙醇吸收硝基苯等；另一种是气体样品与吸收液发生化学反应，如用氢氧化钠溶液吸收空气中的硫化氢等。

吸收液的选择原则如下：①与被采集的污染物发生化学反应快或对其溶解度大；②污染物被吸收后有足够的稳定时间，以满足分析测定所需要时间的要求；③污染物被吸收后，应有利于下一步分析测定，最好能直接用于测定；④吸收液毒性小、价格低、易购买，且尽可能回收利用。

常用的吸收管(瓶)有气泡吸收管、冲击式吸收管和多孔筛板吸收管(瓶)，如图 5-3 所示。

(1)气泡吸收管。可装 5～10mL 吸收液，采样流量为 0.5～2.0L/min，适用于采集气态和蒸气态物质。对于气溶胶态物质，因不能像气态分子那样快速扩散到气液界面上，故吸收效率差。

(2)冲击式吸收管。有小型(装 5～10mL 吸收液，采样流量为 3.0L/min)和大型(装 50～100mL 吸收液，采样流量为 30L/min)两种，适宜采集气溶胶态物质。因为该吸收管的进气管喷嘴孔径小(1mm 或 2.3mm)，距瓶底很近(5mm)，所以当被采气样快速从喷嘴喷出冲向管底时，气溶胶颗粒因惯性作用冲击到管底被分散，从而易被吸收液吸收。冲击式吸收管不适合采集气态和蒸气态物质，因为气体分子惯性小，在快速抽气情况下易随空气一起跑掉。

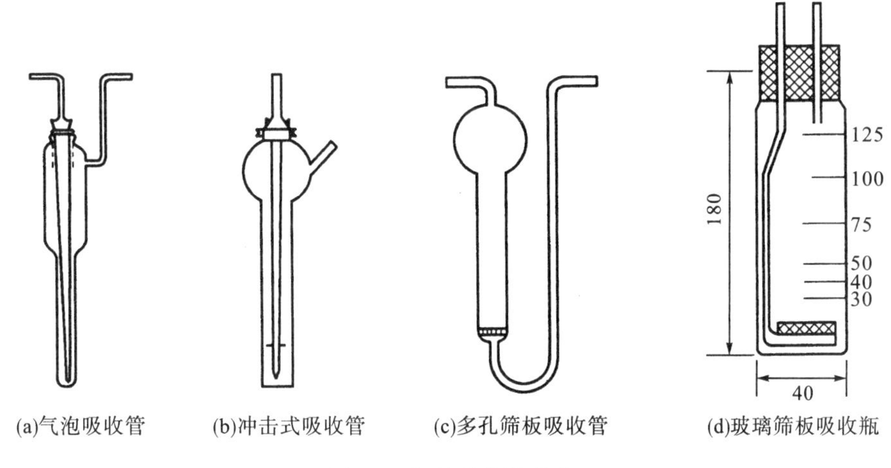

(a)气泡吸收管　(b)冲击式吸收管　(c)多孔筛板吸收管　(d)玻璃筛板吸收瓶

图 5-3　气体吸收管(瓶)

(3) 多孔筛板吸收管(瓶)。可装 5～10mL 吸收液，采样流量为 0.1～1.0L/min。吸收瓶有小型(装 10～30mL 吸收液，采样流量为 0.5～2.0L/min)和大型(装 50～100mL 吸收液，采样流量为 30L/min)两种。气样通过吸收管(瓶)的筛板后，被分散成很小的气泡，且阻留时间长，大大增加了气液接触面积，从而提高了吸收效果。多孔筛板吸收管(瓶)适合采集气态和蒸气态物质，也能采集气溶胶态物质。

5.2.3　吸附管采样

吸附管用长 6～10cm、内径 3～5mm 的玻璃管或内壁抛光经惰性处理的不锈钢管，内装颗粒状或纤维状填充剂制成。采样时，让气样以一定流速(0.02～0.5L/min)通过填充柱，使欲测组分因吸附、溶解或化学反应等作用被阻留在填充剂上，达到浓缩采样的目的。采样后，通过加热解吸或溶剂洗脱，使被测组分从填充剂上释放出来进行测定。填充剂根据阻留作用的原理，可分为吸附型、分配型和反应型 3 种类型。挥发性有机物常用的是吸附性阻留的方法。吸附性阻留的填充剂选择颗粒状固体吸附剂，如活性炭、硅胶、分子筛、高分子多孔微球等。这些多孔性物质比表面积大，对气体和蒸气有较强的吸附能力(物理吸附和化学吸附)。极性吸附剂如硅胶等对极性化合物有较强的吸附能力；非极性吸附剂如活性炭等对非极性化合物有较强的吸附能力。一般吸附能力越强，采样效率越高，但可能解吸较困难。故选择吸附剂时既要考虑吸附效率，又要考虑易于解吸。

环境空气的采样直接接抽气泵采集空气即可，废气中挥发性有机物的采样可以参考《固定污染源废气　挥发性有机物的测定　固相吸附-热脱附/气相色谱-质谱法》(HJ 734—2014)，采样系统如图 5-4 所示。

1.吸附采样管

可购买商品化的吸附采样管或者自行填装。吸附采样管应标记编号和气流方向。装填的固相吸附剂端面距离采样管入口至少 15mm，吸附床应完全在热脱附区域内。可以根据需要选用一种吸附剂，也可以选用两种或 3 种吸附剂，选择两种以上吸附剂时各吸附剂之间要用硅烷化的玻璃棉隔开，选用 3 种吸附剂时应按吸附剂吸附强度顺序填装。通常弱吸附剂比表面积小于 $50m^2/g$，中等强度的吸附剂比表面积在 $100\sim500m^2/g$ 的范围内，强吸附剂比表面积在 $1000m^2/g$ 左右。常用的吸附剂的粒径一般为 60～80 目，填装量为 200mg。对于多层吸附剂，总填装量一般为 450mg 左右。

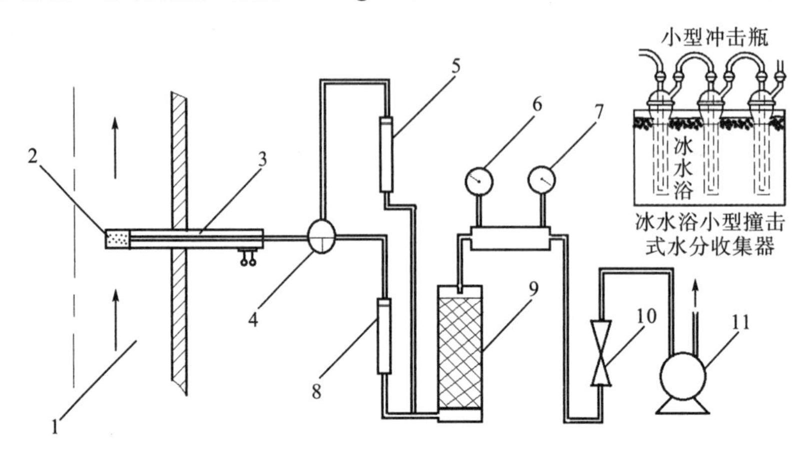

图 5-4 废气采样系统

1—排气管道；2—玻璃棉过滤头；3—采样枪；4—三通阀；5—旁路吸附管；6—温度计；7—压力表；8—吸附管；9—干燥器；10—恒流控制器；11—抽气泵

2.常用吸附剂、吸附剂组合及其适用范围

1）活性炭吸附剂

活性炭吸附剂属于非极性吸附剂和无机吸附剂，常用于吸附非极性和弱极性有机物，具有吸附容量大、吸附能力强和对水的吸附能力小等优点，适于吸附有机气体，尤其适合浓度低、湿度大的样品。

对于挥发性有机物，最常用的吸附剂为椰子壳活性炭，它价格便宜，对苯系物和一些卤代烃具有较高的吸附能力。美国国家职业安全卫生研究所（The National Institute for Occupational Safety and Health，NIOSH）和职业安全和健康管理局（Occupational Safety and Health Administration，OSHA）推荐的一些挥发性有机物如烷烃类（NIOSH 1500 方法）、芳香烃类（NIOSH 2005 方法）、氯代烃类（NIOSH 1003 方法）的通用方法均采用活性炭吸附。

活性炭吸附剂通常较少用于热脱附进样，这是因为：一方面活性炭吸附能力太强不易脱附，另一方面活性炭中含有一些金属成分，这些金属使有机物在加热过程中发生分解，因此国外已有一些改性活性炭产品用于热脱附。

2）硅胶吸附剂

硅胶吸附剂是一种极性吸附剂，对极性物质具有较强的吸附作用。与活性炭相比，硅胶吸附剂的吸附能力弱，吸附容量小，从硅胶上将吸附的物质解吸下来比较容易。硅胶主要用于乙酰胺、芳香胺和脂肪胺等的采样，解吸溶剂常用极性溶剂，如甲醇、乙醇等。

3）有机多孔聚合物吸附剂

与无机吸附剂相比，有机多孔聚合物吸附剂脱附温度低、疏水性强，广泛用于不同环境样品中各类挥发性有机物的分析。20 世纪 90 年代，有机多孔聚合物吸附剂开始得到广泛的应用。目前，有机多孔聚合物吸附剂有 Tenax、Porapak、Chromosorb、Amberlite 等系列，其组成及主要性质如表 5-8 所示。

表 5-8　多孔聚合物吸附剂

吸附剂	组成	比表面积/(m^2/g)	使用温度极限/℃
Tenax GC	聚(2,6-二苯基-*p*-苯乙烯基氧化物)	19～30	450
Tenax TA	聚(2,6-二苯基-*p*-苯乙烯基氧化物)	35	300
Tenax GR	聚(2,6-二苯基-*p*-苯乙烯基氧化物)+23%石墨化碳	—	350
Chromosorb 101	聚(苯乙烯-二乙烯基苯)	350	275
Chromosorb 102	聚(苯乙烯-二乙烯基苯)	350	250
Porapak N	聚乙烯吡咯烷酮	220～350	190
Porapak Q	聚(乙基乙烯苯-二乙烯苯)	500～600	250
Amberlite XAD-2	聚(苯乙烯-二乙烯基苯)	300	200
Amberlite XAD-2	聚(苯乙烯-二乙烯基苯)	750	150
Heyesep A	二乙烯基苯-二乙二醇二甲基丙烯酸酯共聚物	526	165
Heyesep D	二乙烯基苯聚合物	795	290

4)组合吸附剂

组合 1 吸附采样管：内装Tenax GR、Carbopack B，长度分别为 30mm、25mm。适用于 C_6～C_{20} 范围内的化合物，在环境温度的任何湿度下采样体积可达 2L，对于 C_7 以上的化合物采样体积可扩大到 5L。老化温度 330℃，老化流量 100mL/min。具相同功能国产组合吸附采样管：内装 GDX502 和 GDX101 或 GDX201，填充长度分别为 30mm 和 20mm，热解吸温度 220℃，老化温度 240℃，自行填装时可选用。

组合 2 吸附采样管：内装Carbopack B、Carboxen 1000，长度分别为 30mm、10mm。适用于 C_3～C_{12} 范围内的化合物。在湿度低于 65%、温度低于 30℃(含湿量<1.8%)时，可采集气体样品 2L；在湿度高于 65%、温度高于 30℃(含湿量>1.8%)时，采样体积应降到 0.5L；对于 C_4 以上的化合物，采样体积可增加到 5L。老化温度 350℃，老化流量 100ml/min。

组合 3 吸附采样管：内装Carbopack C、Carbopack B、Carboxen 1000，长度分别为13mm、25mm、13mm。适用于 C_3～C_{16} 范围内的化合物。在湿度低于 65%、温度低于 30℃(含湿量<1.8%)时，可采集气体样品 2L；在湿度高于 65%、温度高于 30℃(含湿量>1.8%)时，采样体积应降到 0.5L；对于 C_4 以上的化合物，采样体积可增加到 5L。老化温度 350℃，老化流量 100mL/min。

3.吸附剂的吸附容量和测定方法

吸附容量是衡量一种吸附剂对某种化合物吸附能力的主要标志，吸附剂的吸附容量常用穿透体积表示。穿透体积是指当含有一定浓度(或一定量)待测物质的空气通过采样管后，在采样管出口端检出进样浓度(量)的 5%时，采样管所通过的空气体积。由于穿透体积不易测定，因此一般通过测定 20℃时的保留体积来计算吸附剂的吸附容量。

保留体积是指当载气通过采样管时，将一定浓度的待测物质从入口处带到出口处所需要的载气体积。保留体积的测定一般是将采样管作为色谱柱(或用与采样管相同的填充柱填充相同质量吸附剂)测定待测物质的保留体积，再减去甲烷的死体积。

吸附剂的保留体积主要与待测物质的种类和实验温度有关。根据色谱理论，分析物在色谱柱的保留体积=校准保留时间×载气流速。由于在 20℃，一些物质在一些吸附剂上的保留时间可能长达几个小时甚至数十个小时，因此不宜在室温下测定保留体积。

保留体积与温度有如下关系：

$$\lg V = \frac{A}{T} + C$$

式中，V 为保留体积(L)；T 为绝对温度(K)；A 为 $\Delta H / R$，ΔH 为吸附热焓；C 为常数。

根据上述公式，选取几个温度点，建立温度与保留体积的线性关系，通过回归方程外推到 20℃时的保留体积。对于温度点的设定，如果吸附剂吸附能力强，为缩短测定时间可以选用较高的温度；如果吸附剂吸附能力弱，可以选用较低的温度以保证保留时间测定的准确性。

对于实际样品的采集，为保证采样时采样管不穿透，通常采样体积要小于安全采样体积。安全采样体积指当含有一定浓度的待测物质的空气通过采样管后，在采样管出口端检测不到待测物质时通过的最大空气体积。一般将穿透体积的 2/3 定为安全采样体积。

固体吸附剂采样时，一般选用的流量是 0.01～1L/min。如果使用很低的流量，还应考虑分析物质在吸附剂上的扩散作用，因此在采样时应防止扩散作用，采样流速不应太低，但流速升高会降低吸附剂的吸附容量。对于外径为 6mm 的采样管，最佳的采样流量为 50mL/min，实际推荐的采样流量为 10～200mL/min，流量超过 200mL/min 或低于 10mL/min 将产生较大的误差。采样所需的时间应该根据安全采样体积和仪器的灵敏度来决定。

《固定污染源废气　挥发性有机物的测定　固相吸附-热脱附/气相色谱-质谱法》(HJ 734—2014)给出了组合 1 吸附采样管的安全采样体积，如表 5-9 所示。

表 5-9　组合 1 吸附采样管对部分低沸点挥发性有机物的安全采样体积

化合物名称	安全采样体积/mL					化合物沸点/℃
	0℃	20℃	40℃	60℃	80℃	
乙酸甲酯	6502	1210	242	67	23	57.8
乙酸乙酯	34776	5141	953	227	68	77.0
戊烷	2614	1062	414	185	74	36.0
正己烷	27920	10832	4015	1567	644	69.0
丙醇	2672	1026	403	157	62	97.1
异丙醇	1808	723	284	114	47	82.5
丙酮	2592	756	216	65	21	56.5
甲醇	179	75	31	13	6	64.5
乙醇	574	238	94	38	16	78.3

续表

化合物名称	安全采样体积/mL					化合物沸点/℃
	0℃	20℃	40℃	60℃	80℃	
1,2-二氯乙烷	8370	2769	903	320	116	83.5
1,2-二氯乙烯	2204	760	291	111	45	60.2
二氯甲烷	1565	522	185	68	26	39.8

4.吸附采样管的选择

固定源排气中挥发性有机物的采样应选用方法推荐的 3 种组合吸附采样管。组合 1 吸附采样管 40℃时不适用于丁烷、戊烷、二氯甲烷、甲醇、乙醇、丙酮、乙腈的采样；组合 2 吸附采样管不适用于十二烷、硝基苯、苯酚的采样；组合 3 吸附采样管不适用于苯酚的采样。对于已知成分的挥发性有机物，也可选用其他适合的吸附管采样。预监测时可选用组合 3 吸附采样管采样，用质谱全扫描方式对化合物定性。正式监测时采用组合 1 吸附采样管采样和定性定量，并确定低沸点有机物满足最少 300mL 采气量的采样条件。

《固定污染源废气　挥发性有机物的测定　固相吸附-热脱附/气相色谱-质谱法》(HJ 734—2014)给出了组合 1 吸附采样管和组合 2 吸附采样管的相关实验数据。

1μmol/mol 的 TO-15 标准混合气体 25 种组分充入 3L Tedlar 气袋约 2L。气袋连接组合 1 吸附采样管，组合 1 吸附采样管连接采样装置。为保护采样装置，组合 1 吸附采样管采样时后接一根防穿透的组合 3 吸附采样管。组合 1 吸附采样管标准曲线分别采气 60mL、100mL、150mL 和 200mL。25 个目标物有 24 个出峰，其中丙烯没有出峰。溴乙烯标准曲线相关系数仅 0.414，小于临界值 0.94。适合组合 1 吸附采样管采样的目标化合物如表 5-10 所示。

表 5-10　组合 1 吸附采样管目标化合物精密度和准确度数据

序号	目标化合物	6 次平均值/(μmol/mol)	标准偏差/(μmol/mol)	相对标准偏差/%	回收率/%
1	1,3-丁二烯	1.17	0.04	3	117
2	溴乙烯	0.31	0.12	38	31
3	丙酮	1.02	0.13	13	102
4	异丙醇	1.12	0.03	3	112
5	烯丙基氯	1.13	0.09	8	113
6	二硫化碳	0.96	0.17	17	96
7	反-1,2-二氯乙烯	1.26	0.02	2	126
8	甲基叔丁基醚	1.23	0.03	2	123
9	乙酸乙烯酯	1.19	0.07	6	119
10	甲乙酮	1.47	0.06	4	147
11	正己烷	1.29	0.03	2	129

续表

序号	目标化合物	6 次平均值 /(μmol/mol)	标准偏差 /(μmol/mol)	相对标准偏差/%	回收率/%
12	乙酸乙酯	1.24	0.06	5	124
13	四氢呋喃	1.31	0.11	8	131
14	环己烷	1.35	0.05	3	135
15	2,2,4-三甲基戊烷	1.13	0.21	18	113
16	1,4-二氧六环	1.42	0.22	16	142
17	正庚烷	1.27	0.07	5	127
18	一溴二氯甲烷	1.24	0.07	6	124
19	甲基异丁基甲酮	1.19	0.12	10	119
20	2-己酮	1.07	0.16	15	107
21	二溴一氯甲烷	1.21	0.14	12	121
22	三溴甲烷	1.16	0.25	21	116
23	4-乙基甲苯	0.92	0.21	22	92
24	氯化苄	0.77	0.23	29	77

1μmol/mol 的 TO-15 标准混合气体 65 种组分充入 3L Tedlar 气袋约 2L。气袋连接组合 3 吸附采样管，组合 3 吸附采样管连接采样装置分别采气 60mL、100mL、150mL 和 200mL。组合 3 吸附采样管 270℃解吸 65 个目标物中有 8 个未出峰：丙烯、二氯二氟甲烷、氯甲烷、氯乙烯、溴甲烷、氯乙烷、乙醇、1,2,4-三氯苯。出峰的 57 个目标物中有 8 个响应极低：二氯甲烷、1,4-二氧杂环、1,3-二氯苯、苄基氯、1,4-二氯苯、1,2-二氯苯、萘、六氯-1,3-丁二烯。出峰的 57 个目标物中 48 个标准曲线相关系数大于 0.94，线性显著。适合组合 3 吸附采样管采样的目标化合物如表 5-11 所示。

表 5-11 组合 3 吸附采样管目标化合物精密度和准确度数据

序号	目标化合物	5 次平均值 /(μmol/mol)	标准偏差 /(μmol/mol)	相对标准偏差/%	回收率/%
1	1,2-二氯四氟乙烷	—	—	—	—
2	1,3-丁二烯	2.21	0.07	3	221
3	三氯氟甲烷	1.63	0.11	7	163
4	丙烯醛	—	—	—	—
5	丙酮	0.75	0.03	4	75
6	异丙醇	1.53	0.03	2	153
7	1,1-二氯乙烯	1.08	0.02	2	108
8	1,1,2-三氯-1,2,2-三氟乙烷	1.31	0.01	1	131
9	二氯甲烷	—	—	—	—
10	二硫化碳	0.90	0.07	7	90

续表

序号	目标化合物	5 次平均值 /(μmol/mol)	标准偏差 /(μmol/mol)	相对标准偏差/%	回收率/%
11	顺-1,2-二氯乙烯	1.13	0.04	4	113
12	氯丙烯	1.11	0.04	4	111
13	甲基叔丁基醚	1.23	0.04	3	123
14	乙酸乙烯酯	1.20	0.06	5	120
15	2-丁酮	1.74	0.11	6	174
16	正己烷	1.12	0.06	5	112
17	反-1,2-二氯乙烯	1.08	0.04	4	108
18	乙酸乙酯	1.34	0.10	8	134
19	氯仿	1.50	0.05	3	150
20	四氢呋喃	1.28	0.13	10	128
21	1,1,1-三氯乙烷	1.08	0.06	5	108
22	1,2-二氯乙烷	1.06	0.06	6	106
23	苯	1.48	0.12	8	148
24	四氯化碳	1.07	0.07	7	107
25	环己烷	1.57	0.10	7	157
26	正庚烷	1.06	0.12	11	106
27	三氯乙烯	1.43	0.17	12	143
28	1,2-二氯丙烷	1.53	0.15	10	153
29	1,4-二氧六环	2.74	0.88	32	274
30	甲基丙烯酸甲酯	1.05	0.16	15	105
31	一溴二氯甲烷	1.73	0.23	13	173
32	甲基异丁基甲酮	1.00	0.16	16	100
33	顺-1,3-二氯丙烯	1.24	0.20	16	124
34	反-1,3-二氯丙烯	1.10	0.21	19	110
35	甲苯	1.03	0.17	16	103
36	1,1,2-三氯乙烷	1.21	0.21	17	121
37	2-己酮	0.94	0.17	19	94
38	二溴一氯甲烷	1.17	0.22	19	117
39	四氯乙烯	1.05	0.20	19	105
40	1,2-二溴乙烷	1.09	0.22	20	109
41	氯苯	0.97	0.20	20	97
42	乙苯	0.93	0.17	19	93
43	间/对-二甲苯	0.87	0.16	19	87
44	苯乙烯	0.90	0.17	19	90
45	邻-二甲苯	0.87	0.17	19	87
46	三溴甲烷	0.97	0.19	20	97
47	1,1,2,2-四氯乙烷	0.92	0.18	19	92

续表

序号	目标化合物	5次平均值/(μmol/mol)	标准偏差/(μmol/mol)	相对标准偏差/%	回收率/%
48	4-乙基甲苯	0.82	0.22	27	82
49	1,3,5-三甲基苯	0.92	0.15	16	92
50	1,2,4-三甲基苯	0.86	0.19	22	86
51	1,3-二氯苯	0.86	0.13	16	86
52	氯化苄	—	—	—	—
53	1,4-二氯苯	—	—	—	—
54	1,2-二氯苯	—	—	—	—
55	萘	—	—	—	—
56	六氯-1,3-丁二烯	—	—	—	—

5.吸附管采样注意事项

吸附管采样时，需要注意几个问题：①当采样流量过大、污染物浓度过高或吸附剂对组分吸附能力差时，会发生采样体积的穿透，且穿透体积随温度变化，可通过两管串联采样考查回收率；②大部分吸附剂在使用一段时间后会产生一定的背景干扰，这主要由吸附剂本身的热解所致；③新购买的吸附剂往往含有杂质，新装填的采样管在使用前需要活化处理。

5.2.4 低温冷凝法

某些沸点较低的气态污染物质，如烯烃类、醛类等，在常温下用固体填充剂等法富集效果不好，而低温冷凝法可提高采集效率。低温冷凝法是将 U 形或蛇形采样管插入冷阱中，空气流经采样管时，被测组分因冷凝而凝结在采样管底部，达到分离与富集的目的。如用气相色谱法测定，可将采样管与仪器进气口连接，移去冷阱，在常温或加热情况下气化，进入仪器测定。

制冷的方法有半导体制冷器法和制冷剂法。常用制冷剂有冰(0℃)、冰-盐水(-10℃)、干冰-丙酮(-78℃)、液氮(-190℃)等。

该法采样量大、组分稳定、效果好，但空气中的水蒸气、二氧化碳等也会同时冷凝，气化时，这些组分增大了气体总体积，从而降低了浓缩效果。为此，可在采样管的进气端装置选择性过滤器(内装过氯酸镁、碱石棉、氯化钙等)，但所用干燥剂和净化剂不能与被测组分发生作用，以免引起被测组分损失。

5.2.5 固相微萃取法

固相微萃取法是 20 世纪 90 年代初由加拿大学者 J.Pawliszyn 首先提出的样品前处理方法。该法操作简单，无须有机溶剂，集采样、萃取、浓缩和进样于一体。

固相微萃取装置由萃取头和手柄两部分组成，采样时利用手柄将萃取头推出，使其直接暴露于室内空气中进行采样，无须动力。该法的关键在于萃取头，其上 1cm 处的熔融石英细丝表面涂有聚合物。常见的萃取头以聚二甲基硅氧烷为涂层，它对于非极性化合物有非常好的选择性。以聚丙烯酸酯为涂层的萃取头适用于采集极性化合物，主要用于分析有机氯、酚类等。涂层的厚度影响化合物的采集，100μm 的聚二甲基硅氧烷适用于低沸点、易挥发的非极性化合物，7μm 的聚二甲基硅氧烷适用于中等挥发、高沸点的非极性化合物。采样结束后，旋进萃取头即可。分析时，将该装置直接插入气相色谱仪的进样口，推出萃取头，吸附在萃取头上的有机物就会在进样口进行热解吸，随载气进入毛细管柱进行测定。由于解吸时没有溶剂注入，且分析物很快被解吸送入气相色谱，因此所用的毛细管柱可以很短很细，从而可加快分析速度。

5.2.6　衍生化采样

衍生化采样方法是指使用试剂与目标化合物发生化学反应而不可逆地采集目标化合物的方法。挥发性有机物的采集一般采用装有加入过量衍生化试剂的惰性基质的采样管。使用衍生化采样方法需要结合目标化合物的化学特性及进一步的分析要求来决定采用的衍生化方法及试剂。这一方法适用于活性气体(如有机酸)、低挥发性的有机气体(如有机胺、羧酸和酚类)、能通过化学转化生成相对稳定或者易进行监测的化合物(如醛、酮类)。

使用填充了涂渍 2,4-二硝基苯肼的采样管采集一定体积的空气样品，样品中的醛酮类化合物经强酸催化与涂渍于硅胶上的 2,4-二甲基苯肼反应，生成稳定有颜色的腙类衍生物。经乙腈洗脱后，使用液相色谱对醛酮类化合物进行分析是最常见的衍生化分析方法。

5.2.7　被动采样

被动采样是指利用气体分子扩散的原理进行样品收集的方法。被动采样的特点是简单、成本低、无须动力、无噪声、体积小等，最早主要用于个体暴露和环境暴露评价，可以每 8h 或更长时间采集一次，是一种时间加权平均的采样方式，可以大大减少采样和分析工作量。

被动采样目前已广泛用于监测空气中的二氧化硫、氮氧化物、挥发性有机物、甲醛、持久性有机污染物等。

5.3　样品前处理技术

5.3.1　溶剂解吸技术

选择活性炭作吸附剂对苯系物、氯苯类等挥发性有机物进行采样后，将吸附剂倒入具塞试管中，再加入 1mL 二硫化碳解吸，取 1μL 进样分析，此操作使灵敏度降低为原来的 1/1000，适合较高浓度 VOCs 的测定。目前使用溶剂解吸技术的主要标准分析方法有《环境空气　苯系物的测定　活性炭吸附/二硫化碳解吸-气相色谱法》(HJ 584—2010)和《环境空气　挥发性卤代烃的测定　活性炭吸附-二硫化碳解吸/气相色谱法》(HJ 645—2013)

等。溶剂解吸存在以下一些缺点：方法灵敏度低；使用二硫化碳解吸，本底干扰大，杂质峰多，二硫化碳需要提纯；使用二硫化碳对人体和环境造成的危害较大；操作过程复杂。但溶剂解吸对于仪器设备的要求低，不需要另外购置样品前处理设备，只要具备气相色谱或气相色谱-质谱联用仪就可以开展工作。

5.3.2 热解吸技术

热解吸技术也叫热脱附技术，是指利用热量和惰性气体将挥发性有机物从固体或液体样品中洗脱出来，并直接利用载气将挥发性有机物传送至气相色谱仪，通过气相色谱仪的分离后由不同检测器检测的方法。目前较好的自动热解吸仪一般具备二次解吸功能，同时也支持二次分流，可根据样品浓度大小选择分流模式，其工作流程如图 5-5 所示。在热解吸仪上安装好吸附管后，通氮气吹扫吸附管，把在吸附管中的氧气、水分等其他气体吹出来，避免在加热吸附管的时候使管内的化合物发生反应；加热吸附管，使吸附管中的挥发性有机物流出到冷阱中（一部分可设置分流出去），这时挥发性有机物就保留在冷阱中（温度可达到-30℃）；接着快速加热冷阱（可达 40℃/s）使有机物快速进入气相色谱仪或气相色谱-质谱仪中进行分析。其分流比可通过调节进口分流流量、解吸流量、出口分流流量来控制。

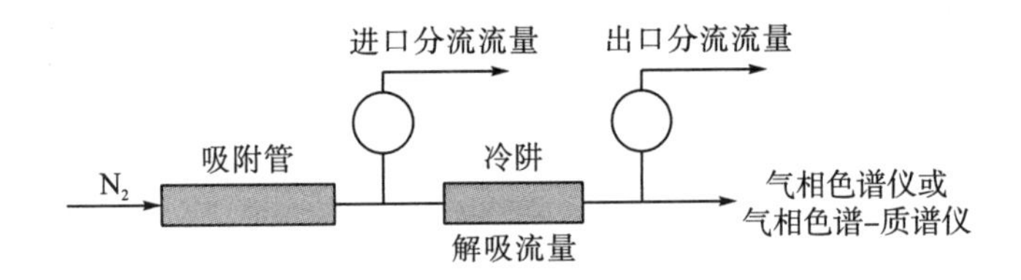

图 5-5 热解吸技术工作原理图

热解吸技术不需要使用溶剂，适用于挥发性和部分半挥发性有机物的前处理。热解吸与溶剂解吸相比较，具有以下优点：可全部进样；不需要使用有毒有机溶剂，无溶剂峰，不带入其他杂质；检测灵敏度大大提高（比溶剂洗脱法提高了 1000 倍）；可靠性好，脱附效率高，可达 95%以上；操作方便，可实现自动化；运行成本低，吸附管可重复使用。但热脱附法需要专门的热脱附仪，前期对设备的投入较大。

5.3.3 冷阱预浓缩技术

为了获得期望的检出限（1～2nmol/mol），室内空气样品在被注入气相色谱柱进行分离之前必须浓缩。空气中水蒸气和二氧化碳比待测有机组分浓度高 4～8 个数量级，样品注入气相色谱仪之前同样需要除掉水和二氧化碳。冷阱预浓缩在除去水和二氧化碳的同时并不会导致目标分析物损失。预浓缩方法可选择冷捕集脱水法及微量吹扫和捕集法。两种方法均采用三级冷阱模式，第一级冷阱将气态的水变成固态的冰，从而实现样品和水的分离；第二级冷阱使待测化合物与二氧化碳及其他空气中无机成分分离，然后聚焦在第三级冷阱进一步浓缩。两种预浓缩方法的不同之处在于：冷捕集脱水法第一级冷阱为一个空的

1/8″×14″硅烷化冷阱，而微量吹扫和捕集法的第一级冷阱采用的是玻璃珠填料冷阱，不同的化合物可根据情况选择预浓缩方式。通过预浓缩，可把 1mL 到几千毫升的样品浓缩到几μL，急剧加热第三级冷阱可以将浓缩后样品通入气相色谱或气相色谱-质谱仪中进行分析。具体的工作流程如图 5-6 所示。

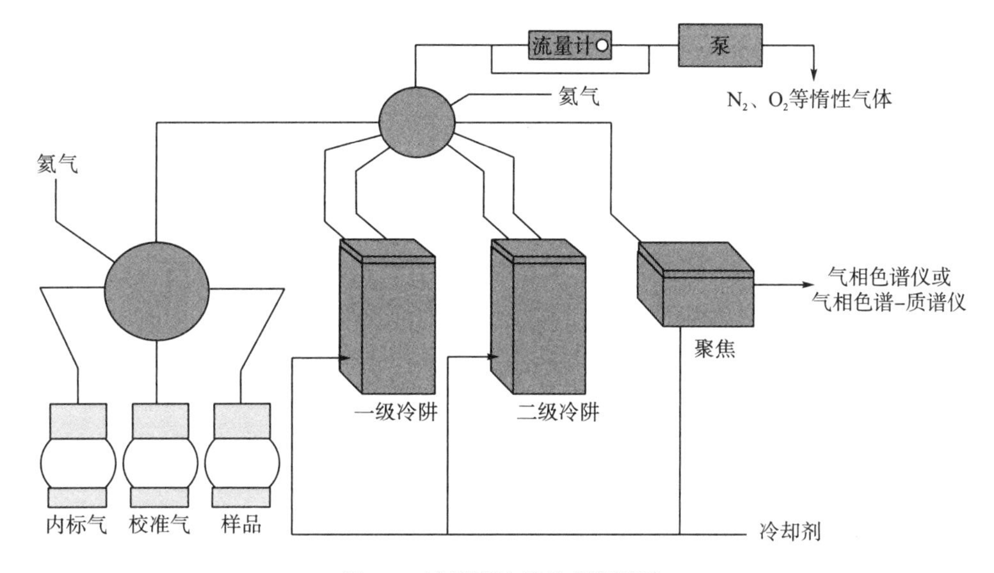

图 5-6　冷阱预浓缩技术流程图

冷阱预浓缩技术常选择液氮作为冷却剂，但也可使用填充吸附性冷阱浓缩仪，即采用电子制冷并结合吸附剂技术，在冷阱中填充专用的吸附剂进行组合，其适合大多数挥发性有机物的分析测试应用需求，使用成本较低，且可实现在线监测。目前大多数 VOCs 在线监测设备使用电子制冷技术。

5.4　仪器分析技术

5.4.1　气相色谱

气相色谱的流动相一般为惰性气体(如氮气、氦气等)，固定相为表面积大且具有一定活性的吸附剂。当载气把被分析的气态混合物带入装有固定相的色谱柱时，由于各组分与固定相间发生吸附、脱附或溶解、离子交换等物理化学过程，各组分的分子在载气和固定相的两相间分配系数有差异，经反复多次分配，不同组分在色谱柱上移动速度不同，各组分得到分离。然后各组分按先后次序进入检测器中，被检测、记录下来。

气相色谱系统由气源、色谱柱、柱箱、检测器和记录器等部分组成。气源提供色谱分析所需要的载气，即流动相，载气需要经过纯化和恒压的处理。气相色谱的色谱柱根据结构可以分为填充柱和毛细管柱两种。填充柱比较短粗，直径在 5mm 左右，长度为几米，外壳材质一般为不锈钢，内部填充固定相填料；毛细管柱由玻璃或石英制成，内径不超过

0.5mm，长度为数十米到 100m，柱内为填充填料或涂布液相的固定相。柱箱是保护色谱柱和控制柱温度的装置，在气相色谱中，柱温常常会对分离效果产生很大影响，特别是程序温度控制，对多组分的分离效果起到至关重要的作用，因此柱箱扮演了非常重要的角色。检测器是将被测组分的量转换成电信号的装置，其中最常用的是火焰离子化检测器、电子捕获检测器、火焰光度检测器、光离子化检测器和氩离子检测器等。火焰离子化检测器用于苯系物等挥发性有机物的分析；电子捕获检测器用于挥发性卤代烃的分析；火焰光度检测器用于有机硫化合物的微量分析；光离子化检测器和氩离子检测器用于对有毒有害物质的痕量分析，在很多便携式气相色谱上应用较广。

在经典的柱色谱和薄层色谱中，对样品的分离和检测是分别进行的，而气相色谱则实现了分离与检测的结合。记录器是记录色谱信号的装置，早期的气相色谱使用记录纸和记录器进行记录，现在记录工作都依靠计算机完成，并能对数据进行处理。气相色谱已经被广泛应用于对易挥发、热稳定性好的物质的定量分析。

由于气相色谱使用较普遍，早期的挥发性有机物分析方法都使用气相色谱进行分析。气相色谱使用简单、成本较低，目前也有较多挥发性有机物的标准分析方法选择使用气相色谱技术，如《环境空气　挥发性卤代烃的测定　活性炭吸附-二硫化碳解吸/气相色谱法》(HJ 645—2013)、《环境空气　苯系物的测定　活性炭吸附/二硫化碳解吸-气相色谱法》(HJ 584—2010)、《环境空气　苯系物的测定　固体吸附/热脱附-气相色谱法》(HJ 583—2010)和《固定污染源废气　总烃、甲烷和非甲烷总烃的测定　气相色谱法》(HJ 38—2017)等。

5.4.2　气相色谱-质谱联用

气相色谱-质谱联用技术是将气相色谱与质谱通过适当接口相结合，借助计算机技术，进行联用分析。在各种联用技术中，气相色谱-质谱联用是较成熟的两谱联用技术之一，也是目前应用最为广泛的联用技术。气相色谱-质谱联用被广泛应用于复杂组分的分离与鉴定，因为同时具有气相色谱的高分离能力和质谱的高分辨率、高灵敏度，所以它是环境样品、生物样品及药物与代谢物定性定量的有效工具。

由于气相色谱通过化合物的保留时间进行定性分析，因此在分析复杂组分混合物的过程中很难通过单根色谱柱和单种检测器对目标化合物进行准确的定性分析，而且复杂基质的基底效应及基线噪声过大等因素也会极大地影响目标化合物的定量分析，传统的气相色谱分析方法已经不能满足日常工作的需要。而气相色谱-质谱联用技术不仅可以对复杂混合物组分做出定性鉴定，还可以对复杂混合物中的目标化合物做出准确地定量，很好地解决了气相色谱在分析复杂物质时定性定量不够准确的难题。目前气相色谱-质谱联用是从事有机物分析最主要的定性定量手段，随着它的小型化、便携化发展，其已经走出实验室向现场分析发展，除日常例行检测外还可在环境突发应急污染事故中发挥重要作用。

目前很多空气中挥发性有机物的标准分析方法都使用气相色谱-质谱联用技术，如《环境空气　挥发性有机物的测定罐采样/气相色谱-质谱法》(HJ 759—2015)、《固定污染源废气　挥发性有机物的测定　固相吸附-热脱附/气相色谱-质谱法》(HJ 734—2014)和《环境空气　挥发性有机物的测定　吸附管采样-热脱附/气相色谱-质谱法》(HJ 644—2013)等。

5.4.3 高效液相色谱

液相色谱法是根据待测物质在流动相和固定相之间作用力或分配系数不同进行分离，然后用紫外或荧光检测器等进行检测的分析方法。当待测组分随着流动相经过液相色谱柱时，不同物质由于在两相间的作用力不同而依次被分离开，通过检测器得到不同的峰信号，最后根据保留时间和峰面积对各组分进行定性和定量测定。液相色谱在挥发性有机物的分析中应用较少，标准分析方法目前有《空气 醛、酮类化合物的测定 高效液相色谱法》(HJ 683—2014)。

5.4.4 傅里叶红外检测

当波长连续变化的红外光照射被测目标化合物分子时，与分子固有振动频率相同的特定波长的红外光被吸收，将照射分子的红外光用单色器色散，按其波数依序排列，并测定不同波数被吸收的强度，便得到红外吸收光谱。根据样品的红外吸收光谱与标准物质的拟合程度定性，根据特征吸收峰的强度定量或半定量。傅里叶红外检测仪的特点是：①分析速度快，可在几秒钟内一次性给出多种污染物的浓度；②定性功能较强，可同时对近300种有机和无机物质同时定性；③操作简单，几乎没有样品前处理过程；④经过标定后，在测定过程中无须标样；⑤维护量小，运行过程耗材少，适合野外作业。但是该技术光谱干扰严重，难以对复杂环境气体进行定性定量，空气中的水蒸气又会对测试结果严重干扰，对于含量低于 1×10^{-6} 级的污染物基本难以定性和定量。美国环境保护署有方法 EPA 320《气相有机和无机排放物的测定——抽气式傅里叶变换红外光谱法》，我国也在 2017 年 12 月发布了《环境空气 挥发性有机物的测定 便携式傅里叶红外仪法》(HJ 919—2017)和《环境空气 无机有害气体的应急监测 便携式傅里叶红外仪法》(HJ 920—2017)，其中 HJ 919 规定了测定环境空气中丙烷、乙烯、丙烯、乙炔、苯、甲苯、乙苯和苯乙烯 8 种挥发性有机物的分析方法。

5.4.5 移动式或在线监测设备

便携式气相色谱仪具有质量小、空间结构紧凑、易于移动位置和重新安装等优点，这类仪器均自带电池和气体源，并配有样品泵、远距离或近距离控制软件，以及便携式吹扫捕集、集合热解吸技术等。便携式气相色谱仪常用的载气有超纯空气(用于光离子化检测器，其中的碳氢化合物必须低于 10^{-7} 级)、氩气(用于氩离子检测器和微氩离子检测器)、氮气和氦气等。可使用的色谱柱有填充柱或毛细管柱，且可并联多根不同性能的色谱柱，分别用于分离重、较重和较轻的组分。便携式气相色谱仪也有多种检测器可供选择，常见监测器的特点及应用范围如表 5-12 所示。

移动式气相色谱-质谱联用仪有便携式和车载式两种，包括采样、读数、记录和分析，将最先进的质谱技术和最灵敏的色谱技术小型化，能现场快速定性及定量分析出空气中未知的挥发性有机物和部分半挥发有机物。

表 5-12 便携式气相色谱仪不同检测器的特点及应用范围

<table>
<tr><th colspan="2">检测器种类</th><th>特点</th><th>主要检测对象</th></tr>
<tr><td colspan="2">火焰离子化检测器</td><td>通用性</td><td>烃类物质</td></tr>
<tr><td colspan="2">电子捕获检测器</td><td>灵敏、选择性</td><td>电负性化合物</td></tr>
<tr><td colspan="2">光离子化检测器</td><td>灵敏、选择性</td><td>芳香族及其他不饱和化合物</td></tr>
<tr><td colspan="2">火焰光度检测器</td><td>灵敏、选择性</td><td>含硫或含磷化合物</td></tr>
<tr><td colspan="2">脉冲式火焰光度检测器</td><td>比火焰光度检测器更灵敏、更精确</td><td>含氮、含硫或含磷有机物及某些金属</td></tr>
<tr><td colspan="2">卤素检测器</td><td>灵敏、选择性</td><td>含氯的化合物</td></tr>
<tr><td colspan="2">氩离子检测器</td><td>灵敏、选择性</td><td>卤代烃类化合物</td></tr>
<tr><td colspan="2">微氩离子检测器</td><td>体积小、灵敏、使用寿命长</td><td>芳香族化合物</td></tr>
<tr><td colspan="2">热导池检测器</td><td>广谱性、检测限高</td><td>天然气</td></tr>
<tr><td rowspan="3">检测器联用</td><td>火焰光度检测器/
火焰离子化检测器</td><td rowspan="3">扩大被检测化合物的范围，降低假阳性干扰</td><td>含硫、含磷及含碳化合物</td></tr>
<tr><td>光离子化检测器/
火焰离子化检测器</td><td>芳香族及含碳有机物</td></tr>
<tr><td>光离子化检测器/
卤素检测器</td><td>芳香族和含氯化合物</td></tr>
</table>

气相色谱-质谱联用仪具有独立的气相色谱-质谱测量系统，包括采样系统、色谱系统、色谱-质谱连接系统、质谱系统，其中新型的直接进样探头大大简化了测量程序。独特的微阱浓缩技术与程序升温功能可使检测限低至 10^{-12} 级，可检测范围更宽。该类仪器一般采用 NIST 谱库，涵盖 10 万多张标准谱图，AMDI 谱库包括近 1000 种对人体有毒有害的气体的标准谱图。配套的软件自动完成数据的转换、谱图的形成和分析、色谱图和质谱图的切换、未知物谱图和标准谱图的对比、报告的记录和打印等功能，可以保证实时的分析和数据的后处理。其采用总离子流和单离子检测扫描两种方式进行检测和实时监测，针对不同的应用提供不同的检测方式，更方便快捷。其附属的全球定位系统和自动记录系统可存储采样的地点和时间，并易于记录和报告。

在线监测设备主要有在线气相色谱-质谱/氢火焰离子化检测器和质子转移反应质谱仪等几种方式。在线气相色谱-质谱/氢火焰离子化检测器可实现在一次进样中完成对 C_2～C_{12} 烃类、苯系物等近百种 VOCs 的分离和测定。一个分析过程包括 5 个主要步骤：样品采集、冷冻捕集、加热解吸、GC-MS/FID 分析和系统加热反吹。常用的在线监测系统一般为双气路采样，样品在采样泵的动力下被抽入低温预浓缩系统，在低温下被冷冻富集在捕集柱上，随后系统进入热解吸状态，两个通道的捕集柱分别被加热，目标化合物解吸后分别带入两路色谱柱和监测器中，其中一路（C_2～C_5 的碳氢化合物）由火焰离子化检测器监测器检出，另一路（C_5～C_{12} 的碳氢化合物、卤代烃和含氧有机物等）由质谱检测器检出。质子转移反应质谱仪由采样泵、离子源、漂移管和离子检测器等组成，主要利用不同 VOCs 的质子亲和性，以 H_3O^+ 作为质子源，VOCs 样品分子在离子漂移反应管中与 H_3O^+ 发生质子转移反应，然后被离子化的目标化合物逐个进入离子检测系统。质子转移反应质谱仪的优点：对单一化合物的响应速度快，一般只需 200ms；不需要样品预浓缩和色谱分离系统，大大缩短分析时间；检测限较低，对 VOCs 有较宽范围的响应。该系统的主要不足：只能监测质子亲和力大于 H_2O 的化合物，能测量的化合物种类较少；不能区分同分异构体。

5.5　建立方法及监测流程

5.5.1　建立方法

建立一个方法一般要经过标准方法查找、分析仪器设备选择、标准样品和试剂准备、仪器分析方法建立、样品前处理和采样方法确定、方法验证、作业指导书编写和开展实际样品分析等环节，具体可参照图 5-7。

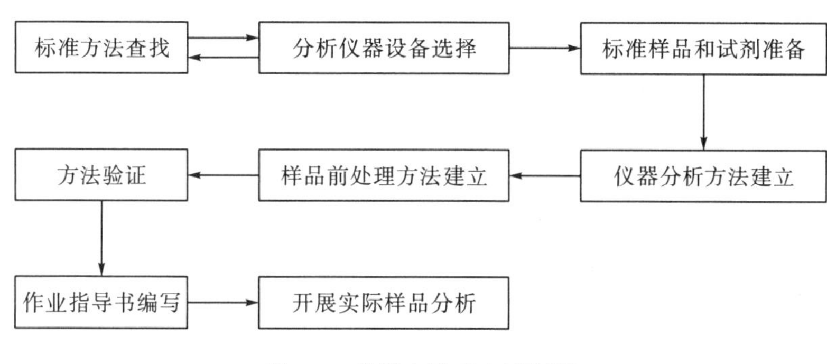

图 5-7　分析方法建立流程图

1.标准方法查找、文献检索

通过查找国家标准、行业标准(HJ、GBZ、NY、LY 等)、美国环境保护署方法、国际标准化组织方法或相关文献，根据实验室实际情况选择适合的方法。

2.分析仪器设备选择

根据实验室的建设情况，按照选择好的分析方法配置气相色谱、气相色谱-质谱联用仪、液相色谱等大型分析仪器，以及热解析仪、冷阱预浓缩系统等配套的样品前处理设备，对仪器设备进行搭配组合，确定最佳的设备组合方式。

3.标准样品和试剂准备

按照选择好的分析方法准备标准溶液或标准气体(包含待测化合物、替代物和内标等)及方法需要的所有相关试剂、耗材等，尤其是采样所用的吸附管，要根据方法选择合适的吸附剂。

4.仪器分析方法建立

根据标准方法、仪器厂家的推荐条件和文献资料设置实验参数并运行，根据情况优化各参数。主要可优化的参数包括温度(进样口、柱箱、检测器、传输线等)、流量(载气、检测器、尾吹气、隔垫吹扫等)、分流比、流动相、溶剂延迟时间、*m/z* 扫面范围及扫描方式等。直到各参数达到最优，能满足监测分析方法的要求。

5.样品前处理方法建立

根据样品前处理设备确定采样方法，建立并优化样品前处理各条件，确保空白、检出限、精密度和准确度能达到要求，最后确定样品采集的各参数和前处理条件。

6.其他

把样品采集、样品前处理和监测分析方法结合起来，按照HJ 168开展方法验证，对方法性能参数进行确认，确认能达到方法要求后根据需要编制本实验室的方法作业指导书，开展实际样品分析工作。

5.5.2 监测流程

挥发性有机物测定项目的分析方法选择次序及原则如下。

(1)标准方法：按环境质量标准或污染物排放标准中选配的分析方法、新发布的国家标准、行业标准或地方标准方法的顺序选择。国家或地方再行发布的分析方法同等选用。

(2)其他方法：经证实或确认后，检测机构等同采用由国际标准化组织或其他国家环境保护行业规定或推荐的标准方法。

具体的监测流程可参照图5-8。

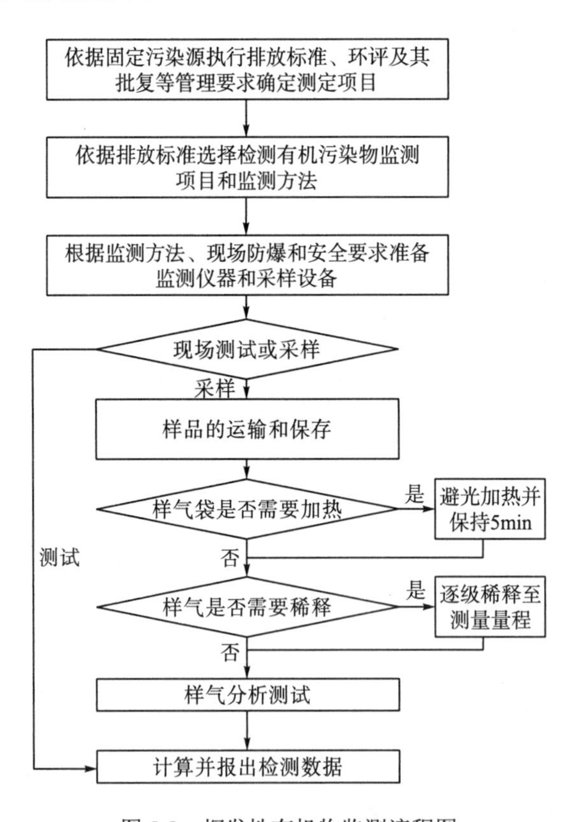

图5-8 挥发性有机物监测流程图

5.6　质量保证和质量控制

为了保证数据的准确性，挥发性有机物的监测需要遵守严格的质量保证和质量控制体系要求，在样品采集、样品流转、样品保存、样品前处理、仪器分析、数据处理及报告编写等全过程中实施严格的质量保证程序，以保证数据的有效性，各种记录应清晰、完整，保证监测数据的可追溯性。2017 年 12 月底，环境保护部印发了《2018 年重点地区环境空气挥发性有机物监测方案》（环办监测函[2017]2024 号），方案中对挥发性有机物手工分析质量保证与质量控制要求、挥发性有机物自动监测质量保证与质量控制要求做了详细的要求。2018 年 2 月，环境保护部又印发了《环境空气臭氧前体有机物手工监测技术要求（试行）》（环办监测函[2018]240 号），对监测人员、监测仪器管理与定期检查、实验室一般性要求、采样质量控制、监测分析的质量控制等做了明确的要求。根据两个函的相关要求并结合实际提出了以下相应的质控要求和注意事项。

5.6.1　实验室一般性要求

挥发性有机物分析实验室原则上应与使用有机溶剂的实验室进行隔离，以保证将实验室溶剂如二氯甲烷、正己烷和丙酮等的干扰降至最低。

挥发性有机物分析实验室应保证通风良好，室内具有温度控制设施，以保证实验室内温度控制在合理范围内，保证气相色谱、气相色谱-质谱联用仪等仪器设备的正常运行。

5.6.2　样品采集

采样前应严格检查采样系统的密封性，泄漏检查方法按照 HJ 732 要求执行。

1.吸附管采样

（1）采样前应对采样流量计进行校验，其相对误差应不大于 5%，采样流量波动应不大于 10%。

（2）可用快速检测仪等方法预估样品浓度，估算并控制好采样体积，第二级吸附管目标化合物的吸附率应小于总吸附率的 10%，否则应重新采样。方法标准中另有规定的按相关要求执行。

2.采样罐采样

进行恒流采样时，样品采集前后，应记录采样罐的压力；若采样结束后的罐压力已经恢复至常压，应重新调节限流器，使采样流量变小，以保证在设定时间内恒流采样。

1）罐清洗要求

应使用加湿的零级空气或高纯氮气等作为清洗气体。清洗完毕，将采样罐抽至真空（＜10Pa），并记录采样罐的清洗时间，备用。一般清洗好的采样罐于室温下存放 20d，可保持良好真空度。若清洗完毕后长时间未使用，使用前需要测定罐内真空度，若真空度大于 6.7Pa，应重新抽至真空后，方可进行样品采集。

环境空气样品和污染源样品的采样罐应分开使用，不能混淆，避免交叉污染。

每清洗 20 个采样罐要随机选择 1～2 个进行清洗空白检查，确定采样罐是否清洗干净。可通过在空白采样罐中充入高纯氮气或零级空气，按照与样品同样的分析流程进行测试，各种目标化合物的检出浓度应低于方法测定下限。

2) 罐气密性检查

可采用加压或抽真空的方式定期对采样罐的气密性进行检验，防止罐阀门或接口处真空泄漏。将罐内充入气体至 207kPa，关闭阀门放置 24h 后检验，管内压降不应超过 13.8kPa；或将采样罐内抽真空至 6.7Pa，关闭阀门放置 24h 后检验，罐内真空度与原真空度差值不应高于 2.6Pa。

3) 限流阀校准

采用限流阀进行恒速采样，限流阀使用前需经过流量校准，流量误差应小于 5%，采样时保持流量稳定。

4) 进气口密封

采样前后，采样罐进气口应采用不锈钢或聚四氟乙烯密封帽密封，防止接口处受污染。

5.6.3 空白

运输空白、实验室空白中目标物的浓度均应低于方法测定下限，否则应查找原因，并采取相应措施，消除干扰或污染。以空白采样管或清洁采样罐中注入高纯氮气作为实验室空白，每批样品分析前必须进行实验室空白测试。

每批样品至少分析一个运输空白。先将空白吸附管、高纯氮气或者高纯空气注入真空的清洁采样罐，并带至采样现场。经过与样品相同的处理过程（包括现场暴露、运输、存放与实验室分析）和步骤。

5.6.4 平行样品的测定

每 10 个样品或每批次（少于 10 个样品/批）分析一个平行样。平行样中目标物的相对偏差应不大于 30%，否则应查找原因并重新分析。

5.6.5 内标物

使用内标法定量的，样品中内标的保留时间与当天连续校准或者最近绘制的校准曲线中内标保留时间偏差应不超过 20s，定量离子峰面积变化应在 60%～140%范围内。

5.6.6 校准曲线

标准使用气可采用动态稀释仪将高浓度标准气体进行稀释配制，每年应对稀释仪的质量流量计进行校准。

校准曲线至少需要 5 个浓度点（不含 0 点），浓度范围应该覆盖待测样品的浓度，如果待测样品目标化合物之间的浓度差异在一个数量级以上，按普适原则，建立符合大多数目标化合物的校准曲线，对高浓度目标化合物单独建立校准曲线。

5.6.7　连续校准

每 24h 应分析一次校准曲线中间浓度点或者次高点。其测定结果与初始浓度值相对偏差应不大于 30%，否则应查找原因或重新绘制标准曲线。

5.6.8　样品保存时间

送实验室的样品应及时分析，应在规定的期限内完成；留样样品应按测定项目标准监测方法的规定要求保存。

5.6.9　注意事项

(1) 在挥发性有机物监测点位周边环境中可能存在爆炸性或有毒有害有机气体，现场监测或采样方法及设备的选用，应以安全为第一原则。

(2) 现场监测或采样时应严格执行现场作业的有关安全生产规定，若监测点位区域为有防爆要求的危险场所，监测人员应准备相关报警仪，并由安全员负责现场指导安全工作，确保采样操作和仪器使用符合相关安全要求。

(3) 采样或监测人员应正确使用各类个人劳动保护用品，做好安全防护工作，在监测点位或采样口的上风向进行采样或监测，不正对排气方向站立。

(4) 实验环境应远离有机溶剂，降低、消除有机溶剂和其他挥发性有机物的本底干扰。

(5) 进样系统、冷阱浓缩系统中气路连接材料挥发出的挥发性有机物会对分析造成干扰，应适当升高、延长烘烤时间，将干扰降至最低。

(6) 所有样品经过的管路和接头均需进行惰性化处理并保温，以消除样品吸附、冷凝和交叉污染。另外，易挥发性有机物(尤其是二氯甲烷和氟碳化合物)在运输保存过程中可能会经阀门等部件扩散进入采样罐中污染样品。样品采集结束后，须确认阀门完全关闭，并用密封帽密封采样罐采样口，隔绝外界气体，以有效降低此类干扰。

(7) 分析高浓度样品后，须增加空白分析，如发现分析系统有残留，可启用气体冷阱浓缩仪的烘烤程序，去除残留。

第 6 章　标准内容解析

按照《国家环境保护标准制修订工作管理办法》等要求，《标准》主要包括适用范围、规范性引用文件、术语与定义、污染物排放控制要求、污染物监测要求、实施与监督共 6 个章节；另有 9 个附录，分别是典型行业受控工艺设施和污染物项目、工艺措施和管理要求、最高允许排放速率计算、等效排气筒有关参数计算、去除效率计算、汽车制造涂装生产线单位涂装面积挥发性有机物排放总量核算、监测方法适用性检验、挥发性有机物的测定　便携式氢火焰离子化检测器法 8 个规范性附录和相关行业术语定义 1 个资料性附录。标准文本的主要内容包括：确定标准适用范围；明确污染源的界定和标准执行时段的划分；确定污染物控制项目；确定排放限值，并规定废气收集、处理与排放要求；确定污染物的监测分析方法；标准实施与监督的规定。

6.1　适 用 范 围

为贯彻《中华人民共和国环境保护法》和《中华人民共和国大气污染防治法》，保护和改善环境空气质量，防治大气挥发性有机物污染，保障公众健康，推进生态文明建设，促进经济社会可持续发展，制定《标准》。

《标准》规定了四川省固定污染源的大气挥发性有机物排放控制要求、监测要求和实施要求等内容，适用于四川省的大气挥发性有机物污染防治和管理。

《标准》适用于四川省现有固定污染源的大气挥发性有机物排放管理，以及建设项目的环境影响评价、环境保护设施设计、竣工环境保护验收及其投产后的大气挥发性有机物排放管理。

《标准》适用于法律允许的污染物排放行为。新设立污染源的选址和特殊保护区域内现有污染源的管理，按照《中华人民共和国大气污染防治法》《中华人民共和国环境影响评价法》等法律、法规和规章的相关规定执行。

《标准》未做规定的控制指标，执行《大气污染物综合排放标准》（GB 16297—1996）和《恶臭污染物排放标准》（GB 14554—1993），如有行业标准，则执行相应的行业大气污染物排放标准。

6.2　规范性引用文件

《标准》规范性引用文件包括 3 类，第一类是涉及的评价标准类：环境空气质量标准、污染物排放标准及工业场所有害因素职业接触限值；第二类是涉及的监测分析方法类：环境空气和固定污染源排气中的采样方法、监测分析方法、技术规范、技术导则等；第三类是两个原国家环境保护总局出台污染源监测管理的办法：污染源自动监控管理办法和环境监测管理办法。

标准内容引用了下列文件或其中的条款。凡是不注明日期的引用文件，其有效版本适用于《标准》。使用《标准》的各方应使用最新版本(包括标准的修改单)。

GB 3095《环境空气质量标准》。

GB 14554《恶臭污染物排放标准》。

GB 16297《大气污染物综合排放标准》。

GBZ 2.1《工业场所有害因素职业接触限值　化学有害因素》。

GBZ/T 160.41《工作场所空气有毒物质测定　脂环烃类化合物　溶剂解吸-气相色谱法》。

GBZ/T 160.48《工作场所空气有毒物质测定　醇类化合物　溶剂解吸-气相色谱法》。

GBZ/T 160.56《工作场所空气有毒物质测定　脂环酮和芳香族酮类化合物　溶剂解吸-气相色谱法》。

GB/T 15516《空气质量　甲醛的测定　乙酰丙酮分光光度法》。

GB/T 16157《固定污染源排气中颗粒物测定与气态污染物采样方法》。

HJ/T 38《固定污染源排气中非甲烷总烃的测定　气相色谱法》。

HJ/T 55《大气污染物无组织排放监测技术导则》。

HJ/T 75《固定污染源烟气排放连续监测技术规范(试行)》。

HJ 168《环境监测　分析方法标准制修订技术导则》。

HJ/T 373《固定污染源监测质量保证与质量控制技术规范(试行)》。

HJ/T 397《固定源废气监测技术规范》。

HJ 583《环境空气　苯系物的测定　固体吸附热脱附-气相色谱法》。

HJ 584《环境空气　苯系物的测定　活性炭吸附-二硫化碳解吸-气相色谱法》。

HJ 644《环境空气　挥发性有机物的测定　吸附管采样-热脱附/气相色谱-质谱法》。

HJ 645《环境空气　挥发性卤代烃的测定　活性炭吸附-二硫化碳解吸/气相色谱法》。

HJ 646《环境空气和废气　气相和颗粒物中多环芳烃的测定　气相色谱-质谱法》。

HJ 647《环境空气和废气　气相和颗粒物中多环芳烃的测定　高效液相色谱法》。

HJ 683《空气　醛、酮类化合物的测定　高效液相色谱法》。

HJ 732《固定污染源废气　挥发性有机物的采样　气袋法》。

HJ 734《固定污染源废气　挥发性有机物的测定　固相吸附-热脱附/气相色谱-质谱法》。

HJ 759《环境空气　挥发性有机物的测定　罐采样-气相色谱-质谱法》。

《污染源自动监控管理办法》(原国家环境保护总局令第 28 号)。

《环境监测管理办法》(原国家环境保护总局令第 39 号)。

6.3 主要术语与定义

6.3.1 挥发性有机物

1. 国外标准的相关定义

通过对国内外挥发性有机物(VOCs)相关定义的梳理发现，美国是世界上最早开始立法管控 VOCs 的国家。随着时间的推移和对 VOCs 认识的不断深入，美国对 VOCs 的定义经历了前 VOCs 阶段、挥发性定义阶段和反应性确认阶段[34]。

1970 年，美国发布的《固定源排放的碳氢化合物和有机溶剂的控制技术》(AP68)未使用 VOCs 这一名词，使用的是“碳氢化合物和有机溶剂”提法；至 20 世纪 70 年代末，美国环境保护署《污染物控制技术指南》(CTG)系列首次提出了 VOCs 的定义为除 CO、CO_2、H_2CO_3、金属碳化物、金属碳酸盐、碳酸铵之外，标准状态下蒸气压大于 0.1mmHg (1mmHg=0.133kPa)的碳化合物；1987 年，美国环境保护署《新的臭氧和 CO 政策提案》提供了一个不包含蒸气压限值的 VOCs 的模型定义，该定义为任何参与光化学反应的有机化合物，但不包含甲烷、乙烷等 11 种化合物；1992 年，美国环境保护署将 VOCs 定义编入《法典》，指除 CO、CO_2、H_2CO_3、金属碳化物、金属碳酸盐、碳酸铵之外，任何参加大气光化学反应的碳化合物，这一定义沿用至今。

1989 年，世界卫生组织将 VOCs 定义为熔点低于室温而沸点在 50～260℃的挥发性有机化合物的总称；1998 年，国际标准化组织的定义较为笼统，ISO 4618/1—1998 定义 VOCs 为在常温常压下，任何能自然挥发的有机液体和/或固体；1999 年，欧盟 VOCs 指令 1999/13/EC 定义 VOCs 是指在 293.15K 温度下，蒸气压大于或等于 0.01kPa 的任何的有机化合物；2001 年，欧盟国家排放总量指令 2001/81/EC 定义 VOCs 是指人类活动排放的、能在日照作用下与 NO_x 反应生成光化学氧化剂的全部有机化合物，甲烷除外；2004 年，欧盟 Directive2004/42/EC 定义 VOCs 是指在标准压力 101.3kPa 下初沸点小于或等于 250℃的全部有机化合物；2010 年，欧盟工业排放指令 2010/75/EU 定义 VOCs 是指在 293.15K 条件下蒸气压大于或等于 0.01kPa，或者特定适用条件下具有相应挥发性的全部有机化合物。

2000 年，德国 DIN 55649—2000 标准(同 ISO)定义 VOCs 是指在常温常压下，任何能自然挥发的有机液体和/或固体，一般视为可挥发性有机物化合物；2004 年，日本大气污染防治法定义 VOCs 是指排放或扩散到大气中的任何气态有机物(政令规定的不会导致悬浮颗粒物和氧化剂生成的物质除外)。

2. 我国国家标准的相关定义

我国对 VOCs 控制起步较晚，起初尚无 VOCs 的概念，主要通过监测分析方法判断，以非甲烷总烃、总烃、总挥发性有机化合物等来表征。随着对 VOCs 控制重要性的认识不断加深，我国很长一段时间以挥发性来定义 VOCs，最新的定义以反应性为基准，加以非甲烷总烃监测分析方法、行业排放源项识别/核算的方法来判断，增加了可操作性。

1999 年，《固定污染源排气中非甲烷总烃的测定 气相色谱法》（HJ/T 38—1999）定义非甲烷总烃是指除甲烷以外的碳氢化合物（其中主要是 C_2～C_8）的总称，即在规定的条件下，所测得的非甲烷总烃，是对气相色谱氢火焰离子化检测器有明显响应的除甲烷外碳氢化合物的总量，以碳计。

2002 年，《室内空气质量标准》（GB 18883—2002）定义总挥发性有机物是指利用 Tenax-GC 或 Tenax-TA 采样，非极性色谱柱（极性指数小 10）进行分析，保留时间在正己烷和正十六烷之间的挥发性有机化合物。这一定义参照的是 ISO 16017 针对室内、环境和工作场所空气中挥发性有机化合物的定义。

2007 年，《环境标志产品技术要求胶印油墨》（HJ/T 370—2007）及《环境标志产品技术要求凹印油墨和柔印油墨》（HJ/T 371—2007）将 VOCs 定义为在 101.3kPa 压力下，任何初沸点低于或等于 250℃的有机化合物。

2008 年，《合成革与人造革工业污染物排放标准》（GB 21902—2008）将 VOC 定义为常压下沸点低于 250℃，或者能够以气态分子的形态排放到空气中的所有有机化合物（不包括甲烷）。引用的监测方法为美国 EPA Method 18。

2009 年，《室内装饰装修材料溶剂型木器涂料中有害物质限量》（GB 18581—2009）定义的 VOCs 是指在 101.3kPa 标准大气压下，任何初沸点低于或等于 250℃的有机化合物，同 HJ/T 370—2007 和 HJ/T 371—2007 定义一致。

2014 年，《城市大气挥发性有机化合物（VOCs）监测技术指南（试行）》（征求意见稿）定义的 VOCs 是指在标准状态下饱和蒸气压较高（标准状态下大于 13.33Pa）、沸点较低、分子量小、常温状态下易挥发的有机化合物。通常可分为包括烷烃、烯烃、芳香烃、炔烃的 C_2～C_{12} 非甲烷碳氢化合物，包括醛、酮、醇、醚、酯、酚等 C_1～C_{10} 含氧有机物，以及卤代烃、含氮化合物、含硫化合物等几大类化合物。

2015 年，《合成树脂工业污染物排放标准》（GB 31572—2015）、《石油化工工业污染物排放标准》（GB 31571—2015）、《石油炼制工业污染物排放标准》（GB 31570—2015）定义 VOCs 为参与大气光化学反应的有机化合物，或者根据规定的方法测量或核算确定的有机化合物。

2015 年，财政部、国家发展和改革委员会、环境保护部出台的《挥发性有机物排污收费试点办法》中，将 VOCs 定义为指特定条件下具有挥发性的有机化合物的统称。具有挥发性的有机化合物主要包括非甲烷总烃（烷烃、烯烃、炔烃、芳香烃）、含氧有机化合物（醛、酮、醇、醚等）、卤代烃、含氮化合物、含硫化合物等。

2017 年，环境保护部、国家发展和改革委员会、财政部、交通运输部、国家质量监督检验检疫总局、国家能源局共同印发《“十三五”挥发性有机物污染防治工作方案》，将 VOCs 定义为参与大气光化学反应的有机化合物，包括非甲烷烃类（烷烃、烯烃、炔烃、芳香烃等）、含氧有机物（醛、酮、醇、醚等）、含氯有机物、含氮有机物、含硫有机物等。

2018 年，环境保护部印发的《环境空气臭氧前体有机物手工监测技术要求（试行）》，其中提出的臭氧前体有机物是指在光照条件下能与氮氧化物（NO_x）等发生光化学反应生成臭氧的挥发性有机物，包括烷烃、烯烃、芳香烃、炔烃等非甲烷碳氢化合物及醛、酮等含氧有机物等。

3. 我国地方标准的相关定义

在地方排放标准体系中，2007 年北京出台的《北京市大气污染物综合排放标准》(DB 11/501—2007)将 VOCs 定义为在 20℃条件下蒸气压大于或等于 0.01kPa，或者特定适用条件下具有相应挥发性的全部有机化合物的统称。同时根据控制对象与控制方法的不同，规定了不同的 VOCs 控制指标：针对排气筒排放废气中的 VOCs 以及厂界环境空气中的 VOCs，以非甲烷总烃和几种特定的单项物质作为控制指标；针对包括逸散性排放在内的 VOCs 总量排放控制，以单位产品向环境中排放的有机溶剂质量作为控制指标。2015 年以后，北京出台的《汽车整车制造业(涂装工序)大气污染物排放标准》(DB 11/1227—2015)、《工业涂装工序大气污染物排放标准》(DB 11/1226—2015)、《北京市有机化学制品制造业大气污染物排放标准》(DB 11/1385—2017)等标准中均将挥发性有机物定义为参与大气光化学反应的有机化合物，或者根据规定的方法测量或核算确定的有机化合物。同时，又在标准中明确提出使用非甲烷总烃作为排气筒及无组织挥发性有机物排放的综合控制指标。

2010 年上海出台的《上海市生物制药行业污染物排放标准》(DB 31/373—2010)定义 VOCs 是指 25℃时饱和蒸气压在 0.1mmHg 及其以上或熔点低于室温而沸点在 260℃以下的挥发生有机化合物总称，但不包括甲烷，以非甲烷总烃反映。引用的监测方法是《固定污染源排气中非甲烷总烃的测定》(HJ/T 38)。2014 及 2015 年上海出台的《汽车制造业(涂装)大气污染物排放标准》(DB 31/859—2014)、《大气污染物综合排放标准》(DB 31/933—2015)、《船舶工业大气污染物排放标准》(DB 31/934—2015)、《涂料、油墨及其类似产品制造工业大气污染物排放标准》(DB 31/881—2015)、《印刷业大气污染物排放标准》(DB 31/872—2015)将 VOCs 定义为参与大气光化学反应的有机化合物，或者根据规定的方法测量或核算确定的有机化合物；用于核算或者备案的 VOCs 指 20℃时蒸气压不小于 10Pa 或者 101.325kPa 标准大气压下，沸点不高于 260℃的有机化合物或者实际生产条件下具有以上相应挥发性的有机化合物的统称，但是不包括甲烷；以非甲烷总烃作为排气筒、厂界大气污染物监控、厂区内大气污染物监控点以及污染物回收净化设施去除效率的挥发性有机物的综合性控制指标。

根据对国内外对挥发性有机物定义的分析，我们综合考虑了在物理化学性质和光化学效应上定义的结合，提出了《标准》关于 VOCs 的定义，即在 293.15K 条件下蒸气压大于或等于 10Pa，或者特定适用条件下具有相应挥发性的除 CH_4、CO、CO_2、H_2CO_3、金属碳化物、金属碳酸盐和碳酸铵外，任何参加大气光化学反应的含碳有机化合物，主要包括具有挥发性的非甲烷烃类(烷烃、烯烃、炔烃、芳香烃)、含氧有机化合物(醛、酮、醇、醚等)、卤代烃、含氮有机化合物、含硫有机化合物等。同时，对于其监测要求提出：根据行业特征和环境管理需求，按基准物质标定，检测器对混合进样中 VOCs 综合响应的方法测量非甲烷有机化合物(以 NMOC 表示，以碳计)，即采用规定的监测方法，使氢火焰离子化检测器有明显响应的除甲烷以外的碳氢化合物(其中主要是 C_2～C_8)的总量(以碳计)。待国家监测方法标准发布后，增加对主要 VOCs 物种进行定量加和的方法测量 VOCs(以 TOC 表示)。

6.3.2　固定污染源

污染源是指因生产、生活和其他活动向环境排放污染物或者对环境产生不良影响的场所、设施、装置以及其他污染发生源。污染源按污染影响的对象可分为大气污染源、水污染源和土壤污染源等。其中大气污染源按污染的流动性分类方式分为固定污染源和移动污染源。

《标准》将固定污染源定义为各种生产过程中产生的废气通过排气筒或建筑构造(如车间等)向空中排放的污染源。这其中提到的“各种生产过程”是指各种工业生产活动，不包括加油站、储油库、建筑装修装饰、干洗、餐饮油烟等生活源以及农村秸秆焚烧等农业源。《标准》控制的工业行业主要包括家具制造，印刷，石油炼制，涂料、油墨、胶黏剂及类似产品制造，橡胶制品制造，汽车制造，表面涂装，农药制造，医药制造，电子产品制造业 10 个重点工业行业，同时还对涉及有机溶剂生产和使用的其他行业(如制鞋、人造板、纺织印染等)提出了控制要求。按照《大气污染防治法》的要求，这些固定污染源应执行重点大气污染物排放总量控制要求和控制污染物排放许可制。

6.3.3　净化设施及最低去除效率

VOCs 的末端治理技术包含两类，即回收技术和销毁技术[6]。针对 VOCs 的净化处理特点，《标准》定义了 VOCs 净化设施：指采用物理、化学或生物的方法吸附、分解或转化各种空气污染物，降低其排放浓度和排放速率的设施，包括吸收装置、吸附装置、冷凝装置、膜分离装置、燃烧(焚烧、氧化)装置、生物处理设施或其他有效的污染处理设施。同时也定义了净化设施的 VOCs 最低去除效率：经净化设施处理后，应达到的被去除的污染物与净化之前的污染物的质量的百分比。对 VOCs 排放量较大、排放浓度较高的设施或装置提出了最低去除效率的要求。

6.4　污染物排放控制要求

6.4.1　排气筒大气污染物排放控制要求

对于排气筒有组织排放，《标准》针对现有企业和新建企业提出了按时段分区域执行的要求进行控制。苯、甲苯、二甲苯、非甲烷总烃 4 项常规控制污染物项目和包括甲醛在内的 21 项特别控制污染物项目的排放限值分两个阶段，第一阶段排放限值较第二阶段宽松，如表 6-1～表 6-4 所示。按污染的严重程度将四川省分为 3 个区域：成都市，成都平原城市群除成都外的德阳、绵阳、眉山、乐山、资阳、遂宁、雅安 7 个城市，四川省除成都平原城市群外的所有城市：自贡、内江、泸州、宜宾、南充、达州、广安、广元、巴中、阿坝、甘孜、凉山、攀枝花共 13 个市(州)。对于不同的区域按每半年推进一次标准执行限值，3 个时间点分别是 2018 年 1 月 1 日、2018 年 7 月 1 日、2019 年 1 月 1 日。

由于成都的污染最为严重，故对成都的要求最为严格，成都的所有现有企业要求自

2018 年 1 月 1 日起，执行较为严格的第二阶段排放限值。

德阳、绵阳、眉山、乐山、资阳、遂宁、雅安 7 个城市的现有企业在 2018 年 1 月 1 日至 2018 年 6 月 30 日执行较为宽松的第一阶段排放限值，较成都多留半年改造时间，自 2018 年 7 月 1 日起，执行较为严格的第二阶段排放限值。

自贡、内江、泸州、宜宾、南充、达州、广安、广元、巴中、阿坝、甘孜、凉山、攀枝花共 13 个市(州)的现有企业在 2018 年 1 月 1 日至 2018 年 12 月 31 日执行较为宽松的第一阶段排放限值，较成都多留有一年的改造时间，自 2019 年 1 月 1 日起，执行较为严格的第二阶段排放限值。

全省所有的新建企业均要求自 2018 年 1 月 1 日起，执行较为严格的第二阶段排放限值。

表 6-1 第一阶段排气筒挥发性有机物排放限值(常规控制污染物项目)

行业名称	工艺设施	污染物项目	最高允许排放浓度/(mg/m^3)	与排气筒高度对应的最高允许排放速率/(kg/h)				最低去除效率/%①
				15m	20m	30m	40m	
家具制造	喷涂、调漆、干燥等	苯	1	0.3	0.5	1.4	2.5	—
		甲苯	7	0.5	0.9	2.4	4.1	—
		二甲苯	20	0.7	1.2	3.5	6.5	—
		VOCs	80	4.0	8.0	24	42	70
印刷	印刷、烘干等	苯	1	0.3	0.5	1.4	2.5	—
		甲苯	5	0.8	1.6	4.8	8.4	—
		二甲苯	15	1.0	1.7	5.9	10	—
		VOCs	80	4.0	8.0	24	42	70
石油炼制	重整催化剂再生烟气	VOCs	50	2.0	4.0	12	21	95
	废水处理有机废气收集处理装置	苯	4	0.3	0.5	1.4	2.5	—
		甲苯	15	0.8	1.6	4.8	8.4	—
		二甲苯	20	1.0	1.7	5.9	10	—
		VOCs	120	6.0	12	36	60	95
涂料、油墨、胶黏剂及类似产品制造	原料混配、分散研磨及生产等	苯	1	0.3	0.5	1.4	2.5	—
		甲苯	15	0.8	1.6	4.8	8.4	—
		二甲苯	30	1.0	1.7	5.9	10	—
		VOCs	80	4.0	8.0	24	42	80
橡胶制品制造	轮胎企业及其他制品企业炼胶、硫化装置	VOCs	10	2.0	4.0	12	21	80
	轮胎企业及其他制品企业胶浆制备、浸浆、胶浆喷涂和涂胶装置	苯	1	0.3	0.5	1.4	2.5	—
		甲苯	3	0.5	0.9	2.4	4.1	—
		二甲苯	12	0.7	1.2	3.5	6.5	—
		VOCs	100	5.0	10	30	50	80

续表

行业名称	工艺设施	污染物项目	最高允许排放浓度/(mg/m³)	与排气筒高度对应的最高允许排放速率/(kg/h)				最低去除效率/%[①]
				15m	20m	30m	40m	
汽车制造	底漆、喷漆、补漆、烘干等	苯	1	0.3	0.5	1.4	2.5	—
		甲苯	7	0.8	1.6	4.8	8.4	—
		二甲苯	20	1.0	1.7	5.9	10	—
		VOCs	80	4.0	8.0	24	42	80
表面涂装	底漆、喷漆、补漆、烘干等	苯	1	0.3	0.5	1.4	2.5	—
		甲苯	7	0.8	1.6	4.8	8.4	—
		二甲苯	20	1.0	1.7	5.9	10	—
		VOCs	80	4.0	8.0	24	42	70
农药制造	混合、涂覆、分离等	VOCs	80	4.0	8.0	24	42	80
医药制造	化学反应、生物发酵、分离、回收等	VOCs	80	4.0	8.0	24	42	80
电子产品制造	清洗、蚀刻、涂胶、干燥等	苯	1	0.3	0.5	1.4	2.5	—
		甲苯	3	0.5	0.9	2.4	4.1	—
		二甲苯	12	0.7	1.2	3.5	6.5	—
		VOCs	80	4.0	8.0	24	42	80
涉及有机溶剂生产和使用的其他行业	—	VOCs	80	4.0	8.0	24	42	70

注：①最低去除效率要求仅适用于处理风量大于 10000m³/h，且进口 VOCs 浓度大于 200mg/m³ 的净化设施。

表 6-2　第一阶段排气筒挥发性有机物排放限值(特别控制污染物项目)

序号	污染物项目	最高允许排放浓度/(mg/m³)	与排气筒高度对应的最高允许排放速率/(kg/h)			
			15m	20m	30m	40m
1	甲醛	7	0.2	0.4	1.2	2.1
2	1,3-丁二烯	7	0.2	0.4	1.2	2.1
3	1,2-二氯乙烷	7	0.3	0.5	1.7	2.9
4	四氯化碳	30	0.6	1.2	3.6	6.3
5	萘	30	0.8	1.6	4.8	8.4
6	苯乙烯	30	0.8	1.6	4.8	8.4
7	氯甲烷	30	0.8	1.6	4.8	8.4
8	三氯乙烯	30	0.8	1.6	4.8	8.4
9	三氯甲烷	30	0.8	1.6	4.8	8.4
10	二氯甲烷	30	1.2	2.4	7.2	13

续表

序号	污染物项目	最高允许排放浓度/(mg/m³)	与排气筒高度对应的最高允许排放速率/(kg/h)			
			15m	20m	30m	40m
11	乙苯	60	1.6	3.2	9.6	17
12	三甲苯	60	1.6	3.2	9.6	17
13	丙酮	60	1.6	3.2	9.6	17
14	环己酮	60	1.6	3.2	9.6	17
15	正丁醇	60	1.6	3.2	9.6	17
16	正己烷	60	1.6	3.2	9.6	17
17	2-丁酮	60	2.0	4.0	12	21
18	异丙醇	60	2.0	4.0	12	21
19	乙酸丁酯	60	2.0	4.0	12	21
20	乙酸乙酯	60	2.0	4.0	12	21
21	环己烷	60	2.0	4.0	12	21

表 6-3 第二阶段排气筒挥发性有机物排放限值(常规控制污染物项目)

行业名称	工艺设施	污染物项目	最高允许排放浓度/(mg/m³)	与排气筒高度对应的最高允许排放速率/(kg/h)				最低去除效率/%①
				15m	20m	30m	40m	
家具制造	喷涂、调漆、干燥等	苯	1	0.2	0.4	1.2	2.1	—
		甲苯	5	0.4	0.8	2.0	3.5	—
		二甲苯	15	0.6	1.0	3.0	5.5	—
		VOCs	60	3.4	6.8	20	36	80
印刷	印刷、烘干等	苯	1	0.2	0.4	1.2	2.1	—
		甲苯	3	0.6	1.4	4.1	7.1	—
		二甲苯	12	0.9	1.4	5.0	8.5	—
		VOCs	60	3.4	6.8	20	36	80
石油炼制	重整催化剂再生烟气	VOCs	40	1.7	3.4	10	18	97
	废水处理有机废气收集处理装置	苯	4	0.2	0.4	1.2	2.1	—
		甲苯	15	0.6	1.4	4.1	7.1	—
		二甲苯	20	0.9	1.4	5.0	8.5	—
		VOCs	100	5.0	10	30	50	97
涂料、油墨、胶黏剂及类似产品制造	原料混配、分散研磨及生产等	苯	1	0.2	0.4	1.2	2.1	—
		甲苯	10	0.6	1.4	4.1	7.1	—
		二甲苯	20	0.9	1.4	5.0	8.5	—
		VOCs	60	3.4	6.8	20	36	90

续表

行业名称	工艺设施	污染物项目	最高允许排放浓度/(mg/m^3)	与排气筒高度对应的最高允许排放速率/(kg/h)				最低去除效率/%[①]
				15m	20m	30m	40m	
橡胶制品制造	轮胎企业及其他制品企业炼胶、硫化装置	VOCs	10	1.7	3.4	10	18	90
	轮胎企业及其他制品企业胶浆制备、浸浆、胶浆喷涂和涂胶装置	苯	1	0.2	0.4	1.2	2.1	—
		甲苯	3	0.4	0.8	2.0	3.5	—
		二甲苯	12	0.6	1.0	3.0	5.5	—
		VOCs	80	4.0	8.0	24	42	90
汽车制造	底漆、喷漆、补漆、烘干等	苯	1	0.2	0.4	1.2	2.1	—
		甲苯	5	0.6	1.4	4.1	7.1	—
		二甲苯	15	0.9	1.4	5.0	8.5	—
		VOCs	60	3.4	6.8	20	36	90
表面涂装	底漆、喷漆、补漆、烘干等	苯	1	0.2	0.4	1.2	2.1	—
		甲苯	5	0.6	1.4	4.1	7.1	—
		二甲苯	15	0.9	1.4	5.0	8.5	—
		VOCs	60	3.4	6.8	20	36	80
农药制造	混合、涂覆、分离等	VOCs	60	3.4	6.8	20	36	90
医药制造	化学反应、生物发酵、分离、回收等	VOCs	60	3.4	6.8	20	36	90
电子产品制造	清洗、蚀刻、涂胶、干燥等	苯	1	0.2	0.4	1.2	2.1	—
		甲苯	3	0.4	0.8	2.0	3.5	—
		二甲苯	12	0.6	1.0	3.0	5.5	—
		VOCs	60	3.4	6.8	20	36	90
涉及有机溶剂生产和使用的其他行业	—	VOCs	60	3.4	6.8	20	36	80

注：①最低去除效率要求仅适用于处理风量大于 10000m^3/h，且进口 VOCs 浓度大于 200mg/m^3 的净化设施。

表 6-4　第二阶段排气筒挥发性有机物排放限值(特别控制污染物项目)

序号	污染物项目	最高允许排放浓度/(mg/m^3)	与排气筒高度对应的最高允许排放速率/(kg/h)			
			15m	20m	30m	40m
1	甲醛	5	0.2	0.3	1.0	1.8
2	1,3-丁二烯	5	0.2	0.3	1.0	1.8
3	1,2-二氯乙烷	5	0.2	0.5	1.4	2.5
4	四氯化碳	20	0.5	1.0	3.1	5.4

续表

序号	污染物项目	最高允许排放浓度/(mg/m³)	与排气筒高度对应的最高允许排放速率/(kg/h)			
			15m	20m	30m	40m
5	萘	20	0.7	1.4	4.1	7.1
6	苯乙烯	20	0.7	1.4	4.1	7.1
7	氯甲烷	20	0.7	1.4	4.1	7.1
8	三氯乙烯	20	0.7	1.4	4.1	7.1
9	三氯甲烷	20	0.7	1.4	4.1	7.1
10	二氯甲烷	20	1.0	2.0	6.1	11
11	乙苯	40	1.4	2.7	8.2	14
12	三甲苯	40	1.4	2.7	8.2	14
13	丙酮	40	1.4	2.7	8.2	14
14	环己酮	40	1.4	2.7	8.2	14
15	正丁醇	40	1.4	2.7	8.2	14
16	正己烷	40	1.4	2.7	8.2	14
17	2-丁酮	40	1.7	3.4	10	18
18	异丙醇	40	1.7	3.4	10	18
19	乙酸丁酯	40	1.7	3.4	10	18
20	乙酸乙酯	40	1.7	3.4	10	18
21	环己烷	40	1.7	3.4	10	18

6.4.2 无组织排放控制要求

对于VOCs的无组织排放，《标准》严格控制，要求全省所有的现有企业和新建企业自2018年1月1日起，执行表6-5和表6-6规定的苯、甲苯、二甲苯、非甲烷总烃这4项常规控制污染物项目和包括甲醛在内的21项特别控制污染物项目的无组织排放监控浓度限值。

表6-5 无组织排放监控浓度限值(常规控制污染物项目) (单位：mg/m³)

序号	污染物项目	无组织排放浓度	
		石油炼制与石油化学	其他企业
1	苯	0.2	0.1
2	甲苯	0.8	0.2
3	二甲苯	0.5	0.2
4	VOCs	2.0	2.0

表 6-6　无组织排放监控浓度限值（特别控制污染物项目）　（单位：mg/m^3）

序号	污染物项目	无组织排放浓度
1	甲醛	0.1
2	1,3-丁二烯	0.1
3	1,2-二氯乙烷	0.1
4	四氯化碳	0.3
5	萘	0.4
6	苯乙烯	0.4
7	氯甲烷	0.4
8	三氯乙烯	0.4
9	三氯甲烷	0.4
10	二氯甲烷	0.6
11	乙苯	0.8
12	三甲苯	0.8
13	丙酮	0.8
14	环己酮	0.8
15	正丁醇	0.8
16	正己烷	0.8
17	2-丁酮	1.0
18	异丙醇	1.0
19	乙酸丁酯	1.0
20	乙酸乙酯	1.0
21	环己烷	1.0

6.5　污染物监测的一般要求和污染物监测要求

6.5.1　污染物监测的一般要求

按照污染源排放标准体系要求，对污染物监测的一般要求做如下规定：

对企业排放废气的采样，应根据监测污染物的种类，在规定的污染物排放监控位置进行，有废气净化设施的，应在该设施后监控。在污染物排放监控位置须设置规范的永久性测试孔、采样平台和排污口标志。

新建企业和现有企业安装污染物排放自动监控设备的要求，应按有关法律和《污染源自动监控管理办法》的规定执行。

对企业污染物排放情况进行监测的频次、采样时间等要求，按国家有关污染源监测技术规范的规定执行。

企业应按照有关法律和法规的规定，建立企业自行监测制度，制定监测方案，对污染物排放状况及其周边环境质量的影响开展监测，保存原始监测记录，并公布监测结果。

6.5.2 污染物监测具体要求

采样点的设置与采样方法按 GB/T 16157、HJ 732、HJ/T 397 和 HJ/T 75 的规定执行。

在有敏感建筑物方位、必要的情况下进行无组织排放监控，具体要求按 HJ/T 55 进行监测。

监测的质量保证和质量控制要求按 HJ/T 373 的规定执行。

《标准》涉及的 25 种污染物控制项目的测定采用表 6-7 所列的方法，其他监测分析方法经适应性检验后也可采用。绝大多数的污染物控制项目列出了两种及以上的测定方法，这些方法按照使用的仪器设备可分为气相色谱法、气相色谱-质谱法、高效液相色谱法、分光光度法四大类，所用到的采样方法包括罐采样、吸附管采样、气袋采样等方法，样品前处理方法则包括热脱附、溶剂解吸、预浓缩等方法。这些方法是我国环境监测领域目前使用频次高的标准方法，主要来源于四大类：国家标准中适用于环境空气质量监测的方法(GB 方法)、国家环境保护标准中适用于环境空气质量监测的方法(HJ 方法)、国家环境保护标准中适用于固定污染源排气监测的方法(HJ 方法)、国家职业卫生标准中适用于工作场所空气中有毒物质测定的方法(GBZ 方法)。其中国家标准中适用于环境空气质量监测的方法(GB 方法)、国家环境保护标准中适用于环境空气质量监测的方法(HJ 方法)和国家职业卫生标准中适用于工作场所空气中有毒物质测定的方法(GBZ 方法)这 3 种适用于环境空气或车间空气的测定方法，可直接用于无组织排放废气的测定，测定固定污染源废气时需按标准所列的监测方法适用性检验(规范性附录 G)要求经采样方法的适用性检验后方可使用，如采用 HJ 759 测定苯。部分标准监测方法中虽然没有将《标准》中的污染物控制项目列入适用监测范围，但实验室可按标准所列的监测方法适用性检验(规范性附录 G)要求经检出限、精密度和准确度的适用性检验后也可使用，如采用 HJ 734 测定 1,3-丁二烯。同时，针对前述对于 VOCs 定义补充说明了待国家监测方法标准发布后，增加对主要 VOCs 物种进行定量加和的方法测量总有机化合物(以 TOC 表示)。

当前分析方法更新速度快，尤其是环境监测分析方法，在选择使用前必须要先确认方法的现行有效性，并做好方法查新工作，及时更新，避免使用作废的方法。方法选用按照《检验检测机构资质认定管理办法》、《检验检测机构资质认定评审准则》和《合格评定化学分析方法确认和验证指南》(GB/T 27417—2017)，并结合标准所列的监测方法适用性检验(规范性附录 G)开展对方法的验证或确认工作。待《检验检测机构资质认定能力评价检验检测机构通用要求》(RB/T 214—2017)在 2019 年 1 月 1 日全面实施后，需要按照新的要求和《检验检测机构资质认定环境监测机构评审补充要求》(正在征求意见，还未正式发布)选用分析方法。

表 6-7　大气污染物监测项目测定方法

序号	污染物项目	方法名称	方法来源
1	苯	罐采样-气相色谱-质谱法 固相吸附-热脱附/气相色谱-质谱法 吸附管采样-热脱附/气相色谱-质谱法 活性炭吸附二硫化碳解吸-气相色谱法 固体吸附热脱附-气相色谱法	HJ 759② HJ 734② HJ 644② HJ 584② HJ 583②
2	甲苯		
3	二甲苯		
4	苯乙烯		
5	乙苯		
6	甲醛	乙酰丙酮分光光度法	GB/T 15516
		高效液相色谱法	HJ 683②
7	1,3-丁二烯	罐采样-气相色谱-质谱法	HJ 759②
		固相吸附-热脱附/气相色谱-质谱法	HJ 734①
8	1,2-二氯乙烷	罐采样-气相色谱-质谱法	HJ 759②
		吸附管采样-热脱附/气相色谱-质谱法	HJ 644②
		活性炭吸附-二硫化碳解吸/气相色谱法	HJ 645②
9	四氯化碳	罐采样-气相色谱-质谱法	HJ 759②
		吸附管采样-热脱附/气相色谱-质谱法	HJ 644②
		活性炭吸附-二硫化碳解吸/气相色谱法	HJ 645②
10	萘	罐采样-气相色谱-质谱法	HJ 759②
		气相色谱-质谱法	HJ 646
		高效液相色谱法	HJ 647
11	氯甲烷	罐采样-气相色谱-质谱法	HJ 759②
12	三氯乙烯	罐采样-气相色谱-质谱法	HJ 759②
		吸附管采样-热脱附/气相色谱-质谱法	HJ 644②
		活性炭吸附-二硫化碳解吸/气相色谱法	HJ 645②
13	三氯甲烷	罐采样-气相色谱-质谱法	HJ 759②
		吸附管采样-热脱附/气相色谱-质谱法	HJ 644②
		活性炭吸附-二硫化碳解吸/气相色谱法	HJ 645②
14	二氯甲烷	罐采样-气相色谱-质谱法	HJ 759②
		吸附管采样-热脱附/气相色谱-质谱法	HJ 644②
15	三甲苯	罐采样-气相色谱-质谱法	HJ 759②
		固相吸附-热脱附/气相色谱-质谱法	HJ 734①
		吸附管采样-热脱附/气相色谱-质谱法	HJ 644②
16	丙酮	罐采样-气相色谱-质谱法	HJ 759②
		固相吸附-热脱附/气相色谱-质谱法	HJ 734
		高效液相色谱法	HJ 683②

续表

序号	污染物项目	方法名称	方法来源
17	环己酮	罐采样-气相色谱-质谱法	HJ 759①②
		溶剂解吸-气相色谱法	GBZ/T 160.56②
18	正丁醇	罐采样-气相色谱-质谱法	HJ 759②
		溶剂解吸-气相色谱法	GBZ/T 160.48②
19	正己烷	罐采样-气相色谱-质谱法	HJ 759②
		固相吸附-热脱附/气相色谱-质谱法	HJ 734
20	2-丁酮	罐采样-气相色谱-质谱法	HJ 759②
		高效液相色谱法	HJ 683②
21	异丙醇	罐采样-气相色谱-质谱法	HJ 759②
		固相吸附-热脱附/气相色谱-质谱法	HJ 734
		溶剂解吸-气相色谱法	GBZ/T 160.48②
22	乙酸丁酯	罐采样-气相色谱-质谱法	HJ 759①②
		固相吸附-热脱附/气相色谱-质谱法	HJ 734
23	乙酸乙酯	罐采样-气相色谱-质谱法	HJ 759②
		固相吸附-热脱附/气相色谱-质谱法	HJ 734
24	环己烷	罐采样-气相色谱-质谱法	HJ 759②
		固相吸附-热脱附/气相色谱-质谱法	HJ 734①
		溶剂解吸-气相色谱法	GBZ/T 160.41②
25	VOCs③	气相色谱法	HJ/T 38
		便携式氢火焰离子化检测器法	附录 I

注：①经检出限、精密度和准确度的适用性检验后方可使用；
②适用于环境空气或车间空气的测定方法，可直接用于无组织排放废气的测定，测定固定污染源废气时需经采样方法的适用性检验后方可使用；
③待国家监测方法标准发布后，增加对主要 VOCs 物种进行定量加和的方法测量总有机化合物(以 TOC 表示)。

6.6 实施与监督

按照污染源排放标准体系要求，对《标准》的实施与监督规定如下。

《标准》由县级以上人民政府环境保护行政主管部门负责监督实施。

在任何情况下，企业均应遵守《标准》规定的大气挥发性有机物排放控制要求，采取必要措施保证污染防治设施正常运行。各级环境保护部门在对企业进行监督性检查时，可以现场即时采样或监测的结果，作为判定排污行为是否符合排放标准以及实施相关环境保护管理措施的依据。

《标准》实施后，新制定或新修订的国家或四川省污染物排放标准严于《标准》的，按照从严要求的原则，按其适用范围执行相应的污染物排放标准。

6.7 《标准》附录

《标准》包含 8 个规范性附录，可以分为 4 类。相关行业术语定义则为资料性附录。

6.7.1 典型行业受控工艺设施和污染物项目

第一类规范性附录是典型行业受控工艺设施和污染物项目，针对家具制造，印刷，石油炼制，涂料、油墨、胶黏剂及类似产品制造，橡胶制品制造，汽车制造，表面涂装，农药制造，医药制造，电子产品制造业 10 个重点工业行业涉及 VOCs 排放的受控工艺设施进行了梳理，将这些工艺过程中排放的特征污染物作为必测污染物项目，对于其他可能排放的污染物作为选测污染物项目，具体如表 6-8 所示。

表 6-8　典型行业受控工艺设施和污染物项目

行业名称	受控工艺设施	必测污染物项目	选测污染物项目
家具制造	喷涂、调漆、干燥等	甲醛、苯、甲苯、二甲苯、VOCs	丙酮、2-丁酮、环己酮、正丁醇、乙酸丁酯、乙酸乙酯等
印刷	印刷、烘干等	VOCs	苯、甲苯、二甲苯、2-丁酮、异丙醇、乙酸乙酯、丙酮、正丁醇、乙酸丁酯等
石油炼制	重整催化剂再生	VOCs	—
	废水处理有机废气收集处理	苯、甲苯、二甲苯、VOCs	1,3-丁二烯、正己烷、环己烷、乙苯、三甲苯、氯甲烷、1,2-二氯乙烷等
农药制造	混合、涂覆、分离等	VOCs	苯、甲苯、二甲苯、乙苯、三甲苯、正己烷、氯甲烷等
涂料、油墨、胶黏剂及类似产品制造	原料混配、分散研磨及生产等	甲醛、苯、甲苯、二甲苯、VOCs	2-丁酮、丙酮、乙酸乙酯、乙苯、三甲苯、异丙醇、正丁醇、乙酸丁酯、二氯甲烷、环己烷、1,2-二氯乙烷、苯乙烯等
医药制造	化学反应、生物发酵、分离、回收等	VOCs	苯、甲苯、二甲苯、1,2-二氯乙烷、三氯甲烷、环氧乙烷、乙酸丁酯、正丁醇、乙酸乙酯、二氯甲烷等
橡胶制品制造	炼胶、硫化	VOCs	—
	胶浆制备、浸浆、胶浆喷涂和涂胶	苯、甲苯、二甲苯、VOCs	1,3-丁二烯、1,2-二氯乙烷、三氯甲烷、三氯乙烯、环己酮、丙酮、乙酸乙酯、乙酸丁酯等
汽车制造	底漆、喷漆、补漆、烘干等	苯、甲苯、二甲苯、VOCs	丙酮、异丙醇、乙酸丁酯、三甲苯、乙苯、正丁醇、2-丁酮、乙酸乙酯、环己酮等
电子产品制造	清洗、蚀刻、涂胶、干燥等	VOCs	苯、甲苯、二甲苯、异丙醇、丙酮、三氯乙烯、2-丁酮、正丁醇、环己酮、乙酸乙酯、二氯甲烷、乙酸丁酯等
表面涂装	喷涂、烘干等	苯、甲苯、二甲苯、VOCs	三甲苯、乙苯、正丁醇、2-丁酮、乙酸乙酯、环己酮等
涉及有机溶剂生产和使用的其他行业	—	VOCs	—

6.7.2 工艺措施和管理要求

第二类规范性附录是对涉及有机溶剂使用和 VOCs 的产生、收集、处理、排放提出明确的管理要求，包括源头控制、废气收集、净化处理与综合利用、VOCs 污染控制的记录要求 4 个方面。这些要求不仅是污染企业管理和控制 VOCs 的要求，同时也是环境保护部门监管污染企业的操作指南。

在源头控制方面，结合国家有关 VOCs 污染防治的最新要求，提出了如下要求：所使用的原辅材料中的 VOCs 含量应符合国家相应标准的限量要求；鼓励采用先进的清洁生产技术，提高生产原料的转化和利用效率；鼓励生产和使用水基型、无有机溶剂型、低有机溶剂型、低毒、低挥发的产品和材料；鼓励在生产过程采用密闭一体化生产技术，以减少无组织排放；含 VOCs 的原辅材料在储存和输送过程中应保持密闭，使用过程中随取随开，用后应及时密闭，以减少挥发。

在废气收集方面要求：产生 VOCs 的生产工艺和装置必须加装密闭排气系统和管道，保证无组织逸散的 VOCs 导入净化设施；考虑生产工艺、操作方式以及废气性质和处理方法等因素，对 VOCs 排放废气进行分类收集；废气收集系统排风罩的设置应符合 GB/T 16758 的规定；废气收集系统宜保持负压状态(绝对压力低于环境大气压 5kPa)。

在 VOCs 净化处理与综合利用方面要求：鼓励 VOCs 的回收利用，并优先鼓励在生产系统内回用；企业应安装有效的净化设施，净化设施应先于生产活动及工艺设施启动，并同步运行，后于生产活动及工艺设施关闭；废弃溶剂应及时进行收集并密闭保存，定期处理，并记录处理量和去向；对于不能再生的过滤材料、吸附剂及催化剂等净化材料，应按照国家固体废物管理的相关规定处理处置；严格控制 VOCs 处理过程中产生的二次污染，对于催化燃烧和热力焚烧过程中产生的含硫、氮、氯等元素的废气，以及吸附、吸收、冷凝、生物等治理过程中所产生的含有机物废水、固废等应妥善处理，并达到相应标准要求后排放；对于含高浓度 VOCs 的废气，宜优先采用冷凝回收、吸附回收技术进行回收利用，并辅助以其他治理技术以满足标准要求；对于含中等浓度 VOCs 的废气，可采用吸附技术回收有机溶剂，或采用催化燃烧和热力焚烧技术净化以满足标准限值要求。当采用催化燃烧和热力焚烧技术进行净化时，应进行余热回收利用；对于含低浓度 VOCs 的废气，有回收价值时可采用吸附技术、吸收技术对有机溶剂进行回收；不宜回收时，可采用吸附浓缩燃烧技术、生物技术、吸收技术、等离子体技术或紫外光高级氧化技术等净化以满足标准限值要求；对于含有机卤素成分 VOCs 的废气，应采用二次污染少的适宜技术和方法治理，不宜采用焚烧技术处理；净化设施的运行参数应符合设计文件的要求，必须按照生产厂家规定的方法进行维护，填写维护记录，并在环境保护行政主管部门备案。

对涉及 VOCs 污染控制的记录要求：VOCs 使用量(如有机溶剂或其他输入生产工艺的 VOCs 的量)、每种含 VOCs 原辅材料中 VOCs 的含量、排放量(随废溶剂、废弃物、废水或其他方式输出生产工艺的量)、净化设施处理效率等数据应每月记录；净化设施为酸碱洗涤吸收装置，应记录保养维护事项，并每日记录各洗涤槽洗涤循环水量及 pH；净化设施为清水洗涤吸收装置，应记录保养维护事项，并每日记录各洗涤槽洗涤循环水量及废水排放流量；净化设施为冷凝装置，应每月记录冷凝液量及每日记录气体出口温度、冷凝剂出口温度；净化设施为吸附装置，应记录吸附剂种类、更换/再生周期、更换量，并每日记录操作温度；净化设施为生物净化设施，应记录保养维护事项，以确保该设施的状态适合生物生长代谢，并每日记录处理气体风量、进口温度及出口相对湿度；净化设施为热力燃烧装置，应每日记录燃烧温度和烟气停留时间；净化设施为催化燃烧装置，应记录催化剂种类、催化剂床更换日期，并每日记录催化剂床进、出口气体温度和停留时间；其他净化设施，应记录保养维护事项，并每日记录主要操作参数；记录至少需保存 3 年。

6.7.3　计算方法附录

第三类规范性附录是涉及最高允许排放速率、等效排气筒有关参数、去除效率计算和汽车制造涂装生产线单位涂装面积 VOCs 排放总量核算的规范性要求。其中，最高允许排放速率、等效排气筒有关参数、去除效率计算方法均为国家污染源排放标准体系的规范化要求，汽车制造涂装生产线单位涂装面积 VOCs 排放总量核算附录是针对汽车制造业的单位排放量计算方法。

6.7.4　监测方法附录

第四类规范性附录是有关监测方面的两个规范性附录。由于《标准》提出的污染物控制项目较国家固定污染源排放标准体系多，部分污染物控制项目的固定污染源监测方法不全，所以《标准》提出了监测方法适用性检验附录，原本用于环境空气质量监测或者工作场所空气中有毒物质测定的方法通过采样方法的适用性检验后可用于固定污染源排放废气的监测。

对于采样方法的适用性检验，主要是利用加标法和串联采样两种方法。其中加标法检验是指使用两套完全相同的采样装置，采样前在其中一个采样管中加入一定量的标准物，通过计算回收率来判定是否适用于固定污染源废气采样(回收率有效范围为 0.70～1.30)。串联采样检验是指串联两支吸附管或吸收管采样，如果在后一支吸附管或吸收管中检出目标化合物的量小于总量的 10%，则适用于固定污染源废气采样。

检出限的适用性检验有两个方法，其中的空白试验中检出目标物质要求：按照样品分析的全部步骤，重复 $n(n\geqslant7)$ 次空白试验，将各测定结果换算为样品中的浓度或含量，通过计算 n 次平行测定的标准偏差来计算方法检出限，如方法检出限小于标准限值的 25%，则该方法适用。而空白试验中未检出目标物质时，按照样品分析的全部步骤，对浓度或含量为估计方法检出限的 2～5 倍的样品进行 $n(n\geqslant7)$ 次平行测定，通过计算 n 次平行测定的标准偏差来计算方法检出限，如方法检出限小于标准限值的 25%，则该方法适用。

精密度的适用性检验要求：当用标准气体进行测定时，采用高、中、低 3 种不同浓度的标准气体，按照全程序每个样品平行测定 6 次，分别计算不同浓度标准气体的相对标准偏差；当用实际样品进行测定时，选择 1～3 个含量水平的样品进行分析测试，按照全程序每个样品平行测定 6 次，分别计算不同样品的相对标准偏差。如相对标准偏差均小于 30%，则该方法适用。

准确度的适用性检验要求：选择 2～3 种不同类型的样品，进行加标，加标量为实际样品的 40%～60%，按全程序对样品和加标样品分别测定 6 次，分别计算每个样品的加标回收率。如不同加标浓度/含量水平的加标回收率在 70%～130%，则该方法适用。

《标准》根据最新的监测方法和监测设备的发展情况，提出了采用便携式氢火焰离子化检测器法测定 VOCs 的方法。监测方法原理与国家环境保护标准监测方法(HJ 38 和 HJ 604)基本一致：样品直接进入氢火焰离子化检测器检测得到 VOCs 总量(以碳计)，样品进入高温催化装置(高温催化装置能够将除甲烷以外的其他有机化合物全部转化为二氧化碳和水)或色谱分离装置(分离出甲烷)后再经氢火焰离子化检测器检测得到甲烷(以碳计)的含量，两者之差即为 VOCs 的含量(以碳计)。同时以除烃空气测定氧的空白值，以扣除测定 VOCs 总量时氧的干扰。

根据便携式监测的要求，对 VOCs 测试仪的集成提出了要求：由采样系统、电源系统、甲烷分离装置、氢火焰离子化检测器、流量控制系统及数据采集处理系统等组成，其中采样系统包括具有滤尘与全程加热及保温装置的采样管线、流量计及其他导气管线等，采样管内衬及导气管线为惰性材料(如不锈钢、硬质玻璃或聚四氟乙烯材质)；甲烷分离装置可选择高温催化装置或色谱分离装置；配置可以检测 VOCs 总量和甲烷的响应强度的氢火焰离子化检测器，以及用于控制氢火焰离子化检测器所需的各类气体流量以及 VOCs 总量和甲烷测定时的管线转换等；配置自动化的数据采集处理系统，用以采集氢火焰离子化检测器响应值，能自动扣除氧的干扰，自动计算 VOCs 总量、甲烷和 VOCs 的监测结果并记录。便携式 VOCs 测试仪的检出限≤0.2mg/m^3(以碳计)。

6.7.5 相关行业术语定义

根据《国家经济行业分类》(GB/T 4754)的要求，对《标准》涉及的家具制造，印刷，石油炼制，涂料、油墨、胶黏剂及类似产品制造，橡胶制品制造，汽车制造，表面涂装，农药制造，医药制造，电子产品制造业 10 个重点工业行业进行术语定义，以方便标准的准确使用。

家具制造业：指用木材、金属、塑料、竹、藤等材料制作的，具有坐卧、凭倚、储藏、间隔等功能，可用于住宅、旅馆、办公室、学校、餐馆、医院、剧场、公园、船舰、飞机、机动车等任何场所的各种家具的制造(国民经济行业代码 C21)。

印刷业：指使用印版或其他方式将原稿上的图文信息转移到承印物上的生产过程，包括出版物印刷、包装装潢印刷、其他印刷品印刷和排版、制版、印后加工四大类(国民经济行业代码 C231)。

石油炼制业：指以原油、重油等为原料，生产汽油馏分、柴油馏分、燃料油、润滑油、石油蜡、石油沥青和石油化工原料等的生产活动(国民经济行业代码 C251“精炼石油产品制造”)。

农药制造业：指用于防治农业、林业作物的病、虫、草、鼠和其他有害生物，调节植物生长的各种化学农药、微生物农药、生物化学农药，以及仓储、农林产品的防蚀、河流堤坝、铁路、机场、建筑物及其他场所用药的原药和制剂的生产活动(国民经济行业代码 C263)。

涂料、油墨、胶黏剂及类似产品制造业：涂料制造指在天然树脂或合成树脂中加入颜料、溶剂和辅助材料，经加工后制成的覆盖材料的生产活动。油墨制造指由颜料、连接料(植物油、矿物油、树脂、溶剂)和填充料经过混合、研磨调制而成，用于印刷的有色胶浆状物质，以及用于计算机打印、复印机用墨等的生产活动。胶黏剂及类似产品制造指以黏料为主剂，配合各种固化剂、增塑剂、填料、溶剂、防腐剂、稳定剂和偶联剂等助剂制备胶黏剂(也称胶黏剂或黏合剂)的生产活动(国民经济行业代码 C264)。

医药制造业：指原料经物理过程或化学过程后成为医药类产品的生产活动，医药类产品包含化学药品原料药、化学药品制剂、兽用药品等(国民经济行业代码 C27)。

橡胶制品制造业：指以天然及合成橡胶为原料生产各种橡胶制品的生产活动，还包括利用废橡胶再生产橡胶制品的生产活动，不包括橡胶鞋制造(国民经济行业代码 C291)。

汽车制造业：指由动力装置驱动，具有 4 个以上车轮的非轨道、无架线的车辆，并主要用于载送人员和(或)货物、牵引输送人员和(或)货物的车辆制造，还包括改装汽车、低速载货汽车、电车、汽车车身、挂车等的制造(国民经济行业代码 C27)。

表面涂装业：指为保护或装饰加工对象，在加工对象表面覆以涂料膜层的过程(国民经济行业代码 C34“金属制品业”、C35“通用设备制造业”、C36“专用设备制造业”、C373“摩托车制造”、C374“自行车制造等其他交通运输设备制造”、C39“电气机械及器材制造”等)。

电子产品制造业：指电子器件制造指电子真空器件制造、半导体分立器件制造、集成电路制造、光电子器件及其他电子器件制造的生产活动(国民经济行业代码 C396)。电子元件制造指电子元件及组件制造、印制电路板制造的生产活动(国民经济行业代码 C397)。

涉及有机溶剂生产和使用的其他行业：指除以上行业外涉及有机溶剂生产和使用，并排放挥发性有机物的其他工业行业。加油站、储油库虽然排放挥发性有机物，但由于不涉及有机溶剂生产和使用，也不是工业行业，故不属于《标准》定义的涉及有机溶剂生产和使用的其他行业。建筑装修装饰、干洗等生活源排放了挥发性有机物，也涉及有机溶剂的使用，但因为不是工业行业，故也不属于《标准》定义的涉及有机溶剂生产和使用的其他行业。餐饮油烟和农村秸秆焚烧会排放挥发性有机物，但由于不涉及有机溶剂生产和使用，也不是工业行业，故不属于《标准》定义的涉及有机溶剂生产和使用的其他行业。

第7章　净化设施工程案例

本章对各类VOCs污染治理技术进行了梳理，并列举了10个常用的VOCs净化设施典型工程案例，从收集处理气体的特征、适用范围、主要工艺原理、关键技术及设计创新特色、工程运行情况、主要环境保护经济指标和应用领域进行了分析[35]。

7.1　VOCs污染治理技术

7.1.1　吸收技术

吸收法采用低挥发或不挥发液体为吸收剂，利用废气中各种组分在吸收剂中溶解度或化学反应特性的差异，使废气中的有害组分被吸收剂吸收，从而达到净化废气的目的。吸收技术广泛应用于气态污染物控制中，主要适用于大通量、中等浓度的VOCs废气处理。该方法不仅能消除气态污染物，还能回收一些有用的物质，去除率可达到95%～98%。吸收法的优点是高效、设备工艺简单、吸收剂可循环使用、一次性投入费用低、吸收剂价格便宜、投资少、运行费用低，适用于废气流量较大、浓度较高、温度较低和压力较高情况下气相污染物的处理，在喷漆、绝缘材料、黏结、金属清洗和化工等行业得到了比较广泛的应用。缺点是吸收剂经常需要再生、设备易受腐蚀、对设备要求较高、需要定期更换吸收剂。如使用柴油作吸收剂还存在一定程度的安全隐患。

VOCs的吸收通常为物理吸收。根据有机物相似相溶原理，常采用沸点较高、蒸气压较低的柴油、煤油作为溶剂，使VOCs从气相转移到液相中，然后对吸收液进行解吸处理，回收其中的VOCs，同时使溶剂得以再生。吸收效果主要取决于吸收剂的吸收性能和吸收设备的结构特征。从方法原理上讲，吸收液的气液蒸气压平衡由亨利定律所限制，对一些水溶性较高的化合物，也可以使用水作为吸收剂。吸收主体设备为吸收塔，吸收塔的类型有填料塔、湍球塔、板式塔、喷淋塔等多种形式，吸收塔的主要功能是使VOCs气体与吸收剂液体充分接触。常见的吸收器是填料洗涤吸收塔。

7.1.2　吸附技术

吸附法利用废气捕集装置收集生产车间的污染气体，通过具有较大比表面积的吸附剂如活性炭或吸附棉等脱除废气中的有机污染物后排入大气。吸附法是一种传统的废气治理技术，属于干法工艺，主要用于低浓度、高通量的VOCs处理。此方法的优点是设备相对简单、投入低、处理效率较好、能耗低、去除率高、净化彻底、易于推广，有很好的环境和经济效益。但其缺点也比较突出，如设备庞大、流程复杂。另外，废气中的漆雾会堵塞吸附剂，造成阻力降增加，尤其是采用喷涂技术时会形成大量的油漆气溶胶；吸附剂饱和后丧失脱除效果，需要更换，运行费用增加。

决定吸附法处理 VOCs 的关键是吸附剂，吸附剂应具有细孔结构密集、比表面积大、吸附性能好、化学性质稳定、不易破碎、对空气阻力小等特点。常用的吸附剂有粒状活性炭、活性炭纤维、人工沸石、分子筛、多孔黏土矿石、活性氧化铝、硅胶和高聚物吸附树脂等。目前，多数采用活性炭，其去除效率高，物流中有机物浓度在 1000ppm[①]以上，吸附率可达 95%以上。活性炭吸附法最适于处理 VOCs 浓度为 300～5000ppm 的有机废气，主要用于吸附回收脂肪和芳香族碳氢化合物、大部分含氯溶剂、常用醇类、部分酮类和酯类等。吸附技术主要包括固定床吸附技术、移动床(含转轮)吸附技术、流化床吸附技术和变压吸附技术等。国内目前主要是采用固定床吸附技术，吸附剂通常为颗粒活性炭和活性炭纤维。治理设施的风量按照最大废气排放量的 120%进行设计，废气治理效率达到 90%以上，溶剂回收率达到 80%以上。治理设施的安装与运行需满足《吸附法工业有机废气治理工程技术规范》(HJ 2026—2013)。为提高净化效率，吸附法常与吸收、冷凝、催化燃烧等方法混合使用。

单纯使用活性炭吸附法处理 VOCs 可达标排放，但实际上运维费用十分高昂，大量饱和后的活性炭处理更耗费巨大，部分企业在使用活性炭吸附的治理设施时，由于没有活性炭的再生手段，或因更换活性炭的费用高，很多没有按照要求定期更换活性炭，中小型污染源一般没有安装在线监测装置，环境保护部门难以进行有效监管。炭箱内没有活性炭，活性炭设施过于简陋、几乎不换炭，活性炭选用与实际设计不符，使用量过少等现象普遍存在。

7.1.3　燃烧技术

燃烧技术也是传统的有机废气治理技术之一，应用广泛，特别是用于对中、低浓度有机废气的处理十分可靠。其原理是用过量的空气使 VOCs 燃烧或在高温下分解有害物质，燃烧时放出的大量的热可以回收利用。这种方法只能适用于净化那些可燃的或在高温情况下可以分解的有害物质。化工、喷漆、绝缘材料等行业排放的有机废气广泛采用了燃烧净化的手段。VOCs 燃烧氧化的最终产物是 CO_2、H_2O 等，使用这种方法不能回收有用物质，但燃烧时放出大量的热，使排气的温度很高，所以可以回收热量。燃烧法作为目前处理效率和效果相对理想的工艺，虽然价格相对昂贵且运行费用不低，但已被大部分专家和部分环境主管部门认可，甚至制定为主要治理工艺。目前使用的燃烧净化方法有直接燃烧、热力燃烧和催化燃烧。

直接燃烧法是使 VOCs 在较高温度下迅速转化为 CO_2 和 H_2O，温度一般在 1100℃以上，适合于治理 VOCs 浓度在 5000～10000mg/m^3 的有机废气。直接燃烧法工艺成熟，在适当的温度和保留时间下，可以达到 99%的热处理效率，运行费用较低。其缺点是投资大，容易发生爆炸，氧化空气中的 N_2 生成 NO_x，产生二次污染。

热力燃烧法是在废气中 VOCs 浓度低时添加燃料以帮助其燃烧的方法，一般用于处理废气中含可燃组分浓度较低的情况。在热力燃烧中，被净化的废气不是作为燃料，而是作

① ppm 含义为 10^{-6} 即表示百万分之一浓度，为行业通用单位。

为提供氧气的辅燃气体。热力燃烧所需的温度较直接燃烧低，为 540～820℃。温度、停留时间和湍流混合程度是影响热力燃烧的关键因素。热力燃烧炉分为配焰燃烧炉和离焰燃烧炉两种。

催化燃烧法是在系统中使用合适的催化剂，使废气中的有机物在较低温度下氧化分解的方法。该法的优点是技术相对成熟，无火焰燃烧，安全性好，要求的燃烧温度低(大部分烃类和 CO 在 200～450℃即可完成反应)，辅助燃料费用低，对可燃组分浓度和热值限制较少，二次污染物 NO_x 生成量少，燃烧设备的体积较小，VOCs 去除率高。缺点是催化剂容易中毒，对进气成分要求不得含有导致催化剂失活的成分。同时催化剂成本很高使该法处理费用大大提高，而且不完全燃烧能产生比进入的气体更有害的尾气，如乙醛、二噁英等。目前催化燃烧技术广泛应用于金属印刷、漆包线、炼焦、油漆、化工等多种行业中，用于净化有机废气和处理汽车尾气。该治理技术的安装与运行需满足《催化燃烧法工业有机废气治理工程技术规范》(HJ 2027—2013)。

当废气中有机物浓度较低时，采用燃烧法能耗较大。为了提高热利用效率，降低设备的运行费用，近年来发展了蓄热式热力焚烧技术，并得到了广泛应用。蓄热式热力焚烧技术的蓄热式氧化炉在高温条件下可将废气中的 VOCs 氧化成无害的 H_2O 和 CO_2，从而净化废气，并回收废气分解时所释放出来的热量。三室蓄热式氧化炉废气分解效率可达 99%以上，热回收效率达到 95%以上。蓄热式热氧化法与传统的催化燃烧、直燃式热氧化炉相比，具有热效率高、运行成本低、能处理大风量中低浓度废气等优点，浓度稍高时，还可进行二次余热回收，大大降低了生产运营成本；但也存在装置体积大、只能放在室外，一次性投资费用相对较高，不能彻底净化处理含硫、含氮、含卤素有机物的缺点。

7.1.4 生物技术

生物降解技术最早用于脱臭，近年来逐渐发展成为 VOCs 的新型污染控制技术。生物法主要利用微生物，使 VOCs 经过必要的代谢与降解，转化为无害的 CO_2、H_2O、简单细胞组成的物质或无机物，从而去除 VOCs。生物法具有去除率高、设备简单、运行费用低、较少形成二次污染的特点，尤其是在处理低浓度、生物降解性好的气态污染物时更显经济性的优点；但也存在压力损失大、抗冲击负荷能力差、微生物对生长环境要求高、对温度和湿度变化敏感、体积大、不适用于高卤素化合物的缺点。常见的生物处理工艺包括生物过滤法、生物滴滤法、生物洗涤法、膜生物反应器和转盘式生物过滤反应器法。

7.1.5 低温等离子体技术

低温等离子体净化技术是近年来发展起来的废气治理新技术。低温等离子体破坏技术属低浓度 VOCs 治理的前沿技术。该方法利用介质放电所产生的等离子体以极快的速度轰击废气中的污染气体分子，激活、电离、裂解废气中的各种成分，通过氧化等一系列复杂的化学反应，打开污染物分子内部的化学键，使复杂大分子污染物转变为一些小分子的安全物质(如 CO_2 和 H_2O)，或使有毒有害物质转变为无毒无害或低毒低害的物质。

在实际应用中，低温等离子体技术对净化臭味具有良好的效果，如橡胶废气、食品加工废气等的除臭。该方法单独使用时，仅适用于处理低浓度有机废气或恶臭气体；治理效率要求更高时，应采用多种技术的组合工艺。对于含油雾、漆雾或颗粒物的废气，应配置高效过滤等适宜的预处理工艺。低温等离子设备运行时产生大量臭氧，会造成二次污染。有机废气绝大部分是易燃、易爆的化合物，等离子体运行时的拉弧极易引爆 VOCs，其安全性也备受关注。使用低温等离子体技术需给出处理装置设计的电压、频率、电场强度、稳定电离能等参数，同时出具所用电气元件的出厂防爆合格证。

7.1.6　光催化氧化技术

光催化氧化技术是利用特种紫外线波段，在催化剂的作用下，将氧气催化生成臭氧和羟基自由基及负氧离子，再将 VOCs 分子氧化的一种处理方式。在该技术的应用中， UV 管的波长、光催化材料、反应时间、相对湿度、灰尘颗粒物等都是处理 VOCs 成败的瓶颈要素。目前普遍认为光催化氧化法在使用中由于反应时间太短，VOCs 在光催化氧化反应会生成酮、醛等二次污染物和大量的臭氧。光催化技术单独使用时，仅适用于处理低浓度有机废气或恶臭气体；治理效率要求更高时，应采用多种技术的组合工艺。对于含油雾、漆雾或颗粒物的废气，应配置高效过滤等适宜的预处理工艺。使用光催化氧化技术，需给出所用催化剂种类、催化剂负载量等参数，并出具所用电气元件的防爆合格证。

7.1.7　脉冲电晕技术

脉冲电晕技术基本原理是通过沿陡峭、脉冲窄的高压脉电晕的电，在常温常压下获得非平衡等离子体，即产生大量高能电子和 O^{2-}、OH^{-}等活性粒子，对有害物质分子进行氧化降解反应，使污染物最终无害化。该技术适用于低浓度的 VOCs 废气处理，其优点在于工艺流程简单，维护方便；处理效率高，运行费用低，特别对芳烃的去除效率高。缺点是对高浓度 VOCs 处理效率不高，目前还停留在实验室阶段。

7.1.8　组合技术

VOCs 种类繁多、组分复杂、性质各不相同，单一的控制技术通常不可能到达预期目标，但如果根据污染物的具体成分及排污特点，将各类末端处理技术组合使用，则会达到较高的处理效率。例如，对于含高浓度 VOCs 的废气，可采用冷凝加吸附组合的回收技术；对于含低浓度 VOCs 的废气，有回收价值时，可采用吸附加吸收技术对有机溶剂回收后达标排放，不宜回收时，可采用吸附浓缩加燃烧技术后达标排放。

7.2　活性炭吸附回收技术典型工程案例

活性炭吸附回收技术是循环经济的一种良好应用，可以在不使用深冷、高压等手段下，达到节能降耗的目的，同时使 VOCs 处理效率达到 90%以上，市场潜力巨大。

以下是乙酸乙酯有机尾气活性炭纤维吸附回收装置的典型案例。

1.气体特征

废气主要成分为乙酸乙酯。

2.适用范围

活性炭吸附回收技术适于处理VOCs浓度为300～5000ppm的有机废气，主要用于吸附回收脂肪和芳香族碳氢化合物、大部分含氯溶剂、常用醇类、部分酮类和酯类等。

3.主要工艺原理

由于固体表面上存在未平衡和未饱和的分子引力或化学键力，因此当此固体表面与气体接触时，就能吸引气体分子，使其浓聚并保持在固体表面，此种现象称为吸附。吸附法就是利用固体表面的吸附能力，使废气与表面的多孔性固体物质相接触，废气中的污染物被吸附在固体表面上，使其与气体混合物分离，从而达到净化的目的。根据气体分子与固体表面分子作用力的不同，吸附可分为物理吸附和化学吸附，前者是分子间作用力的结果，后者是分子间形成化学键的结果。活性炭或活性炭纤维吸附就是采用物理吸附。

4.关键技术及设计创新特色

在技术上从浓度和风量的匹配计算，为干式复合机配置了一套全自动的活性炭纤维吸附回收装置，设计考虑了风速、动态饱和吸附率、能源消耗和设备的成本，可以达到一个最佳的效率。

(1)热能利用方面，吸附后的洁净排风设计了回风三通阀，其通过和空冷系统的热交换，可以作为烘箱进风，节约了烘箱加热所需要的能量；解吸释放出的热能，通过交换系统，作为精馏系统和废水处理系统的预加热，实现了热能最大限度的循环利用。

(2)废水经过处理后，作为循环水系统的补水解决了二次污染的问题，同时降低了新鲜水的补充。

(3)解吸过程，结合蒸汽流量计及蒸汽调节阀，有效降低了蒸汽的耗量，同时有效解决了活性炭纤维解吸后存水的问题，大大提高了活性炭纤维的使用寿命。

(4)在活性炭纤维的使用上，选用了比表面积达到$1350m^2/g$的高强度活性炭纤维，该纤维具有吸附率强、单丝强度高、疏水性能好、使用寿命长的特点。

(5)安全性方面，对溶剂闪点、风管内风速、不同溶剂吸附放热的速度等方面综合考虑；使用了阻火器，避免设备的回火，大大提高了设备整体的安全性和可靠性。

5.工程运行情况及主要环境保护经济指标

该案例投资额188万元，处理能力$40000m^3/h$；溶剂损耗量为2t/d。吸附系统的有机溶剂气体的吸附效率达90%～95%，系统回收率达95%，运行噪声不大于85dB。

该案例装置回收乙酸乙酯1.75t/d，每年运转300d，溶剂按平均7800元/t，则年收益不低于400万元；年运行费用消耗约217万元(包括电耗、蒸汽消耗、更换吸附质)。

6.应用领域

活性炭纤维吸附回收装置适用于石油、化工、橡胶、印刷油墨、喷涂、电缆及漆包线、家具、涂装喷漆等工业的有机废气治理。

7.3　冷凝-膜分离处理技术典型工程案例

膜分离是以选择性透过膜为分离介质，在外力推动下对混合物进行分离、提纯、浓缩的一种新型分离技术。目前，膜分离纯化技术包括微滤、超滤、反渗透、纳滤、气体分离、渗透气化、电渗析等。该法是一种新型高效分离技术，装置的中心部分为膜元件，常用的膜元件为平板膜、中空纤维膜和卷式膜，又可分为气体分离膜和液体分离膜等。气体膜分离技术利用有机蒸汽与空气透过膜的能力不同，使二者分开。

该法已成功地应用于许多用其他方法难以回收有机物的领域。用该法可以回收有机废气中的丙酮、四氢呋喃、甲醇、乙腈、甲苯等(浓度为 50%以下)，回收率可达 95%以上。膜分离法最适合于处理 VOCs 浓度较高的气体，对大多数间歇过程，因温度、压力、流量和 VOCs 浓度会在一定范围内变化，所以要求回收设备有较强的适应性，膜系统正能满足这一要求。

单一的废气回收工艺方法无法实现低碳绿色的排放要求，而两种或多种废气回收组合工艺方法可以避开这些不足，实现综合性能更优、吸收效果更高、外排气体中有机物浓度更低的最佳效果。

以下是聚乙烯厂 VOCs 冷凝-膜分离处理工程的典型案例。

1.气体特征

聚乙烯厂废气主要来源于聚乙烯的生产和清洗过程。气体中的 VOCs 主要有乙烯、丁烯、丁烯戊烷油等，气体中丁烯戊烷油的体积浓度为 5%～6%，丁烯的体积浓度为 5%～6%，气体流量为 1000～2000m^3/h。

2.适用范围

冷凝-膜分离处理法适用于 VOCs 浓度较高的气体处理。

3.主要工艺原理

聚乙烯生产装置排料口尾气通过冷凝器除去部分高沸点 VOCs 后，进入膜组件进行 VOCs 的分离和浓缩。浓缩后的 VOCs 气体再次用于聚乙烯生产，经过冷凝(使用乙二醇作为制冷剂)、膜处理和净化后的气体排放至烟囱。其中膜组件的使用寿命为 3～5 年。工艺流程图如图 7-1 所示。

4.关键技术及设计创新特色

该工艺能做到按品种分开回收，回收物为纯净产品。

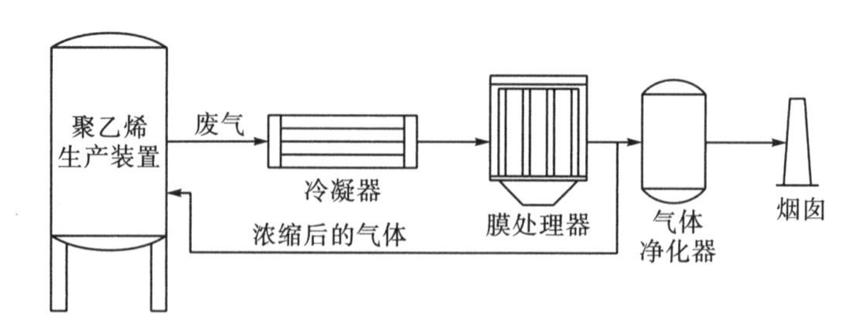

图 7-1 冷凝-膜分离处理技术工艺流程图

5.工程运行情况及主要环境保护经济指标

设备运行稳定，维护简单。乙烯和丁烯回收率达到 70%。设备处理效果受温度影响较大，夏天气温高时处理效果不好。该案例中冷凝器及膜分离系统的建设费用为 600 万元，运行费用主要为冷凝器空压机(380kW)电费。

6.应用领域

冷凝-膜分离技术主要适用于医药、化工和合成材料等行业的有机废气治理。

7.4 冷凝-转轮活性炭吸附联用技术典型工程案例

活性炭是转轮装置使用的一种主要吸附材料。活性炭孔穴丰富，比表面积大，具有较好的广谱适用性。利用高性能的活性炭、活性炭纤维等吸附介质吸附有机废气，吸附接近饱和后，用饱和水蒸气或热氮气作为脱附介质反吹装填吸附剂进行有机成分的解析，解析出的高浓度混合气体经冷凝、分离回收有机溶剂。

冷凝-转轮活性炭吸附联用具有的技术优势如下：①采用活性炭或活性炭纤维，该介质有微孔结构，比表面积大，具有吸附量高的特点；②吸脱附行程短，速度快，滤阻小，吸、脱附效率高，同时回收有用溶剂，并且实现达标排放；③系统可自动控制，无人值守运行；④工艺简单、设备少、运行费用低、能耗低、管理方便。

以下是正极片涂布干燥有机废气处理工程的典型案例。

1.气体特征

有组织废气主要有涂布工序产生的有机废气、注液车间产生的有机废气。其中 NMP(*N*-甲基吡咯烷酮)废气污染物浓度高。

2.适用范围

冷凝-转轮活性炭吸附联用技术适用于低浓度、多组分、高风量有机废气处理。

3.主要工艺原理

烘干工序设有的涂布机自身带有烘箱，利用电热循环热风烘干正极片，烘干过程中，NMP 溶剂会完全挥发出来，其工艺流程图如图 7-2 所示。

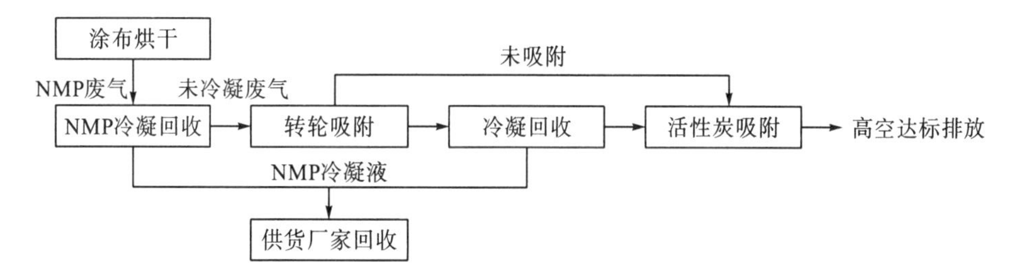

图 7-2 冷凝-转轮活性炭吸附联用技术工艺流程图

4.关键技术及设计创新特色

(1) 高性能和高效率：吸附转轮优于活性炭直接吸附，可满足不同的操作条件。

(2) 可以处理高沸点挥发性有机化合物：疏水性沸石可耐高热且不易燃，高温使用时可以发挥优势。

(3) 清洁：转轮在高温下烧成，不会对被处理气体造成二次污染。

(4) 安全：转轮由分子筛 X7+硅胶制成，耐高温，完全不可燃。

(5) 节能：转轮吸附 NMP 和解吸所需能量相对于常规可减少 40%。

5.工程运行情况及主要环境保护经济指标

该案例中 NMP 废气冷凝回收+转轮吸附+活性炭吸附相结合的净化设施投资约 380 万元。NMP 废气采用上述治理措施，能达到《电池工业污染物排放标准》(GB 30484—2013) 新建企业大气污染物排放限值中的“锂离子/锂电池”非甲烷总烃排放标准。

6.应用领域

冷凝-转轮活性炭吸附联用技术适用于石油、化工、橡胶、油墨印刷、喷涂、电缆及漆包线、家具、涂装喷漆等行业的有机废气治理。

7.5 生物净化技术典型工程案例

生物净化技术对低浓度、生物可降解性好的有机废气(如酯类、醇类)具有明显的去除效果，利用微生物和生物酶的催化氧化作用，使废气中的有机恶臭分子分解氧化成 CO_2 和 H_2O，具有反应条件温和、运行费用低、无二次污染等优点。生物净化废气的过程主要可分为 3 步：①溶解，即废气与水或固相表面的水膜接触，污染物由气相转移到液相。②吸附、吸收，即溶解在水溶液中的有机成分被微生物吸附、吸收，废气分子从水中转移至微生物体内。③生物降解，即进入微生物细胞体内的有机物，在各种细胞内酶的催化作用下，进行氧化分解。

以下是某喷漆车间 4 万 m^3/h 废气生物净化处理工程的典型案例。

1.气体特征

该喷漆车间采用常温喷漆作业，产生的废气成分以甲苯、二甲苯为主。

2.适用范围

生物净化技术适用于气量大、浓度低、组分多的有机废气处理。

3.主要工艺原理

该喷漆间设计风量为4万m^3/h，废气在生物滤池内停留时间为20～30s。生物治理装置的外壳采用方钢制作骨架，四周拼装玻璃钢板，耐腐，箱体总尺寸为25m×2.25m×2.8m，填料为多微孔陶粒。整个装置分为3段，顶部均设有喷淋装置，第一段是喷淋水洗段，通过持续不断地喷淋加湿，清洗废气中大颗粒粉尘，防止粉尘进入二级处理装置，同时给废气加湿；第二段是一级生物处理段；第三段是二级生物处理段。

4.关键技术及设计创新特色

(1)生物过滤填料有大比表面积、高水分持留能力、高孔隙率、较低的密度及一定的结构强度。对于影响微生物的附着性、填料床的含水率、透气性、更换频率、营养供给及使用寿命等有较好效果。

(2)确保进入生物治理装置的废气温度符合要求，在设备入口处增设温度感应器，当进气温度过高时，往废气中补充冷风进行降温；当进气温度过低时，利用加热器对循环水进行加热，设备壳体须用保温材料制作，减少热量散发。

(3)配置液位、pH、电导率、温度等参数自动控制系统。废气生物处理装置长周期稳定运行且管理方便。

5.工程运行情况及主要环境保护经济指标

检测结果表明，经生物技术治理后的废气完全符合《大气污染物综合排放标准》(GB 16297—1996)二级标准的要求，且治理效率较高，甲苯、二甲苯的治理效率分别高达92%、95%。

6.应用领域

生物净化技术适用于汽车、造船、摩托车、自行车、家用电器、钢琴、集装箱生产厂的喷漆、涂装车间或生产线产生的有机废气治理；印铁制罐、化式塑料、印刷油墨、电缆、漆包线等流水线产生的有机废气治理；制鞋黏胶、制革鞣革、化学品生产、储藏过程、胶卷生产、制药过程中产生的有机废气治理。

7.6 干式漆雾捕集装置-吸附分离浓缩-燃烧分解技术典型工程案例

该方法的基本构思是采用吸附分离法对低浓度、大风量工业废气中的VOCs进行分离浓缩，对浓缩后的高浓度、小风量的污染空气采用燃烧法进行分解净化，通称吸附分离浓缩+燃烧分解净化法。

以下是汽车涂装废气治理工程的典型案例。

1.气体特征

涂装车间是汽车制造的主要废气排放环节，排放的大气污染物为非甲烷总烃、苯系物等。

2.适用范围

干式漆雾捕集装置-吸附分离浓缩-燃烧分解技术适用于低浓度、大风量的 VOCs 废气处理。

3.主要工艺原理

涂装车间在排风系统支持下密闭运行。首先采用吸附分离法，对预处理后的低浓度、大风量涂装废气中的 VOCs 进行分离浓缩，然后对浓缩后的高浓度、小风量的污染空气采用燃烧法进行分解净化。其工艺流程图如图 7-3 所示。

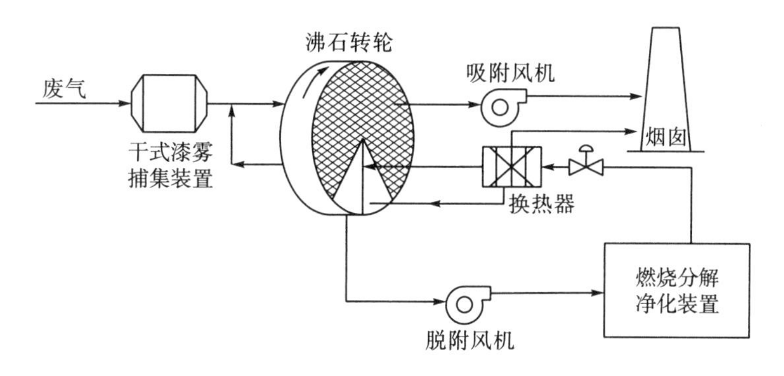

图 7-3　干式漆雾捕集装置-吸附分离浓缩-燃烧分解技术工艺流程图

4.关键技术及设计创新特色

采用德国杜尔公司专利技术，只有 10%的喷漆废气通过 KPR 浓缩+TAR 燃烧处理，KPR 浓缩+TAR 直接燃烧对有机物的去除率达 90%以上。

5.工程运行情况及主要环境保护经济指标

净化效率高，废气出口浓度稳定，非甲烷总烃的排放浓度及排放速率均满足《大气污染物综合排放标准》(GB 16297—1996)表 2 中的二级标准要求。

系统组合紧凑，节省设备投资；可进行二次余热回收，大大降低运营成本。

6.应用领域

干式漆雾捕集装置-吸附分离浓缩-燃烧分解技术适用于石化、印刷、家具、塑料、汽车制造等行业的有机废气治理。

7.7 催化燃烧技术典型工程案例

催化燃烧法是应用广泛的工业有机废气净化技术，该技术使用催化剂在 200～400℃温度范围内将有机物催化氧化为 CO_2 和 H_2O，具有净化效率高、安全可靠、操作简便等优点。该技术适用于热废气处理，无二次污染，一直被认为是最有效和最有应用前景的 VOCs 净化技术，现已成为 VOCs 治理的主流技术。我国自主开发的高效 VOCs 催化燃烧技术，已成功应用于丙烯酸行业、氯碱行业、香精香料行业、涂装行业和有机化工行业等。

以下是某 8 万 t/a 丙烯酸尾气催化燃烧装置的典型案例。

1.气体特征

主要排放含有丙烯酸的尾气。

2.适用范围

催化燃烧技术适用于含有 VOCs 的低浓度、多成分、无回收价值的固定源尾气处理。

3.主要工艺原理

通过热交换器的换热和加热器(仅开车或VOCs含量偏低时启动)的加热，含有VOCs的丙烯酸尾气加热到催化剂的起燃温度(约 250℃)后进入催化反应器，在催化剂的催化氧化作用下，VOCs 被氧化成 H_2O 和 CO_2，并释放出大量热量，催化氧化反应后的高温尾气经过废热锅炉和热交换器余热利用后通过烟囱排空。其工艺流程图如图 7-4 所示。

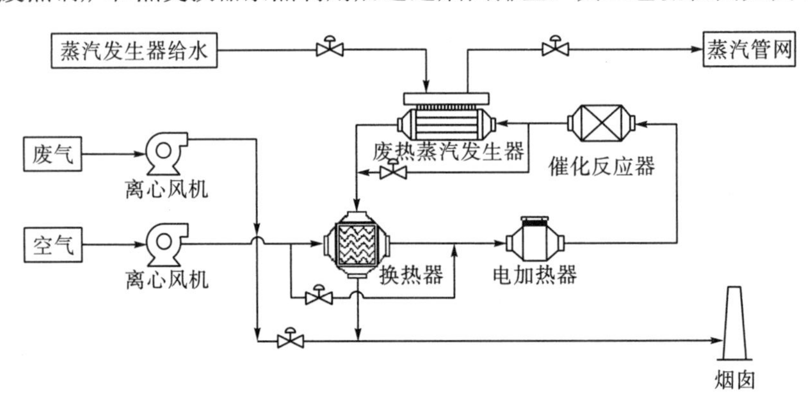

图 7-4 催化燃烧技术工艺流程图

4.关键技术及设计创新特色

(1)贵金属纳米粒子的高分散负载技术。

(2)提高催化剂的抗高温、抗水、抗酸蚀等技术。

(3)整体式催化剂可控涂覆技术。

(4)高效节能的大风量 VOCs 催化燃烧装置设计。

5.工程运行情况及主要环境保护经济指标

本案例的工程总投资约 1000 万元。每年运行费用约 700 万元，废热锅炉产生的蒸汽每年新增经济效益约 1300 万元，实际净经济效益约 600 万元/a。含有 VOCs 的丙烯酸尾气，经过催化燃烧装置后的尾气排放符合《大气污染物综合排放标准》(GB 16297—1996)和《危险废物焚烧污染物控制标准》(GB 18484—2001)。

6.应用领域

高效催化燃烧可以处理大部分烃类有机废气及恶臭气体，对于有机化工、涂料、绝缘材料、造船等行业排放的低浓度、多成分、无回收价值的废气处理效果更好。

7.8　蓄热催化燃烧技术典型工程案例

在国家 863 课题“大气挥发性有机物排放控制技术与应用示范”等项目支持下，以催化燃烧技术为基础，结合流向变换原理，发展形成了蓄热催化燃烧技术，依次开发了两床式、三床式和旋转阀式设备。旋转阀式蓄热催化燃烧设备与两床式和三床式设备相比，具有转化率稳定、设备占地少、控制简单等优点。在旋转阀式蓄热催化燃烧设备中，首先利用堇青石-莫来石复相材料的蓄热和放热性能，加热未反应的有机废气，在蓄热催化一体化材料上发生催化氧化反应，气体中的挥发性有机物转化为二氧化碳和水，并释放反应热，反应后的气体将热量传递给蓄热材料，以高于进口气体 20～30℃的温度排放。该技术的热回收效率可达 90%，有机物净化效率 95%以上，适用的有机物浓度范围为 500mg/m^3 以上，无二次污染物排放。单位投资为 50～100 万/10000m^3；稳定运行只消耗系统风机功率，同时可以副产热水或蒸汽。

以下是某 15000m^3 /h 干式机烘干工艺有机废气净化工程的典型案例。

1.气体特征

该案例项目主要从事聚氨酯二榔皮的加工制造。在加工过程中使用丁酮、乙酸乙酯、乙酸丁酯、乙二醇丁醚、甲基异丁基酮等有机溶剂，烘干后的有机废气经收集后浓度为 5000～8000mg/m^3，风量为 15000m^3/h。

2.适用范围

蓄热催化燃烧可直接应用于中高浓度(1000～8000mg/m^3)有机废气的净化。可处理的有机物质种类包括苯类、酮类、酯类、酚类、醛类、醇类、醚类和烃类等。

3.主要工艺原理

该案例采用蓄热催化燃烧技术净化烘干有机废气，主要工艺原理如下：有机废气经收集管道进入旋转阀式蓄热催化燃烧设备，首先经过蓄热体(堇青石-莫来石复相材料)，蓄热体将热量传递给未反应的有机废气，气体温度被加热到催化剂反应温度，然后在蓄热催化一体化材料上发生催化氧化反应，气体中的 VOCs 转化为 CO_2 和 H_2O，并释放反应热，反应后的气体将热量传递给另一侧的蓄热材料，最后以高于进口气体 20～40℃的温度排放。

设备内部的蓄热催化床分成 8 等份(也可设计成 12 或者 16 等份)，床层固定不动，其中大约 3 份是进气区，3 份是排气区，1 份是吹扫区，1 份是盲区。由旋转阀控制气体进出，实现蓄热催化床内的流向变换。吹扫风机对吹扫区进行吹扫，防止未净化的气体在转入排气区时排走。盲区是不通气的，可以防止气体混合。从蓄热催化燃烧设备出来的气体少量通过排气筒排放，大部分返回烘干生产线中，减少烘道电加热器的工作时间和功率。同时蓄热催化燃烧设备内有机物氧化反应释放的热量大，需要通过散热风机鼓入环境空气进行散热，以维持适宜的催化燃烧温度。蓄热催化燃烧设备内部设计非接触式气-气换热器(根据情况也可设计成气-液换热器)，换热器出口气体温度为 180～200℃，可以提供贴板干燥工序(此工序需 85～90℃的热水)和吊挂干燥工序的热源(此工序需 40～50℃的热空气)。其工艺流程图如图 7-5 所示。

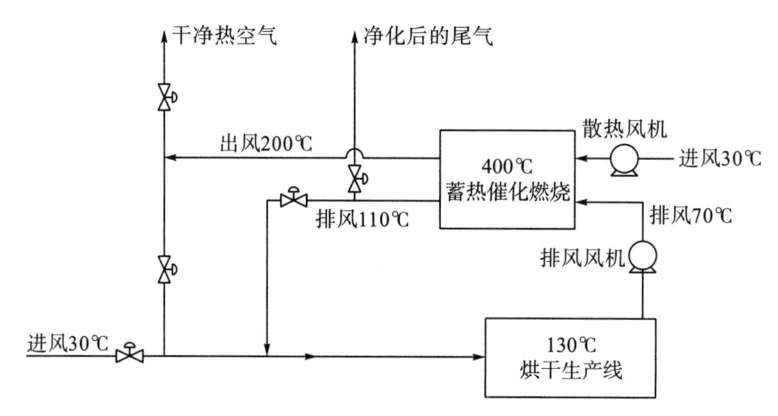

图 7-5 蓄热催化燃烧技术工艺流程图

4.关键技术及设计创新特色

(1)采用先进蓄热式催化燃烧工艺，净化效率高达 98%以上。

(2)高效的热量回收率，热回收效率≥95%。

(3)运行费用低，在有机废气达到一定浓度时，基本不需要再进行辅助加热，节省能耗。

(4)不产生氮氧化物等二次污染物。

(5)全自动控制，操作方便。

5.工程运行情况及主要环境保护经济指标

该案例的工程总投资约 170 万元。案例的系统出口烟气指标满足《合成革与人造革工业污染物排放标准》(GB 21902—2008)中聚氨酯干法工艺废气排放标准的要求，有机废气净化效率达到 98%以上。年运行费用约 17 万元，年维修费用约 2 万元。

6.应用领域

蓄热催化燃烧净化技术适用于电线、电缆、漆包线、机械、电机、化工、仪表、汽车、自行车、摩托车、发动机、磁带、塑料、家用电器等行业的有机废气治理。

7.9　吸附-脱附-蓄热催化燃烧技术典型工程案例

吸附-脱附-蓄热催化燃烧技术利用固体吸附材料对工业废气中的 VOCs 进行富集，对吸附饱和的材料进行脱附，脱附出的 VOCs 进入蓄热催化燃烧工艺处理，进而降解 VOCs。采用的关键技术主要包括采用高吸附性能的活性炭纤维、颗粒活性炭、蜂窝炭和耐高湿整体式分子筛 VOCs 吸附材料；采用纳米孔材料、稀土分子筛等高效催化材料；采用高效的除漆雾技术、安全吸附技术、脱附技术；同时采用高效的催化氧化技术、蓄热催化燃烧技术。该技术既可用于新建企业有机废气治理，也可用于现有企业治理工程改造，可经济有效地解决重点行业大风量、低浓度或浓度不稳定的有机废气治理。

以下是某印刷机 VOCs 吸附-脱附-蓄热催化燃烧装置的典型案例。

1.气体产生源及特征

喷涂过程中产生的苯、甲苯、二甲苯等有毒有机溶剂。

2.适用范围

高效吸附-脱附-蓄热催化燃烧 VOCs 治理技术适用于 500～20000mg/m^3 高浓度、多组分有机废气处理。

3.主要工艺原理

吸附：经预处理后的有机废气经过合理布风，均匀通过填充高性能蜂窝状活性炭的吸附固定吸附床，有机成分被吸附在活性炭微孔内，净化气达标排放。

脱附浓缩-催化氧化：吸附饱和后的活性炭床采用循环热风脱附，脱附下的高浓度 VOCs 进入催化氧化床，在催化剂的催化氧化作用下，VOCs 于低温下被氧化成 H_2O 和 CO_2，并释放出大量热量，催化氧化反应后的尾气经过混流换热器后用于脱附饱和活性炭。

其工艺流程图如图 7-6 所示。

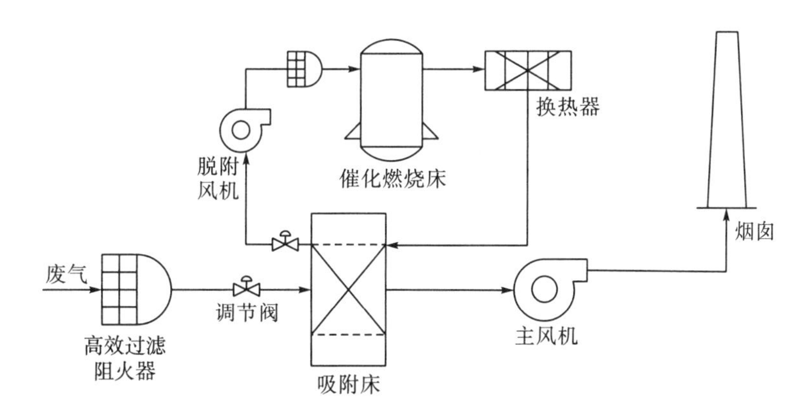

图 7-6　吸附-脱附-蓄热催化燃烧技术工艺流程图

4.关键技术及设计创新特色

(1)PLC全自动化控制，配套可操作触摸屏，操作简便，节能省力。
(2)无焰氧化，安全高效，可布置在防爆生产场合。
(3)高性能活性炭吸附剂，比表面积大，吸-脱附性能好，过风阻力小。
(4)吸附床内配套消防系统，充分保证设施安全。
(5)多重安全预警系统：非稳态控制、温度预警、停机警报及故障应急处置措施等。
(6)净化设施阻力小，可有效降低风机功率及噪声。

5.工程运行情况及主要环境保护经济指标

该案例项目总治理风量为400000Nm^3/h，进口废气浓度约为500mg/m^3。净化后尾气排放符合《大气污染物综合排放标准》(GB 16297—1996)二级标准。

6.应用领域

高效吸附-脱附-蓄热催化燃烧技术适用于石油、化工、电子、机械、涂装等行业的有机废气治理。

7.10 转轮与蓄热式燃烧联用技术典型工程案例

转轮与蓄热式燃烧联用有机废气治理技术，使用内含蜂窝状沸石分子筛的转轮作为浓缩装置，将低浓度的VOCs废气浓缩转换成低风量、高浓度的废气，再进行燃烧处理。燃烧处理后的多余热能被蓄热砖保存，将自动预热进入燃烧机的高浓度废气，以及用于提供脱附浓缩转轮污染物所需的热气，热回收效率可达95%以上。本技术适用于风量大、浓度低的工况场所，适用范围广泛，具有处理效率高、能耗低、安全性强、结构紧凑等特点，无任何二次污染，治理效率超过95%。

以下是某半导体行业转轮浓缩与蓄热式燃烧联用有机废气治理工程的典型案例。

1.气体特征

在半导体制造过程中排放的含酸性气体、碱性气体、VOCs和砷烷等的有毒废气。

2.适用范围

转轮与蓄热式燃烧联用技术适用于大风量、低浓度的VOCs废气处理。

3.主要工艺原理

针对排放废气属于大风量、低浓度的特点，将废气进行集中收集后，采用高浓缩倍率沸石转轮浓缩设备将废气浓缩15倍，使风量降低到原有的1/15，浓缩后的废气进入蓄热式燃烧炉进行处理。废气经燃烧加热升温，被分解成CO_2和H_2O，反应后的高温烟气进入特殊结构的陶瓷蓄热体，95%的废气热量被蓄热体吸收，温度降到接近进口温度。不同蓄热体通过切换阀或者旋转装置，随时间进行转换，分别进行吸热和放热，对系统热量进行有效回收和利用，热回收效率可达 95%以上。废气出口设置热交换器，进一步回收燃烧产生的热量，以最大限度达到节能的目的。其工艺流程图如图 7-7 所示。

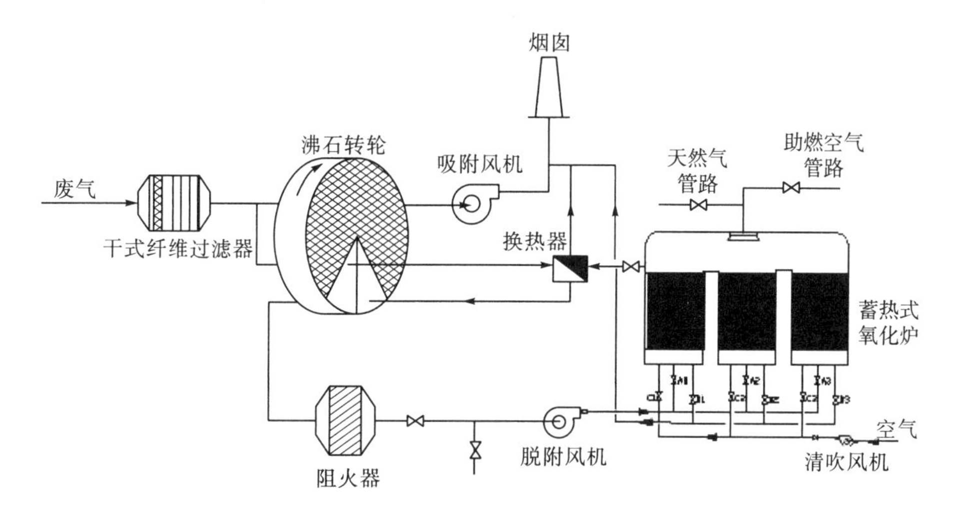

图 7-7　转轮与蓄热式燃烧联用技术工艺流程图

4.关键技术及设计创新特色

(1)采用先进的转轮浓缩技术，可使废气浓缩 10～25 倍。

(2)根据客户需求，可设计两室、三室、多室或旋转式蓄热式氧化炉装置，最高可处理 100000m^3/h 的风量。

(3)高效的三级换热系统和余热回收系统，热量利用率达 95%以上，能有效降低系统能耗。

(4)采用“蓄热式焚烧炉尾气切换峰值净化系统”，将阀门切换期间泄漏的 VOCs 气体重新收集送入处理装置，处理更完全。

(5)可实现无人值守连续运行，确保长时间有效运转。

(6)整体系统采用模块化设计，同时可结合转轮系统，减少占地面积。

5.工程运行情况及主要环境保护经济指标

该案例的工程总投资约 1500 万元，水、电、管理等运行费用和维修费用共计 80 万元/a。根据在线监测仪器连续监测结果，本工程出口尾气指标满足《大气污染物综合排放标准》(GB 16297—1996)的要求，非甲烷总烃治理效率高达 95%。

6.应用领域

转轮与蓄热式燃烧联用 VOCs 治理技术适用于凹版印刷、半导体制造、锂电池制造、涂装、化工、制药、食品、薄膜、家电等行业的有机废气治理。

7.11 蓄热式氧化技术典型工程案例一

蓄热式氧化技术是处理VOCs的理想方法之一，蓄热式氧化有多室直立式和回转式两种结构形式，主体为设置有蜂窝陶瓷蓄热体的蓄热室和燃烧室。VOCs在燃烧室内氧化成高温的 CO_2 和水蒸气，高温气体流经低温蓄热体时进行热交换，吸热升温的蓄热体对后续进入的低温VOCs废气进行加热。蓄热体循环进行“吸热—放热”过程，把VOCs加热到氧化反应温度，无须外部热源。两室或多室的蓄热室结构，在切换阀或回转阀的控制下，经“蓄热—放热—清扫”循环过程，实现VOCs无害化燃烧及与蓄热体的热交换。蓄热式氧化系统配备余热回收设备，可生产蒸汽、热水或电力。与传统的催化燃烧、直燃式热氧化炉相比，蓄热式氧化具有热回收效率(95%)和净化效率(98%)高、运行成本低、抗污染物浓度变化强、能处理大风量低浓度工业废气等特点，逐步应用于化工、涂装、印刷等行业挥发性有机废气的污染防治中。

以下是15000Nm^3/h某材料包装生产企业有机废气处理工程的典型案例。

1.气体特征

生产过程中产生的调配废气、涂布废气、烘干废气，主要含有乙酸乙酯、乙酸正丁酯、丁酮、丙二醇甲醚等有机污染物。

2.适用范围

蓄热式氧化技术能处理大风量、中低浓度废气，浓度稍高时，还可进行二次余热回收，大大降低生产运营成本。

3.主要工艺原理

蓄热式氧化系统主体结构为设置有蜂窝陶瓷蓄热体的蓄热室和燃烧室，为满足蓄热要求，设置有3个集气室、1个燃烧室和3个蓄热室，每个蓄热室依次经历“蓄热—放热—清扫”程序。VOCs氧化产生的高温气体流经低温蓄热体时，蓄热体升温“蓄热”，并把后续进入的有机废气加热到接近热氧化温度后，进入燃烧室进行热氧化，使有机物转化成 CO_2 和 H_2O。净化后的高温气体，经过另一蓄热体，与低温蓄热体进行热交换，温度下降。

4.关键技术及设计创新特色

(1)焚烧炉壳体采用6mm厚的Q235B钢板密封满焊。

(2)蓄热陶瓷体由LANTECMLM180专利产品及抗硅填料混合而成，该填料在急热急冷时具有很好的化学和物理稳定性，还可以改善气流分布。

(3)采用进口品牌霍尼韦尔低压头比例调节式天然气燃烧器，双电磁阀可避免燃料不燃烧而进入炉膛，具有自动吹扫、自动点火、紫外线扫描仪火焰检测、火焰燃烧状况监视等功能。

(4)采用DCS系统对蓄热式氧化本体及热能回收系统进行自动控制。

5.工程运行情况及主要环境保护经济指标

蓄热式氧化系统(包括炉体、余热回收设备、新风风机等)总投资共计 160 万元。蓄热式氧化系统耗电量为 69kW·h；按每年工作 7200h 计算，每千瓦时电 0.75 元计算，运行费共计 37 万元/a。系统正常运行后余热回收经济效益约为 41 万元/a。

该案例的系统出口废气中非甲烷总烃排放浓度满足《大气污染物综合排放标准》(GB 16297—1996)中表 2 二级标准。

7.12　蓄热式氧化技术典型工程案例二

以下是某农药生产企业含有机溶剂废气处理工程的典型案例。

1.气体特征

某农药企业主要生产氟环唑、氰氟草酯、吡氟草胺、二噻农、咪酰胺、烯酰吗啉、除草定、抗倒酯等产品。在正常生产过程中，各类反应釜、精馏塔、真空泵、离心机和离心母液收集槽、干燥机、原料及产品储罐等设备均会产生废气，废气中主要含有甲醇、异丙醇、甲苯、二甲苯、丙酮、苯酚、二乙胺、三乙胺、氯化亚砜、乙酸、二氯乙烷、石油醚、正丁醇、二甲基亚砜等挥发性有机物和少量 NO_x、SO_2、HCl、Cl_2 等无机污染物。

2.适用范围

蓄热式氧化能处理大风量、中低浓度废气，浓度稍高时，还可进行二次余热回收，大大降低生产运营成本。

3.主要工艺原理

三床式蓄热式氧化处理该农药企业 VOCs 工艺流程如图 7-8 所示，车间产生的含 VOCs 废气经预处理后由前送风机送至前两级水洗塔，除去无机废气和少量水溶性有机废气，同时起到除尘和降温作用，以减轻蓄热式氧化处理负荷；接着经气水分离器，除去水洗塔带入的水分，避免安全事故；然后废气经主风机送至蓄热式氧化进行高温焚烧处理；焚烧后的废气通过混合箱、水冷却塔、后碱洗塔，经降温和除去焚烧产生的酸性气体，经排气筒达标排放。

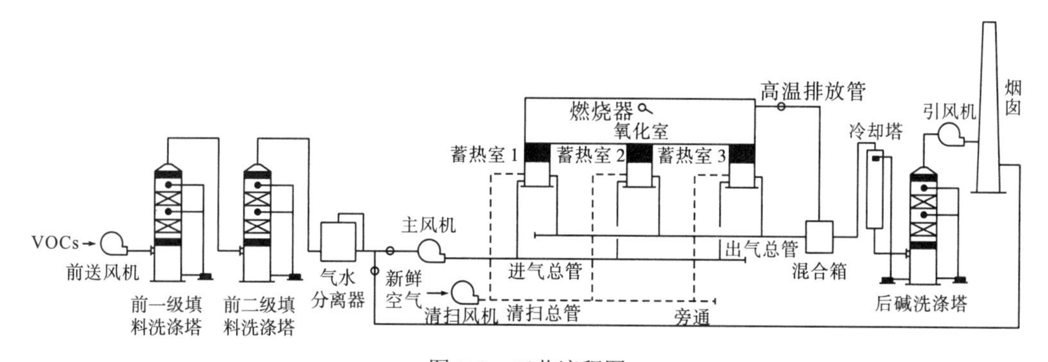

图 7-8　工艺流程图

4.关键技术及设计创新特色

(1)为减缓蓄热式氧化及辅助设备腐蚀，在选材方面做了以下工作：蓄热室炉栅采用316L 不锈钢，蓄热式氧化壳体内壁涂耐温防腐浇注材料(如耐酸胶注料)，混合箱、水冷却塔、后碱洗塔等配套设备亦采用 316L 不锈钢，送风机和主风机采用防腐防爆型风机。

(2)陶瓷蓄热体采用LANTECMLM180专利产品，其特点在于比表面积($680m^2/m^3$)大，阻力小，热容量大[2.326J/(kg·F)]，耐温高(可达 1200℃)，耐酸度(99.5%)，抗裂性能好，寿命长。

(3)所有切换阀全部采用进口优质气动蝶阀，选用的切换阀精度高，泄漏量小(≤1%)，寿命长(可达 100 万次)，启闭迅速(≤1s)，运行可靠，耐腐蚀。

(4)选用美国 NA5424-5(20×10^4kcal/h)燃油比例调节式燃烧器，其特点是可进行连续比例调节(调节范围 10∶1)，高压点火，可适应多种情况。

(5)采用 DCS 系统对蓄热式氧化进行自动控制，配置计算机对整个系统运行工况进行实时监控。

(6)对反应釜、真空泵等设备产生含二氯乙烷废气加强冷凝回收，将含二氯乙烷废气单独收集后采用活性炭吸附-蒸汽脱附回收，在尽量减少含二氯乙烷废气进入蓄热式氧化设备的情况下，对蓄热室尺寸进行合理设计，缩短燃烧后的高温废气极冷时间，确保废气在中温区(300～500℃)停留时间小于 2s，从而减少二噁英的产生。

5.工程运行情况及主要环境保护经济指标

蓄热式氧化系统(包括炉体、前后喷淋吸收塔、防腐风机等)总投资共计 150 万元。蓄热式氧化系统总装机功率 50kW，电费为 630 元/d；轻柴油平均用量为 6kg/h，轻柴油费用为 936 元/d；消耗 30％的液碱约 100kg/d，液碱费用为 100 元/d。按年运行 300d 计，蓄热式氧化系统总运行费用约为 50 万元/a。

该案例的系统出口废气中甲苯和非甲烷总烃排放浓度满足 GB 16297—1996 中表 2 二级标准，二氯乙烷排放浓度满足 EPA 和 GB/T 3840—1991 计算值，二噁英浓度为 $0.011ngTEQ/Nm^3$，远低于 GB 18485—2014 中二噁英的浓度标准限值 $0.1ngTEQ/Nm^3$。

6.应用领域

蓄热式氧化技术适用于含烷烃、烯烃、醇类、酮类、醚类、酯类、芳烃、苯类等碳氢化合物的石油化工、制药、包装印刷、涂装等行业的有机废气治理。

第 8 章　费用效益分析与风险评估

标准实施后的经济成本及环境效益分析是标准编制的重要内容之一。本章从重点行业的污染防治投资分析入手，根据新颁布的《中华人民共和国环境保护税法》核算了《标准》实施后的经济成本，并从 VOCs 排放总量减排、臭氧生成潜势削减量及二次有机气溶胶生成潜势等方面对标准实施后的环境效益进行了分析。另外，为了解决标准在发布和实施过程中可能存在的问题，《标准》在实施前还进行了标准的比对评估及风险评估等相关工作。

8.1　经济成本分析

8.1.1　污染防治设施建设投资

选取汽车制造、电子产品制造、医药制造、农药制造、家具制造、橡胶制品 6 个行业，结合近年来这些行业投产的代表性省批建设项目具体情况，对目前 VOCs 污染治理设施资金投入情况进行分析。

(1) 汽车制造业。某汽车公司轿车建设项目总投资 887397 万元人民币，其中环境保护投资 4752 万元，占总投资的 0.54%。大气污染防治投资 1100 万元，占环境保护投资的 23%，占总投资的 0.12%。

(2) 电子产品制造业。某电子产品公司项目总投资 6.86 亿元人民币，环境保护投资 1780 万元，占总投资的 2.59%。大气污染防治投资 492 万元，占环境保护投资的 28%，占总投资的 0.7%。

(3) 医药制造业。某制药公司原料药生产项目总投资 1780 万元，其中环境保护投资 245 万元，占总投资的 13.8%。大气污染防治实际投资 25 万元，占环境保护投资的 10%，占项目总投资的 1.4%。

(4) 农药制造业。某化工厂草铵膦原药技改项目总投资为 8995 万元，其中环境保护投资 200 万元，占总投资的 2.2%。大气污染防治投资 100 万元，占环境保护投资的 50%，占总投资的 1.1%。

(5) 家具制造业。某家具厂高档套房系列家具生产线项目总投资 45000 万元，其中环境保护投资 2760 万元，占总投资的 6.1%。大气污染防治投资为 1300 万元，占环境保护投资的 47%，占总投资的 2.9%。

(6) 橡胶制品业。某公司年产 60 万套全钢载重子午线轮胎项目总投资为 46607 万元，其中环境保护投资 1025 万元，占总投资的 2.2%。大气污染防治投资为 350 万元，占环境保护投资的 34%，占总投资的 0.7%。

投资情况分析中选取的 6 个行业废气主要污染物为 VOCs，大气污染防治投资也主要用于 VOCs 的治理。根据上述情况统计，近年来投产的省批中大型建设项目在 VOCs 污染防治设施建设方面投入的资金约占总投资的 1.2%，约占环境保护投资的 30%。

8.1.2 环境保护税费与治理成本

2016 年 12 月 25 日，第十二届全国人民代表大会常务委员会第二十五次会议表决通过了《中华人民共和国环境保护税法》，将现行排污费更改为环境税。这是中央提出落实“税收法定”原则后，全国人民代表大会常务委员会审议通过的单行税法，也标志着运行 38 年的排污费制度成为历史。环境保护税的开征，有利于构建促进经济结构调整、发展方式转变的绿色税制体系，强化税收调控作用，形成有效的约束激励机制，增强全社会环境保护意识，推进生态文明建设和绿色发展。鉴于当前环境治理主要工作职责在地方政府，为充分调动地方政府做好污染防治工作的积极性，同时兼顾各地排污费标准差异较大的实际情况，《中华人民共和国环境保护税法》明确对大气和水污染物设定幅度税额，并授权各省(区、市)在规定幅度内，统筹考虑本地区环境承载能力、污染物排放现状和经济社会发展目标要求，确定具体适用税额。我们以苯、甲苯、二甲苯为例统计了全国 31 个省、自治区、直辖市的具体适用税额，如表 8-1 所示。其中北京按最高限额征收，是国家规定最低标准的 8 倍；河北为保障以首都为核心的京津冀生态环境，分 3 类区域按国家规定最低标准的 8 倍、5 倍、4 倍执行；河南和江苏排在第三位，按国家规定最低标准的 4 倍征收；四川的税额排在全国第五位，是全国最低标准的 3.3 倍；重庆位列四川之后，仅比四川低 10%；而上海等 17 省、自治区、直辖市采取的是国家最低标准。

表 8-1 全国各省份苯、甲苯、二甲苯每千克征收金额表 (单位：元)

省(自治区、直辖市)		大气污染物每污染当量	苯	甲苯	二甲苯
北京		12	240	66.67	44.44
河北	一类区	9.6	192	53.33	35.56
	一类区	6	120	33.33	22.22
	三类区	4.8	96	26.67	17.78
河南、江苏		4.8	96	26.67	17.78
四川		3.9	78	21.67	14.44
重庆		3.5	70	19.44	12.96
贵州、海南、湖南		2.4	48	13.33	8.89
山西、广东、广西、黑龙江		1.8	36	10.00	6.67
浙江		1.4	28	7.78	5.19
上海、天津、山东、安徽、福建、湖北、江西、云南、辽宁、吉林、甘肃、宁夏、青海、陕西、新疆、内蒙古、西藏		1.2	24	6.67	4.44

根据四川省财政厅对《四川省大气污染物和水污染物环境保护税适用税额的决定》所做的相关说明，四川的税额测算遵循了“损害担责”“成本补偿”“统筹兼顾”原则，采用“平均治理成本+系数调整”的方法，在污染物平均治理成本的基础上，统筹考虑了四川省环境承载能力、污染物排放现状和经济社会生态发展目标要求，进行系数调整拟定应税大气污染物和水污染物适用税额，并具有可行性。具体表现在：一是符合《中华人民共和国环境保护税法》规定。四川省拟定适用税额均在法定税额幅度内，其中大气污染物拟定适用税额为法定税额上限的 32.5%。二是符合四川省经济社会发展实际。相比排污费收费标准，拟定适用税额不是简单平移而是有所提高，拟定适用税额适当高于污染物平均治理成本，符合四川省不利的环境承载力现状，有利于充分发挥环境保护税抑制污染物排放、加强生态环境保护的功能作用，打好大气、水、土壤污染防治三大战役。三是拟定适用税额与周边省份总体协调，符合省情和经济社会生态发展要求，有利于促进淘汰落后产能，形成科技含量高、资源消耗低、环境污染少的经济结构，体现党的十九大精神和省委十届八次全会、省第十一次党代会要求以及人民群众的愿望，有利于推进绿色发展建设美丽四川。四是体现排污企业对环境损害的合理补偿，拟定适用税额以污染物平均治理成本为基础，与原排污费标准相比有所提高，体现排污企业对环境损害的合理补偿，引导排污企业通过加大环境保护投入，实施技术升级改造，减少排污量，强化排污企业治污减排的主体责任。同时《中华人民共和国环境保护税法》取消了排污企业超标排放污染物加倍征收排污费的规定，新增出台对排放浓度低于规定标准的排污企业按75%或 50%征收环境保护税的规定，排污企业投入环境保护设备还可以享受相关税收优惠，鼓励排污企业少排放、多治理。从长期来看，随着生态文明建设深入推进，环境治理力度不断加大，排污企业治污减排水平不断提升，环境保护税收入将逐步下降并趋于稳定，体现了“保护和改善环境，减少污染物排放，推进生态文明建设”的费改税基本精神。

环境保护税列入征收范围的 VOCs 主要有苯、甲苯、二甲苯、甲醛、乙醛 5 种，其当量值分别为 0.05、0.18、0.27、0.09、0.45，对应在四川每千克污染物征收的环境保护税额分别为 78 元、21.7 元、14.4 元、43.3 元、8.7 元，平均为 33.2 元。按照《中华人民共和国环境保护税法》第十三条规定，纳税人排放应税大气污染物的浓度值低于污染物排放标准 30%时，按 75%征收环境保护税；低于污染物排放标准 50%时，减按 50%征收环境保护税。两种情况下，对应的金额分别是 24.9 元和 16.6 元。这与 VOCs 10～30 元/kg 的治理成本基本相当，有利于倒逼相关行业进行产业升级，引导 VOCs 处理技术的发展和创新，削减 VOCs 排放总量。

2017 年，四川省工业投资突破 9000 亿元，投资增长 12.5%。预计 2020 年全省工业投资将超过 1 万亿元。按前述分析，大气污染防治中固定污染治理设施的建设投入约占总投资的 1%，2020 年的大气污染防治设施建设投入约 100 亿元，这其中约有一半将投入 VOCs 的固定污染治理设施建设中。同时，到 2020 年全省工业行业将削减 40 万 t VOCs，若按平均每千克 VOCs 治理投入为 20 元计，全省约投入 80 亿元治理费用。综上所述，2020 年 VOCs 固定污染治理设施建设投入和治理运行投入总计约 130 亿元，占全省 GDP 总量的 0.3%。根据国际经验，环境保护投资占 GDP 的比例达到 1%～1.5%时，可以控制环境污染的趋势，比例达到 2%～3%时，可以实现环境质量的改善。目前四川省的环境保护投资占GDP的比重约为1%，推进VOCs污染防治，加大环境保护投入后将在大气污染防治领域方面增加0.3个百分点，实现从VOCs“污染趋势的逐步控制”到“持续的环境质量改善”的转变。

8.2 环境效益分析

8.2.1 重点行业排放及污染治理

我们选取汽车制造、电子产品制造、医药制造、农药制造、家具制造、橡胶制品共6个行业，结合近年来投产的这些行业的代表性省批建设项目具体情况，对重点行业的排放及污染治理情况进行了分析。

(1)汽车制造业。某汽车公司轿车建设项目在汽车生产过程中会产生有机废气，主要来源于涂装车间的电泳烘干室、PVC烘干室、面漆色漆喷漆室、面漆烘干室等，主要污染物为苯、甲苯、二甲苯及其他VOCs。油漆烘干废气一般经焚烧炉燃烧后经排气筒排放；喷漆废气一般经干式过滤后再经活性炭吸附处理后经排气筒排放；补漆废气经纤维棉吸附后由排气筒排放。根据该公司污染源监测结果，VOCs均能够达标排放。

(2)电子产品制造业。某电子产品公司VOCs主要来源于光刻工序的光阻剂涂布、烘干工序。该废气经预处理器除去蒸汽和尘粒后，再进入活性炭净化装置进行吸附处理后达标排放。

(3)医药制造业。某制药公司原料药生产项目在生产过程中使用多种有机溶剂，产生多种有机废气，主要包括甲醇、甲苯等VOCs，废气经活性炭吸附后通过排气筒外排。其储存、生产和回收过程有少量有机废气以无组织形式排放。

(4)农药制造业。某化工厂草铵膦原药技改项目VOCs主要来源于格式反应釜、磷酰氯合成反应釜等。该项目废气污染源及处理设施如表8-2所示，根据监测结果，各工段有机污染物均能够达标排放。

表8-2 农药制造业废气污染源及处理设施

污染源	污染物	源强/(m^3/h)	处理设施
格式反应及真空尾气	四氢呋喃、氯甲烷、VOCs	60	一级水洗+活性炭吸附
丙烯醛反应工段尾气	丙烯醛、VOCs	60	一级碱洗+活性炭吸附
丙烯醛投料和暂存物料抽吸风排气	丙烯醛、VOCs	10000	水洗
含磷聚合物处理尾气	有机磷、VOCs	10000	水洗
草铵膦合成氨基丁氰合成尾气及氯化铵处理尾气	氨、VOCs	60	一级水洗+活性炭吸附
氰化反应段及氰化废液处理段真空尾气	氰化氢、HCl、VOCs	60	两级碱洗+活性炭吸附
无组织	VOCs	—	—

(5)家具制造业。某家具厂高档套房系列家具生产线项目外排有机废气主要为喷漆废气、喷漆晾干废气、调漆废气等。废气污染源及处理设施如表 8-3 所示，根据监测结果，各车间有机污染物均能够达标排放。

表 8-3　家具制造业废气污染源及处理设施

污染源	污染物	处理设施
喷漆废气	苯系物、VOCs	水帘吸收+活性炭吸附
喷漆晾干废气	苯系物、VOCs	活性炭吸附
调漆废气	苯系物、VOCs	水帘吸收+活性炭吸附

(6)橡胶制品业。某公司年产 60 万套全钢载重子午线轮胎项目生产过程中排放的有机废气主要有密炼机排料时和胶料热炼时产生的热胶烟气、硫化工序产生的硫化烟气。该项目废气污染排放情况如表 8-4 所示，根据监测结果，有机污染物均能够达标排放。

表 8-4　橡胶制品业废气污染排放情况

污染源	污染物	源强/(m^3/h)
密炼机	VOCs、苯并[a]芘、臭气	7200
热炼内衬层生产线	VOCs、苯并[a]芘、臭气	3600
热炼复合挤出生产线	VOCs、苯并[a]芘、臭气	3600
硫化烟气	VOCs	—

8.2.2　实测结果与标准限值比较

表 8-5 和表 8-6 将部分企业的排放实测数据与《标准》污染物排放浓度和排放速率进行了对比，主要涉及汽车制造、电子产品加工制造、家具制造、包装印刷、涂料等行业。典型行业普遍采用的污染控制技术有活性炭吸附、催化燃烧、蓄热燃烧、溶剂回收等处理技术，其中某些控制技术的净化效率可达 90%以上。对比结果表明，涂料、印务、塑料包装和家具行业 VOCs 排放浓度超过《标准》的控制要求，其余行业均能满足要求；印务、家具行业 VOCs 排放速率超过了《标准》的控制要求，其余行业均能满足要求；部分印务企业超标尤为严重。除未建设处理设施外，设施运行维护管理不到位是导致超标排放的主要原因。

表 8-5　VOCs 排放实测结果与标准比较

典型企业	排放浓度/(mg/m^3)		排放速率/(kg/h)		处理工艺	风量/(m^3/h)	达标情况及超标原因分析
	实测值	标准限值	实测值	标准限值			
某汽车1	10.5	80	1.3	4.0	燃烧法	120000	达标
	16.1		2.0				
某汽车2	18.6	80	0.4	4.0	燃烧法	20000	达标
	14.0		0.3				

续表

典型企业	排放浓度/(mg/m³)		排放速率/(kg/h)		处理工艺	风量/(m³/h)	达标情况及超标原因分析
	实测值	标准限值	实测值	标准限值			
某涂料	128	80	0.3	4.0	活性炭吸附	2500	排放浓度超标，活性炭未按要求更换
	138		0.4				
某电子1	8.22	80	0.1	4.0	吸附+燃烧	15000	达标
	8.73		0.1				
某电子2	17.5	80	0.5	4.0	吸附+脱附	26000	达标
	17.8		0.5				
某印务1	56.8	80	0.3	4.0	催化燃烧	5000	排放浓度超标
	108		0.5				
某印务2	402	80	—	4.0	—	—	排放浓度超标，无处理设施
	381		—				
	393		6.8		喷淋加光催化	17500	排放浓度和排放速率超标，设施运行维护管理不到位
	211		3.7				
某印务3	1947	80	—	4.0	燃烧法	—	排放浓度超标，设施运行维护管理不到位
	2878		—				
某塑料包装	184	80	0.4	4.0	燃烧法	2400	排放浓度超标，设施运行维护管理不到位
	193		0.4				
某化工	8.19	80	—	4.0	尾气焚烧炉	—	达标
	7.73		—				
某家具1	84.6	80	1.5	4.0	活性炭吸附	18000	排放浓度超标，活性炭未按要求更换
	69.5		1.3				
某家具2	77.9	80	4.2	4.0	低温等离子	55000	排放率超标，设施运行维护管理不到位
	37.9		2.1				

表 8-6　其他污染物排放浓度及净化效率与标准比较

污染物名称	排放浓度限值/(mg/m³)	典型行业	处理技术	净化设施入口浓度/(mg/m³)	最高排放浓度/(mg/m³)	净化效率/%
三氯甲烷	20	农药、橡胶等	循环脱附分流回收吸附	200～260000	52	≥98
二氯甲烷	20	制药、电子、涂料等	活性炭吸附	—	11	—
乙苯	40	电子、家具、汽车等	活性炭吸附、蓄热燃烧等	—	42	—
丙酮	40	电子、印刷、汽车、制鞋等	活性炭吸附、水幕吸收等	—	120	—
环己酮	40	电子、家具、橡胶等	催化燃烧、活性炭吸附等	8900	89	≥99
2-丁酮	40	制鞋、印刷、电子、汽车等	高效吸附-强化脱附回收	1000	50	≥95
异丙醇	40	制鞋、家具、电子、涂料等	高效吸附-脱附-催化燃烧、活性炭吸附等	600	42	≥93

续表

污染物名称	排放浓度限值 /(mg/m^3)	典型行业	处理技术	净化设施入口浓度 /(mg/m^3)	最高排放浓度 /(mg/m^3)	净化效率/%
乙酸丁酯	40	家具、涂料、汽车、电子等	活性炭吸附、催化燃烧、等离子体等	634	20	≥97
乙酸乙酯	40	皮革、家具、印刷、汽车、电子等	高效吸附-强化脱附回收、活性炭吸附、蓄热燃烧等	2700	108	≥96

8.2.3　VOCs 排放削减量测算

相关预测结果显示，全国 2020 年 VOCs 总排放量预计为 4173.72 万 t，相比于 2015 年增长了 34.1%；四川省将有 149 万 t VOCs 排放总量。“十三五”规划纲要要求在重点区域、重点行业推进 VOCs 排放总量控制，全国排放总量下降 10%以上，四川省排放总量要求下降 5%以上。因此，四川省减排任务为 44 万 t 以上(含排放增量)，相当于在 2015 年 111 万 t 排放总量的基础上削减 40%。到 2020 年，四川在不考虑减排的情况下将有 149 万 t VOCs 排放总量，其中工业排放量约占 55%，为 82 万 t；移动源及其他面源等占 45%，为 67 万 t。因为机动车保有量的持续增长，未来一段时间内移动源排放总量将维持在一个较高水平，减排潜力不大。而面源减排工作更多需要从源头做起，短时间内效果不明显。因此，全省 44 万 t 的减排任务将主要依靠工业领域的减排来完成。

地方标准出台前，四川省重点行业 VOCs 均按照现有国家大气污染物综合排放标准来实施管理，苯、甲苯、二甲苯、VOCs 的排放浓度分别执行 12mg/m^3、40mg/m^3、70mg/m^3、120mg/m^3，排放限值过于宽松，不符合 VOCs 逐渐严格的污染控制要求，更不利于 VOCs 的总量控制和环境质量的改善。另外，根据 2017 年开展的有关调查，全省纳入 VOCs 排放统计的 8913 家工业企业中，仅有 19%安装了 VOCs 治理设施，现阶段主要采用的治理方法是吸附吸收技术，尤其是活性炭和水喷淋法。而 VOCs 回收及销毁等处理效率较高的治理技术使用率较低，仅占调查企业的 4%。VOCs 综合净化效率不足 10%，污染防治水平亟待加强。

《标准》不仅加严了苯、甲苯、二甲苯等常规有机污染物的排放限值，还新增了 19 项有机污染物控制指标。苯、甲苯、二甲苯、VOCs 的排放浓度在国家综合排放标准的基础了分别加严了 92%、87%、78%、50%；新增污染物的排放浓度也严格控制，与国内大多数地方标准相当。在严格执行《标准》的前提下，可实现重点行业 VOCs 的大幅度减排，实现对排放总量至少 50%的削减。按照 82 万 t 的工业行业排放总量，通过“上大压小”“上大关小”等管理减排措施和回收及销毁等处理效率较高的工程减排措施，再辅以严格的环境执法，预计能够减排 41 万 t VOCs 总量，从而保障实现“十三五”规划对四川省 VOCs 的减排要求。同时，《标准》的实施还可以促进企业加强对 VOCs 排放的治理，引导其采用先进的生产工艺，提高技术水平，选用环境保护型原料，增加企业产品的环境保护性，提高重点行业整体生产、管理水平和 VOCs 防控水平。

8.2.4 臭氧生成潜势削减量估算

VOCs和NO_x会发生光化学反应生成臭氧，厘清VOCs对臭氧生成的贡献大小是分区、分类、有序开展臭氧污染防治工作的关键。臭氧生成潜势(ozone formation potential，OFP)代表VOCs物种在最佳反应条件下对臭氧生成最大贡献，是综合衡量VOCs物种的反应活性对臭氧生成潜势的指标参数。OFP广泛应用于评估VOCs在某一地区臭氧生成中的作用。OFP的大小决定于VOCs物种排放量及该物种的最大增量反应活性。通过估算不同区域、行业排放VOCs的OFP，确定生成臭氧的关键源和关键物种，可以有针对性地开展重点地区、重点行业VOCs污染控制。

OFP可采用如下公式计算：

$$OFP = E \cdot MIR$$

式中：OFP为VOCs物种的OFP值；

E为VOCs物种的排放量；

MIR为VOCs物种的最大增量反应活性。

利用此公式可以大致估算《标准》执行后臭氧生成潜势的削减量。各污染物控制项目的MIR值如表8-7所示。

表8-7 各污染物控制项目的MIR值

污染物控制项目	MIR值	污染物控制项目	MIR值
苯	0.42	乙苯	2.7
甲苯	2.7	三甲苯	10.32
二甲苯	7.74	丙酮	0.36
甲醛	9.46	环己酮	1.35
1,3-丁二烯	10.9	正丁醇	2.88
1,2-二氯乙烷	0.21	正己烷	1.24
四氯化碳	0	2-丁酮	1.48
萘	3.34	异丙醇	0.61
氯甲烷	0.038	乙酸丁酯	0.83
三氯乙烯	0.64	乙酸乙酯	0.63
三氯甲烷	0.022	环己烷	1.25
二氯甲烷	0.041		

注：二甲苯的MIR值为间、对、邻-二甲苯的平均值(分别为9.75、5.84、7.64)，三甲苯的MIR值为1,3,5-三甲苯和1,2,4-三甲苯的平均值(分别为11.76、8.87)。

由表8-7可见，反应活性较大的是三甲苯、1,3-丁二烯、甲醛和二甲苯，卤代烃的反应活性较小。大部分污染物的MIR值为0.5～3。以苯、甲苯、二甲苯、甲醛为例，《标准》分别在国家综合排放标准的基础上加严了92%、88%、78%、80%，而VOCs的综合性指标在国家综合排放标准的基础上加严了50%。由于缺乏VOCs各组分的排放数据，我们粗略估算了臭氧生成潜势的削减量。《标准》实施后，以减排 41 万 t 工业源 VOCs 排放总量、VOCs 平均 MIR 值按 2.2 计算，到 2020 年全省工业源的臭氧生成潜势减少近 100 万 t，这将对大气氧化性的减弱、臭氧浓度的下降起到明显的作用。

同时，依据 VOCs 的臭氧生成潜势研究结果，针对四川省的工业行业分布和 VOCs 排放特征，提出了应重点控制的工业行业是石油炼制、包装印刷、汽车制造、家具制造和表面涂装业等，需要重点削减排放的物种是甲苯、二甲苯、甲醛、1,3-丁二烯、乙苯、三甲苯、正丁醇等。

8.2.5　二次有机气溶胶生成潜势削减量估算

二次有机气溶胶(secondary organic aerosol，SOA)是细颗粒物的重要组成部分，它们是自然和人为排放的挥发性或者半挥发性有机物经大气氧化和气/粒分配等生成的悬浮于大气中的颗粒态和液态微粒。采用气溶胶生成系数法(fractional aerosol coefficient，FAC)来估算 SOA 的生成潜势，计算公式如下：

$$SOA_p = VOC_0 \cdot F_{VOCr} \cdot FAC$$

式中，SOA_p 为 SOA 的生成潜势；

VOC_0 为单个 VOCs 的排放量；

FAC 和 F_{VOCr} 分别是该种 VOCs 的气溶胶生成系数和参与反应的系数。

该计算主要采用 Grosjean 通过烟雾箱实验得到的多种 VOCs 的 FAC 和 F_{VOCr}(苯的 FAC 和 F_{VOCr} 参照吕子峰等的研究结果)，相关 VOCs 的 FAC 和 F_{VOCr} 如表 8-8 所示。获得单个 VOCs 的 SOA_p 后，将所有物种相加，即可得到总 VOCs 的 SOA 生成潜势。利用此公式可以大致估算《标准》执行后对全省 SOA 的控制程度。

表 8-8　污染物控制项目的 FAC 及 F_{VOCr} 值　（单位：%）

污染物控制项目	FAC	F_{VOCr}	污染物控制项目	FAC	F_{VOCr}
苯	2.0	10	乙苯	5.4	15
甲苯	5.4	12	三甲苯	2.9	74
二甲苯	3.2	34	丙酮	0.0	0
甲醛	0.0	0	环己酮	0.0	0
1,3-丁二烯	0.0	0	正丁醇	0.0	0
1,2-二氯乙烷	0.0	0	正己烷	0.0	0
四氯化碳	0.0	0	2-丁酮	0.0	0
萘	4.0	32	异丙醇	0.0	0
氯甲烷	0.0	0	乙酸丁酯	0.0	0
三氯乙烯	0.0	0	乙酸乙酯	0.0	0
三氯甲烷	0.0	0	环己烷	0.17	14
二氯甲烷	0.0	0			

由表 8-8 可见，活性较大的是苯系物和萘。大部分污染物的 FAC 值为 2%～5%。按 8.2.4 的估算方法，《标准》实施后，以减排 41 万 t 工业源 VOCs 排放总量、VOCs 平均 FAC 值 3.5%、VOCs 平均 F_{VOCr} 值 30%计算，到 2020 年四川省工业源的 SOA 生成潜势约减少 4500t，这对 $PM_{2.5}$ 浓度的下降将起到明显作用。

同时，依据 VOCs 的二次有机气溶胶生成潜势研究结果，针对四川省的工业行业分布和 VOCs 排放特征，提出了应重点控制的工业行业是汽车制造、家具制造和表面涂装业等，需要重点削减排放的物种是苯、甲苯、二甲苯、乙苯、三甲苯、萘等芳香烃。

8.3 标 准 评 估

《标准》发布实施前，四川省环境保护厅委托四川省标准研究院对《标准》进行了评估。评估内容主要包括两个部分：在四川标准信息服务网中检索有无与“固定污染源大气挥发性有机物排放标准”名称相同或者相似的国家标准、行业标准和四川省地方标准；将《标准》中主要相关规范性技术要素与检索到的标准比对评估。

检索结果表明，截至 2017 年 5 月 4 日，未检索到与“固定污染源大气挥发性有机物排放标准”名称相同的国家标准、行业标准和四川省地方标准；检索到与“固定污染源大气挥发性有机物排放标准”相关的有 6 条国家标准、7 条行业标准、1 条四川省地方标准，如表 8-9 所示。

表 8-9 检索相关标准列表

	序号	标准号	标准名称
国家标准	1	GB 3095—2012	《环境空气质量标准》
	2	GB/T 3840—1991	《制定地方大气污染物排放标准的技术方法》
	3	GB 14554—1993	《恶臭污染物排放标准》
	4	GB/T 15516—1995	《空气质量 甲醛的测定 乙酰丙酮分光光度法》
	5	GB/T 16157—1996	《固定污染源排气中颗粒物测定与气态污染物采样方法》
	6	GB/T 16297—1996	《大气污染物综合排放标准》
行业标准	1	HJ/T 55—2000	《大气污染物无组织排放监测技术导则》
	2	HJ/T 75—2007	《固定污染源烟气排放连续监测技术规范》
	3	HJ/T 168—2010	《环境监测 分析方法标准制修订技术导则》
	4	HJ/T 373—2007	《固定污染源监测质量保证与质量控制技术规范(试行)》
	5	HJ/T 397—2007	《固定源废气监测技术规范》
	6	HJ 583—2010	《环境空气 苯系物的测定 固体吸附热脱附-气相色谱法》
	7	HJ 584—2010	《环境空气 苯系物的测定 活性炭吸附-二硫化碳解吸-气相色谱法》
四川省地方标准	1	DB51/186—1993	《四川省大气污染物排放标准》

比对结果表明，《标准》与相关现行国家标准、行业标准及四川省地方标准比对了 8 项，包括指标体系，家具制造业，印刷业，涂料，油墨、颜料及类似产品制造业，汽车制造业，表面涂装业，表面涂装业的大气挥发性有机物排放浓度、实施与监督。其中 7 项的要求严于比对标准，一项的要求与比对标准要求相符。具体如下：

针对《标准》的指标体系，与国家标准《大气污染物综合排放标准》(GB/T 16297—1996) 相对比，对比标准设置了 3 项指标：通过排气筒排放的污染物最高允许排放浓度；通过排气筒排放的污染物，按排气筒高度规定的最高允许排放速率；以无组织方式排放的污染物，规定无组织排放的监控点及相应的监控浓度限值。《标准》设置了 4 项指标：通过排气筒排放的污染物最高允许排放浓度；与排气筒高度对应的最高允许排放速率；最低去除效率；无组织排放监控浓度限值。《标准》的指标体系要求严于《大气污染物综合排放标准》。

针对《标准》的家具制造业大气挥发性有机物排放浓度 (mg/m^3)，与国家标准《大气污染物综合排放标准》(GB/T 16297—1996) 相对比，对照标准中的要求如下：排气筒，苯为 12，甲苯为 40，二甲苯为 70，非甲烷总烃为 120；无组织，苯为 0.4，甲苯为 2.4，二甲苯为 1.2，非甲烷总烃为 4.0。《标准》中的要求如下：排气筒，苯为 1(1)，甲苯为 7(5)，二甲苯为 20(15)，非甲烷总烃为 80(60)；无组织，苯为 0.1，甲苯为 0.6，二甲苯为 0.2，非甲烷总烃为 2.0。《标准》针对的家具制造业大气挥发性有机物排放浓度要求严于《大气污染物综合排放标准》。

针对《标准》的印刷业大气挥发性有机物排放浓度 (mg/m^3)，与国家标准《大气污染物综合排放标准》(GB/T 16297—1996) 相对比，对照标准中的要求如下：排气筒，苯为 12，甲苯为 40，二甲苯为 70，非甲烷总烃为 120；无组织，苯为 0.4，甲苯为 2.4，二甲苯为 1.2，非甲烷总烃为 4.0。《标准》中的要求如下：排气筒，苯为 1(1)，甲苯为 5(3)，二甲苯为 15(12)，非甲烷总烃为 80(60)；无组织，苯为 0.1，甲苯为 0.6，二甲苯为 0.2，非甲烷总烃为 2.0。《标准》针对的印刷业大气挥发性有机物排放浓度要求严于《大气污染物综合排放标准》。

针对《标准》的涂料、油墨、颜料及类似产品制造行业大气挥发性有机物排放浓度 (mg/m^3)，与国家标准《大气污染物综合排放标准》(GB/T 16297—1996) 相对比，对照标准中的要求如下：排气筒，苯为 12，甲苯为 40，二甲苯为 70，非甲烷总烃为 120；无组织，苯为 0.4，甲苯为 2.4，二甲苯为 1.2，非甲烷总烃为 4.0。《标准》中的要求如下：排气筒，苯为 5，甲苯为 15(10)，二甲苯为 30(20)，非甲烷总烃为 80(60)；无组织，苯为 0.1，甲苯为 0.6，二甲苯为 0.2，非甲烷总烃为 2.0。《标准》的要求严于《大气污染物综合排放标准》。

针对《标准》的汽车制造业大气挥发性有机物排放浓度 (mg/m^3)，与国家标准《大气污染物综合排放标准》(GB/T 16297—1996) 相对比，对照标准中的要求如下：排气筒，苯为 12，甲苯为 40，二甲苯为 70，非甲烷总烃为 120，无组织，苯为 0.4，甲苯为 2.4，二甲苯为 1.2，非甲烷总烃为 4.0。《标准》中的要求如下：排气筒，苯为 1(1)，甲苯为 7(5)，二甲苯为 20(15)，非甲烷总烃为 80(60)；无组织，苯为 0.1，甲苯为 0.6，二甲苯为 0.2，非甲烷总烃为 2.0。《标准》针对的汽车制造业大气挥发性有机物排放浓度的要求严于《大气污染物综合排放标准》。

针对《标准》的表面涂装业大气挥发性有机物排放浓度(mg/m^3)，与国家标准《大气污染物综合排放标准》(GB/T 16297—1996)相对比，对照标准中的要求如下：排气筒，苯为 12，甲苯为 40，二甲苯为 70，非甲烷总烃为 120；无组织，苯为 0.4，甲苯为 2.4，二甲苯为 1.2，非甲烷总烃为 4.0。《标准》中的要求如下：排气筒，苯为 1(1)，甲苯为 7(5)，二甲苯为 20(15)，非甲烷总烃为 80(60)；无组织，苯为 0.1，甲苯为 0.6，二甲苯为 0.2，非甲烷总烃为 2.0。《标准》针对的表面涂装业大气挥发性有机物排放浓度的要求严于《大气污染物综合排放标准》。

针对《标准》的电子产品制造业大气挥发性有机物排放浓度(mg/m^3)，与国家标准《大气污染物综合排放标准》(GB/T 16297—1996)相对比，对照标准中的要求如下：排气筒，苯为 12，甲苯为 40，二甲苯为 70，非甲烷总烃为 120；无组织，苯为 0.4，甲苯为 2.4，二甲苯为 1.2，非甲烷总烃为 4.0。《标准》中的要求如下：排气筒，苯为 1，甲苯为 3，二甲苯为 12，非甲烷总烃为 80(60)；无组织，苯为 0.1，甲苯为 0.6，二甲苯为 0.2，非甲烷总烃为 2.0。《标准》针对的电子产品制造业大气挥发性有机物排放浓度要求严于《大气污染物综合排放标准》。

针对《标准》的实施与监督，与国家标准《环境空气质量标准》(GB 3095—2012)相对比，对照标准中的要求如下：①《标准》由各级环境保护行政主管部门负责监督实施；②各类环境空气功能区的范围由县级以上(含县级)人民政府环境保护行政主管部门划分，报本级人民政府批准实施；③按照《中华人民共和国大气污染防治法》的规定，未达到《标准》的大气污染防治重点城市，应当按照国务院或者国务院环境保护行政主管部门规定的期限，达到《标准》。该城市人民政府应当制定限期达标规划，并可以根据国务院的授权或者规定，采取更严格的措施，按期实现达标规划。《标准》中的要求如下：①《标准》由县级以上人民政府环境保护行政主管部门负责监督实施。②在任何情况下，企业均应遵守《标准》规定的大气挥发性有机物排放控制要求，采取必要的措施保证污染防治设施正常运行。各级环境保护部门在对企业进行监督性检查时，可以现场即时采样或监测的结果，作为判定排污行为是否符合排放标准以及实施相关环境保护管理措施的依据。③《标准》实施后，新制定或修订的国家或四川省污染物排放标准严于《标准》的，按照从严要求的原则，按其适用范围执行相应的污染物排放标准。《标准》的实施与监管要求严于《大气污染物综合排放标准》。

8.4 标准执行风险评估

污染物排放标准是各种环境污染物排放活动应遵循的行为规范。排放标准属于强制性标准，由政府相关部门强制执行，其法律效力相当于技术法规。污染物排放标准是环境影响评价、三同时验收、环境保护执法与监管以及处理环境纠纷与仲裁等多项工作的重要依据，也是排污者合法排污的判别依据，因此排放标准是环境管理工作的重要基础，也是标准体系中的关键所在。污染物排放标准的评估是排放标准执行周期中的重要环节，评估的目的是掌握标准在实施过程中的保障体系有效性、实施效果、存在的问题等，以便对排放标准及实施体系进行修正和改进。

8.4.1　风险评估内容

为有效规避、预防、控制重大事项实施过程中可能产生的社会稳定风险，更好地确保《标准》的顺利发布实施，重点围绕《标准》实施的合法性、合理性、安全性、可行性和可控性等方面开展社会稳定风险调查，调查因《标准》的实施对政府各部门、相关区域、企事业单位群众的影响而可能产生的社会矛盾和不稳定因素。风险调查充分听取、全面收集省级政府相关部门以及地方政府、企事业单位、居民等利益相关者的意见、诉求等。开展评估包括以下 6 个方面。

(1) 评估合法性。是否符合国家法律、行政法规、地方性法规和规章；法律政策依据是否充分；是否符合法定程序；是否符合有关污染防治政策的要求。

(2) 评估合理性。是否符合科学发展观的要求；是否正确反映了绝大多数群众的意愿；是否兼顾群众的现实利益和长远利益；是否兼顾各方面利益群体的不同诉求；是否遵循公开、公平、公正原则。

(3) 评估安全性。相关机构、企业、行业协会对《标准》实施有无强烈的反映和要求；标准的制定和出台是否会影响家具制造、印刷、石油炼制、涂料、油墨及类似产品制造、橡胶制品制造、汽车制造、表面涂装、农药制造、医药制造、电子产品制造等行业领域安全，是否会引发较大的影响社会治安和社会稳定的事件，实施过程中可能出现哪些较大的社会治安问题。

(4) 评估可行性。是否经过必备的论证、听证和公示等公众参与程序；是否经过严谨科学的可行性研究论证；是否经过严格的可行性论证，经过专业的、严密的决策审批程序；是否具有稳定性、连续性和严密性，出台的时机是否成熟恰当。

(5) 评估可控性。是否存在可能引发不稳定问题和群体性事件的隐患；对可能出现的影响社会治安和社会稳定的问题，是否制定相应的预防预警措施和应急处置预案，是否有化解矛盾的对策措施，是否在可控范围之内。

(6) 评估其他可能影响社会稳定的相关因素。

8.4.2　风险识别

对实施《标准》在法律政策、财政经济、技术标准、社会稳定、生态环境、公众参与等方面可能产生的风险逐条进行分析，查找可能引发社会稳定风险的各种风险因素。对风险因素进行分类梳理，从初步识别的各类风险因素中筛选归纳出主要的单风险因素 16 项，具体如表 8-10 所示。

表 8-10　主要风险因素识别表

序号	风险类型	风险因素	评价指标	利益相关方
1	法律、政策	决策	决策主体是否依法享有相应决策权，决策内容、程序是否符合有关法律、法规、规章和国家政策规定	相关决策部门和参与各方
2		对策和措施的落实	决策主体制定的对策措施是否会得到有效落实	
3	财政经济	财政绩效	是否提高投入的环境治理效益、降低财政支付成本	政府部门环境服务公司
4		财政承受能力	经济支出是否能控制在财政承受能力内	
5	标准、技术	标准指标体系完整性、逻辑严密性	指标是否符合典型行业实际情况，标准限值是否考虑到区域环境容量，是否有宽于国家标准的指标，是否考虑到各个行业的不同工艺设施、环境保护措施及污染物种类	相关决策部门和参与各方
6		重点控制行业选择的科学性、针对性	选取的重点控制行业和污染物控制项目是否符合现阶段固定污染源大气挥发性有机物治理及监管的需求，不同行业的必测污染物项目是否根据其特点确定	
7		排放标准限值指标的可达性	制定的各项污染物排放标准限值是否考虑到相应污染治理措施的技术经济性	
8		监测结果评判方法科学性、操作性	监测是采用监督监测、自行监测，还是第三方监测；是否采用同样的方法、标准	环境保护部门环境监测机构
9		监测机构监测监管能力	监测机构检测能力、人员技术是否有保障	环境监测机构
10	社会稳定	通过改造仍难实现达标的企业关闭	是否存在社会治安隐患，是否对当地居民的生产、生活带来影响，是否引发关闭企业员工不满、上访事件	相关政府部门、居民
11		强制执行企业拒不履行	企业拒不履行标准相关规定，企业超标非法排污	相关政府部门、相关企业
12		环境保护措施升级改造	排污企业环境保护措施升级改造难度、完成期限、资金来源、政策支持	相关企业
13		投入产出均衡性	污染物排放治理费用、企业运行成本	相关企业
14	生态环境	生态破坏和恶化	是否造成生态环境破坏、引起环境恶化	居民、单位
15	公众参与	公众知情	群众是否定期知晓大气环境监测结果	居民、媒体、政府部门、相关单位
16		公众参与、监督和举报	宣传解释和舆论导向是否充分，公众参与、监督、举报渠道是否畅通，政府响应是否迅速	

8.4.3　单因素风险评估

根据筛选和归纳出的主要单风险因素，采用定性与定量相结合的风险分析方法，重点针对每个主要单风险因素进行研究，估计其可能引发的风险事件及其发生的时间、概率、影响范围和后果，揭示事件风险因素，并根据定性、定量分析结果，形成风险因素及其风险程度汇总，具体如表 8-11 所示。

表 8-11 主要风险因素及其风险程度汇总

序号	风险因素	风险概率(P)	影响程度(Q)	风险程度(R)
1	决策	0.20	0.60	0.12
2	对策和措施的落实	0.50	0.60	0.30
3	财政绩效	0.40	0.40	0.16
3	财政承受能力	0.40	0.50	0.20
5	标准指标体系完整性、逻辑严密性	0.40	0.60	0.24
6	重点控制行业选择的科学性、针对性	0.40	0.60	0.24
7	排放标准限值指标的可达性	0.60	0.60	0.36
8	监测结果评判方法科学性、操作性	0.60	0.70	0.42
9	监测机构监测监管能力	0.60	0.80	0.48
10	通过改造仍难以实现达标企业的关闭	0.60	0.80	0.48
11	强制执行企业拒不履行	0.40	0.80	0.32
12	环境保护措施升级改造	0.60	0.60	0.36
13	投入产出均衡性	0.50	0.60	0.30
14	生态破坏和恶化	0.20	0.80	0.16
15	公众知情	0.40	0.50	0.20
16	公众参与、监督和举报	0.40	0.50	0.20

经识别，标准实施可能存在较大风险程度的因素包括：

1. 现有企业排气筒不规范，制约污染源监测采样

(1)《标准》涉及家具制造、印刷、石油炼制、涂料制造、橡胶制品制造、汽车制造、表面涂装、农药制造、医药制造、电子产品制造等重点控制行业，据调查部分企业现有固定污染源有组织排气筒设置不规范，监测采样具备一定难度。

化解措施：建议环境保护部门加强企业排污监管，按标准规范排气筒设置。

(2)《标准》涉及 25 项污染物控制项目，虽均有相应的监测方法，但多适用于环境空气或车间空气，可直接用于无组织排放废气的测定，测定固定污染源废气时需经采样方法的适用性检验后方可使用。

化解措施：建议环境保护部门加强对监测机构的监管，加大抽查力度，确保监测方法的科学合理性；相关部门应完善制定《标准》污染物控制项目的固定污染源废气监测方法，完善统一检测标准与方法。

2. 现阶段监测机构监测监管能力不足

据调查，四川省环境保护系统监测站除省总站外，地、市、州环境监测站无一家现阶段全部具备《标准》涉及 25 项污染物控制项目监测能力，将制约环境保护部门对排污企业、社会监测机构的监管。四川省内社会监测公司仅有华测、中晟等少数几家具备全部 25 项监测能力，其余公司暂不具备且无扩项考虑，将在短期内影响监测工作的正常开展。

化解措施：建议加大对环境保护系统监测站能力建设资金投入，鼓励具备条件的社会监测机构增加有机废气监测项目，强化人员培训，省厅监测处、环境监测总站及省质检计量部门等资质管理机构应开辟绿色通道，优先安排固定源有机废气监测项目能力考核，尽快充实全省有机废气监测能力，确保排污及环境监测和监管的正常运行。

3. 通过改造仍难以实现达标，企业的关闭可能引发部分人员失业和对标准的抵触情绪

据调查，多数企业通过改造可在相应时限内满足《标准》限值要求，但少数企业因建厂时间长、设备落后且无能力更换生产设备，或少数企业因行业或经营不景气无法承担环境保护措施升级改造投入，难以实现达标排放。此类超标排放且整改无望的企业当地政府将依法实施关停，部分企业人员将失业，可能引发不满。

化解措施：在《标准》实施窗口期环境保护部门应加大宣教工作，强调《标准》实施的必要性和环境正效益；完善广泛的社会监督，依法严格查处超标排污违法行为；充分利用好环境保护税等经济杠杆，加重违法处罚，倒逼企业升级改造或依法关停。

综上，监测机构能力、监测方法和采样等方面可能制约《标准》顺利实施，部分达标无望企业的关停可能引发一定社会稳定，但通过采取一系列防范、化解措施和应急预案，风险仍在可控范围之内。

8.4.4 风险等级判定

在进行单因素风险估计的基础上，运用专家评分统计法确定各单因素风险在工作方案整体风险中的权重和风险程度值，采用综合风险指数法、层次分析法等分析方法，定量计算单因素风险的风险指数和工作方案综合风险指数，具体如表 8-12 所示。

表 8-12 综合风险指数计算表

序号	风险因素（W）	权重	风险程度（R）					风险指数
			微小	较小	一般	较大	重大	
1	决策	0.02		0.12				0.0024
2	对策和措施的落实	0.04			0.3			0.0120
3	财政绩效	0.02		0.16				0.0032
4	财政承受能力	0.02			0.20			0.0040
5	标准指标体系完整性、逻辑严密性	0.08			0.24			0.0192
6	重点控制行业选择的科学性、针对性	0.08			0.24			0.0192
7	排放标准限值指标的可达性	0.08			0.36			0.0288
8	监测结果评判方法科学性、操作性	0.10				0.42		0.0420
9	监测机构监测监管能力	0.10				0.48		0.0480
10	通过改造仍难以实现达标企业的关闭	0.10				0.48		0.0480

续表

序号	风险因素(*W*)	权重	风险程度(*R*)					风险指数
			微小	较小	一般	较大	重大	
11	强制执行企业拒不履行	0.10			0.32			0.0320
12	环境保护措施升级改造	0.08			0.36			0.0288
13	投入产出均衡性	0.04			0.30			0.0120
14	生态破坏和恶化	0.02		0.16				0.0320
15	公众知情	0.02			0.20			0.0040
16	公众参与、监督和举报	0.02			0.20			0.0040
合计		1						0.3396

参照《重大固定资产投资项目社会稳定风险篇章编制大纲》所附“社会稳定风险等级评判参考标准”（表 8-13），综合风险指数 0.3396<0.36，综合分析判断初始风险等级为低(一般负面影响)。

表 8-13　社会稳定风险等级评判表

风险等级	低(一般负面影响)
总体评判标准	大多数各地市州环境保护部门、环境监测机构、排污企业支持，提出的意愿可以得到解决
可能引发风险事件评判标准	一般不会发生个人非正常上访，不会发生集体上访、请愿等
综合风险指数评判标准	0.3396<0.36 评判标准
单因素风险程度评判标准	3 个单因素较大风险程度，3 个单因素较小风险程度，10 个单因素一般风险程度

8.4.5　舆论导向分析

中国大气网、四川日报、搜狐网、四川省人民政府、四川省环境保护厅、四川省质量监督局等对《标准》的征求意见和发布情况进行了信息刊发，主导舆论认为四川省人民政府高度重视大气环境治理工作。标准的制定和实施，促进环境管理，改善环境空气质量，引导四川省木质家具制造，印刷，石油炼制与石油化学，涂料、油墨及类似产品制造，橡胶制品制造，汽车制造，表面涂装，农药制造，医药制造，电子产品制造等行业进行产业结构调整，促进有机废气处理技术的创新，增强四川在区域经济合作中的纽带作用和承接产业转移中的对接功能。《标准》实施后，在“十三五”期间，全省可以通过工程措施和管理措施削减 41 万 t 的 VOCs 排放量。

总之，媒体对《标准》的舆论导向是正确的、积极的，且影响广泛。

8.4.6　风险防范和化解

结合省内已实施的国务院《大气污染防治行动计划》和《四川省大气污染防治行动计划实施细则》的有效风险防范和化解措施经验，提出各风险主要防范、化解措施，明确责任主体、协助部门及单位，具体如表 8-14 所示。

表 8-14 风险防范和化解措施汇总

序号	风险因素	主要防范、化解措施	责任主体	协助部门及单位
1	决策	从源头上预防、减少和消除可能发生的社会稳定隐患。决策机关在权限范围内进行决策，决策内容和程序必须符合有关法律法规及党和国家的相关规定	政府决策部门	相关政府职能部门
2	对策和措施的落实	建立监督机制、落实保障措施	环境保护部门	相关政府职能部门
3	财政绩效	科学确定合理的政府委托治理项目服务价格，开展物有所值评价工作；与采用政府传统采购模式相比，能增加提高运营效率、优化风险分配等，降低政府项目全生命周期成本	提出项目的行业主管部门	财政部门，必要时可通过政府采购方式聘请专业中介机构协助
4	财政承受能力	开展财政风险和承受能力论证，每年政府付费或政府补贴等财政支出不得超出当年财政收入的一定比例；各级财政部门在编制年度预算和中期财政规划时，将项目财政支出责任纳入预算统筹安排	财政部门	必要时可通过政府采购方式聘请专业中介机构协助
5	标准指标体系完整性、逻辑严密性	科学研究《标准》涉及各行业实际情况，在污染物控制项目、标准限值、实施时限等方面充分听取各行业协会及重点企业、各地环境保护部门、监测机构、专家的意见	环境保护部门	相关政府职能部门
6	行业选择的科学性、针对性	开展科学研究及调研，充分听取各个行业协会、环境保护部门等意见，识别各行业有机废气排放源强及污染贡献，科学筛选需重点控制行业	环境保护部门	相关政府职能部门、企业
7	标准指标可达性	为实现排放标准各项指标，综合考虑政策、管理、经济、技术及环境等诸多因素的影响制定相关措施	环境保护部门	相关政府职能部门
8	监测结果评判方法科学性、操作性	(1)建议环境保护部门加强企业排污监管，按标准规范排气筒设置。 (2)建议环境保护部门加强对监测机构的监管，加大抽查力度，确保监测方法的科学合理性；相关部门应完善制定《标准》污染物控制项目的固定污染源废气监测方法，完善统一检测标准与方法	环境保护部门	相关政府职能部门
9	监测机构监测能力完善	建议加大对环境保护系统监测站能力建设资金投入，鼓励具备条件等社会监测机构增加有机废气监测项目，强化人员培训，省厅监测处、环境监测总站及省质检计量部门等资质管理机构应开辟绿色通道，优先安排固定源有机废气监测项目能力考核，尽快充实全省有机废气监测能力，确保排污及环境监测和监管的正常运行	环境保护部门	质检计量部门、环境监测机构
10	通过改造仍难以实现达标企业的关闭	在《标准》实施窗口期环境保护部门应加大宣教工作，强调《标准》实施的必要性和环境正效益；完善广泛的社会监督平台，依法严格查处超标排污违法行为；充分利用好排污费、环境保护税等经济杠杆，加重违法处罚，倒逼企业关停	政府部门	环境保护部门、媒体、所在地政府、相关企业
11	典型行业拒不履行	加强舆论宣传，鼓励举报，建立广泛的社会监督机制；严格按照法律法规开展取缔工作	环境保护部门	相关政府部门、居民、相关企业
12	环境保护措施升级改造	加强源头控制，提倡清洁生产，增加政府补贴，针对污染物设置有效的环境保护措施，制定合	环境保护部门	企业、环境保护部门、环境服务公司

续表

序号	风险因素	主要防范、化解措施	责任主体	协助部门及单位
		理的改造方案和执行时间		
13	投入产出均衡性	按照“污染付费、公平负担、补偿成本、合理盈利”的原则合理制定和调整收费标准，制定一系列的配套政策，如排污许可证的发放及总量核算等	政府部门	企业、环境保护部门
14	生态破坏和恶化	认真开展建设项目的环境影响评价，确保工程实施对生态环境影响降至最低	企业	环境保护部门、所在地政府
15	公众知情	定期公布企业相关监测数据	环境保护部门	所在地政府、居民、媒体、相关企事业单位
16	公众参与监督和举报	加强舆论宣传，鼓励举报，建立广泛的社会监督机制，政府建立响应机制	所在地政府	环境保护部门、媒体、居民、相关单位

8.4.7　风险评估结论

综合评判《标准》综合风险指数 0.3396，预期风险等级为低(一般负面影响)，3 个单因素较大风险程度，3 个单因素较小风险程度，10 个单因素一般风险程度。社会稳定风险为低风险，即绝大多数利益相关方理解支持，极少部分对《标准》有意愿要求，通过沟通了解意愿、有效工作可防范和化解矛盾。

评估认为在各级维持社会稳定部门切实落实管理制度、群体性事件应急预案条件下，能够较妥善解决《标准》实施中落实风险防范、化解措施后的剩余风险。

《标准》是结合《大气污染防治行动计划》、省政府颁布的《四川省灰霾污染防治办法》(省政府令第 288 号)及国家“十三五”规划和省委关于推进绿色发展建设美丽四川决定等相关要求制定的标准，对推动四川省在挥发性有机物的治理和总量控制，强化科技支撑、充分发挥市场机制作用、严格环境执法监管、实现空气质量全面改善、明确和落实各方责任、强化公众参与和社会监督等方面具有重要意义。

《标准》起草程序符合相关规定，评估综合评判拟发布的《标准》社会稳定风险等级为低风险，即绝大多数利益相关方理解支持，极少部分对《标准》有意愿要求，通过沟通了解意愿、有效工作可防范和化解矛盾。

《标准》作为强制性标准按相关规定报批后可实施。

第9章　标准实施问答

本章从标准的编制和使用、VOCs的监测分析和污染防治这几个方面以一问一答的方式解读了《标准》，便于大家了解《标准》，方便不同需求的人群快速找到想知道的答案，有助于标准的实施。

9.1　标准编制

9.1.1　为什么要通过标准来控制VOCs？

VOCs组分复杂，包括许多不同的有机物质，在大气化学过程中扮演了极其重要的角色，对大气的氧化能力、二次有机污染形成、人体健康等方面都有重要影响。城市及周边地区高浓度臭氧和二次细颗粒物($PM_{2.5}$)的形成都是围绕VOCs的光化学反应过程进行的。我国如北京、广州、重庆、成都等城市开展的研究结果显示，VOCs是臭氧生成的主控因子。

在VOCs控制的相关排放标准方面，发达国家起步较早。美国在四十多年前就制定了清洁空气法(CAA)，其中包含了对VOCs的排放限制。欧盟在1996年公布了完整的防止和控制污染的指令1996/61/EC，对包括石油冶炼、有机化学品、精细化工、储运销售、涂装、皮革加工6大类33个行业制定了VOCs的排放标准。日本为了控制VOCs排放，于2006年正式实施了《中华人民共和国大气污染防治法》。与欧美等发达国家或地区相比，我国控制VOCs的法规和标准有所滞后。1996年发布的《大气污染物综合排放标准》仅对苯、甲苯、二甲苯以及酚类和甲醛等的排放进行了控制。2000年发布的《大气污染防治法》对VOCs没有明确提出控制要求。进入2000年后，我国才逐步制定和发布了一系列涉及VOCs排放控制的国家标准，目前共有15个国家排放标准。

近年来，北京、天津、河北、广东、上海、重庆等省(市)均开展了VOCs排放标准制定和污染治理的研究工作，并发布了35个专门的VOCs排放标准。为贯彻《中华人民共和国环境保护法》和《中华人民共和国大气污染防治法》，解决当前突出的$PM_{2.5}$和臭氧污染问题，防治大气挥发性有机物污染，保障公众健康，推进生态文明建设，促进经济社会可持续发展，保障四川省国民经济又好又快发展，落实绿色发展建设美丽四川的要求，制定控制VOCs的四川地方排放标准，对VOCs进行更加有效地控制和管理显得非常重要。

9.1.2　《标准》是如何编制的？

《标准》编制主要采用了资料分析、考察调研、实地监测及数据统计相结合的方法。

首先分析了有关大气污染防治特别是 VOCs 污染防治的法律法规和有关标准、政策等，提出了标准编制的依据。

在此基础上总结了标准编制的四大原则：对接国家和地方的环境保护要求；对接国家的标准要求；针对四川省工业行业发展现状和大气污染问题加严控制 VOCs；制定的标准要有管理可操作性与技术可行性，能够适应四川省经济社会发展和环境保护管理的需要，拉动环境保护产业的发展，引导产业结构优化调整，促进新工艺的推广应用，促进有机废气处理技术的创新。

然后就当前四川省面临的主要大气污染问题、废气排放状况及现行标准执行情况进行调研，剖析现行标准执行过程中遇到的问题。

分析四川省涉及 VOCs 排放的相关产业发展特点，对重点工业行业的产污环节、排放特征和污染控制技术进行梳理，对 VOCs 排放情况及在环境空气中的分布进行监测。

接着从重点工业行业的污染源实测数据、环境空气质量监测数据、优先污染物、污染物毒性等多个方面进行对比分析，筛选出污染物控制项目和其对应的典型行业受控工艺设施；研究污染物排放标准限值的确定原则和计算方法，提出污染物排放限值，使之符合四川省经济社会发展的要求，并通过提高环境管理水平和污染治理水平，达到改善环境空气质量的效果；全面梳理国内外 VOCs 监测分析方法，根据标准要求完善污染物监测分析方法。

在上述工作基础上完成标准文本及编制说明。编制过程中，数次召开了包装印刷、家具制造、涂料油墨重点行业，电子、汽车制造、家具、涂料等重点排污企业，省内各大污染治理企业，省、市、县相关环境管理部门和行业专家的座谈会、研讨会，听取各方意见，不断完善标准。书面征求有关省直部门、21 个市州政府、行业协会的意见，共收到 38 个单位或部门提出的建议和意见。对提出的 28 条有效意见，采纳了 18 条，对于未采纳的 10 条做出了相应的说明。

在标准出台前，分别在四川省环境保护厅和四川省技术监督局网站公开征求意见，委托四川省环境保护科学研究院对标准进行社会稳定风险评估，委托四川省标准研究院进行标准评估，最后由四川省环境保护厅和四川省技术监督局组织专家进行评审。

最终形成的标准报省政府批准同意实施。2017 年 7 月 13 日，由四川省环境保护厅、四川省质量技术监督局以川环函[2017]1417 文联合发布，标准名称为《四川省固定污染源大气挥发性有机物排放标准》，标准编号为 DB 51/2377—2017。2017 年 7 月 13 日，由四川省质量技术监督局以川质监函[2017]530 号文向国家标准委国家标准技术审评中心申报备案。

9.1.3 《标准》控制了哪些重点行业？

通过多年的统计年鉴数据分析可以看出，四川省 1990 年工业总产值较大的行业主要有黑色金属冶炼及压延工业、机械工业、纺织业、食品制造业等；而 2000 年后，工业总产值较大的行业主要有黑色金属冶炼及压延加工业、电子及通信设备制造业、电力及热力生产和供应业、酒及饮料及精制茶制造业、化学原料和化学制品制造业、农副食品加工业、通用设备制造业、汽车制造业等。近年来，四川省统计年鉴表明全省规模以上工业企业的

40 多个行业中，计算机、通信和其他电子设备制造业工业总产值最大，占比超过 10%；电子及通信设备制造业、汽车制造业等发展较快；黑色金属冶炼和压延加工业，通用设备制造业，专用设备制造业，酒、饮料和精制茶制造业，医药制造业，纺织业等行业发展较稳定。

2009 年，环境保护部污染物排放总量控制司对人为源 VOCs 排放情况估算结果显示，工业源排放量占整个人为源的 55.5%，其中重点工业行业包括炼油和石化、油品储运、溶剂使用和合成材料生产等，所占比例均较大。2015 年我国 VOCs 排放总量为 2503 万 t，其中工业源 VOCs 排放最多，占总量的 43%。石油炼制与石油化工、涂料、油墨、胶黏剂、农药、汽车、包装印刷、橡胶制品、合成革、家具、制鞋等行业 VOCs 排放量占工业排放总量的 80%以上。

相关预测结果显示，全国 2020 年 VOCs 总排放量预计为 4173.72 万 t，相比于 2015 年增长了 34.1%，四川省将有 149 万 t VOCs 排放总量，其中工业排放量约占 55%，约为 82 万 t。“十三五”规划要求四川省排放总量下降 5%以上，减排任务为 44 万 t(含排放增量)。因为机动车保有量的持续增长，未来一段时间内移动源排放总量将维持在一个较高水平，减排潜力不大。而面源减排工作更多需要从源头做起，短时间内效果不明显。因此，全省 44 万 t 的减排任务将主要依靠工业领域的减排来完成。这需要从排放 VOCs 重点工业行业来进行加严控制。《标准》根据四川的产业分布特点，确定了 10 个重点控制工业行业：家具制造，印刷，石油炼制，涂料、油墨及类似产品制造，橡胶制品制造，汽车制造，表面涂装，农药制造，医药制造，电子产品制造等。同时，还增加了对涉及有机溶剂生产和使用的其他工业行业的控制。

9.1.4 《标准》控制了哪些污染物？

《标准》共控制了 24 种 VOCs 污染物，包括烷烃、烯烃、卤代烃、芳香烃、醇类、醛类、酮类、酯类八大类，以及 VOCs 综合性控制指标。其中有 2 个烷烃：正己烷、环己烷，1 个烯烃：1,3-丁二烯，6 个卤代烃：二氯甲烷、三氯甲烷、1,2-二氯乙烷、四氯化碳、氯甲烷、三氯乙烯，7 个芳香烃：苯、甲苯、二甲苯、三甲苯、乙苯、萘、苯乙烯，2 个醇类：异丙醇、正丁醇，1 个醛类：甲醛，3 个酮类：丙酮、环己酮、2-丁酮，2 个酯类：乙酸乙酯、乙酸丁酯。上述 VOCs 污染物中，除了对苯、甲苯、二甲苯 3 项常规控制的污染物项目和 VOCs 综合性控制指标提出必测要求外，针对 10 个重点工业行业的产排污特点还列出了 21 种选测污染物项目。

《标准》对污染物控制项目的筛选程序如下：首先通过对 10 个重点工业行业排放的常见污染物、国家排放标准规定或未规定的污染物以及相关恶臭物质的调查，结合四川省典型大气污染问题和污染物排放影响等因素，确定污染物初选名单。然后，判断污染物是否具有成熟的监测方法。最后，根据污染物的筛选原则，选择并确定评估参数，应用模糊数学法建立评分系统，对初选名单中的 VOCs 进行排序，筛选出需要重点控制的 VOCs。

筛选的七大原则如下：优先选择典型行业生产过程中使用频率较高、使用量较大的 VOCs；优先选择污染源监测结果中检出频次较高、检出浓度较高的 VOCs；优先选择环境空气质量监测结果中检出频次较高、检出浓度较高的VOCs；优先选择毒性大、具有“三致”性的VOCs；优先选择臭氧前驱物；兼顾选择蒸气压较大的VOCs；兼顾选择主要的恶臭污染物。

9.1.5 在污染物控制方面，《标准》是如何考虑对VOCs进行全方位控制的？

从国际和国内环境管理的理论和实践来看，控制VOCs的排放主要是考虑其对大气光化学反应的贡献，引起空气中臭氧浓度和$PM_{2.5}$浓度增加。近年来，四川省春夏季节城市环境空气中臭氧浓度逐年升高，中度至重度臭氧污染天数增多，区域性臭氧污染加重等问题越来越突出；秋冬季节因$PM_{2.5}$居高不下造成的灰霾污染严重，二次有机碳含量在OC中的占比普遍较高。以问题为导向，有必要提高VOCs的排放控制要求，降低VOCs排放总量，以减轻臭氧和$PM_{2.5}$的污染影响。基于这一目的，《标准》提出了VOCs综合性控制指标，并用非甲烷总烃来表征VOCs，以体现对VOCs排放总量的控制。

同时，由于VOCs组成十分复杂，很多挥发性有机污染物质在不同行业中的生产、使用和排放情况千差万别，对大气氧化能力、二次有机污染形成等环境影响也各有不同；因为蒸气压的不同以及毒性的差异，其对人体健康的影响也各不相同。例如，苯既是大气光化学反应中的高活性组分，又是毒性很强的三致物质。因此，在控制VOCs排放总量的同时，我们也必须对许多特定的有机污染物进行严格的控制，从而减轻或者消除这些污染物对生态环境和人体健康的多途径、多方式、多效应的影响。

9.1.6 标准限值是如何确定的？在什么样的控制水平？

《标准》的控制要求包括4个方面：排气筒排放的污染物最高允许排放浓度、与排气筒高度对应的最高允许排放速率、无组织排放监控浓度限值、净化设施最低去除效率。

按照《制定地方大气污染物排放标准的技术方法》(GB/T 3840—1991)的要求，与排气筒高度对应的最高允许排放速率、无组织排放监控浓度限值均是来源于环境质量标准浓度限值(以下简称C_m)的外推，无组织排放监控浓度限值即为C_m；与排气筒高度对应的最高允许排放速率为C_m乘以排放系数R再乘以地区性经济技术系数K_e，其中排放系数R取四川省二类区的排放系数(对应于环境空气质量功能区划分的二类区，即城镇规划中确定的居住区、商业交通居民混合区、文化区、一般工业区和农村地区)，地区性经济技术系数K_e从严考虑，取最低值0.5。C_m则是以《工作场所有害因素职业接触限值 化学有害因素》(GBZ 2.1—2007)中8h时间加权平均容许浓度(TWA)除以50(即C_m=TWA/50)，然后在此基础上对氯代烃等光化学活性较强、苯系物等毒性较大以及异丙醇等恶臭污染物进行适当加严，甲醛的C_m直接采用《室内空气质量标准》(GB/T 18883—2002)。

排气筒排放的污染物最高允许排放浓度的确定主要考虑VOCs污染防治的总体控制水平并参照了国内外制定分级排放标准的方法。苯、甲苯、二甲苯为常规典型污染物，涉及行业众多，不同行业使用和排放水平差异较大。为了增强标准适用性，对苯、甲苯、二甲苯按行业制定不同的标准限值，各行业排放浓度限值主要根据国内同行业排放标准及3种污染物间相对毒性的大小确定。对苯、甲苯、二甲苯以外的其他污染物，根据毒性特征分为 G1、G2、G3 三个级别，分别对应 5mg/m^3、20mg/m^3、40mg/m^3 的排放浓度限值。其中 1,2-二氯乙烷的国内外标准值均小于 5mg/m^3，故以此值作为排放浓度限值；氯甲烷国内外标准值均为 20mg/m^3，故以此值作为排放浓度限值；乙苯的国内标准值较大，故以 G3 级污染物的排放限值定值。对于 VOCs 综合性控制指标，其排放浓度限值参照国内新出台的国家排放标准和地方标准，在国家综合排放标准基础上加严 33%～50%。

为控制污染物的稀释排放，并加强对净化设施的监管，《标准》提出了净化设施最低去除效率控制指标，参考国内其他地方标准进行定值。最低去除效率要求仅适用于处理风量大于 10000m^3/h，且进口 VOCs 浓度大于 200mg/m^3 的净化设施。

基于面临的严峻大气污染形势，《标准》的控制水平相对较严。《标准》控制的重点工业行业中，甲醛、苯、甲苯、二甲苯、非甲烷总烃的有组织排放浓度限值在国家综合排放标准的基础上分别收严了 80%、92%、88%～93%、71%～83%、50%。甲醛、苯、甲苯、二甲苯、非甲烷总烃的无组织排放浓度限值在国家综合排放标准的基础上分别收严了 50%、75%、92%、83%、50%。除此之外的污染物控制项目的排放浓度限值也相对较严，总体控制水平为较国外基本相当、较国内较严。例如，《标准》中涂料、油墨、胶黏剂及类似产品制造、医药制造和橡胶制品制造等行业排放的特征污染物 1,2-二氯乙烷有组织排放浓度限值为 5mg/m^3，德国、世界银行、北京市、上海市排放标准的限值分别为 1mg/m^3、5mg/m^3、5mg/m^3、5mg/m^3；家具制造、印刷、橡胶制品制造、电子产品制造等行业排放的特征污染物丙酮有组织排放浓度限值为 40mg/m^3，世界银行、厦门市、河北省排放标准的限值分别为 80mg/m^3、150mg/m^3、60 mg/m^3。

9.1.7 与国家标准相比，《标准》的主要控制特点是什么？

《标准》与国家排放标准相比，主要的控制特点体现在“控制的重点工业行业增多”、“控制的污染物项目增多”和“污染物排放限值收严”这“两增多一收严”3 个方面。

控制的重点工业行业增多。国家排放标准体系中，涉及 VOCs 控制的标准共有 15 个(截至 2018 年 7 月)，其中涉及工业行业的排放标准有 9 个，分别为《烧碱、聚氯乙烯工业污染物排放标准》《合成树脂工业污染物排放标准》《石油化学工业污染物排放标准》《石油炼制工业污染物排放标准》《电池工业污染物排放标准》《炼焦化学工业污染物排放标准》《轧钢工业大气污染物排放标准》《橡胶制品工业污染物排放标准》《合成革与人造革工业污染物排放标准》；另有 2 个综合排放标准，分别为《大气污染物综合排放标准》《恶臭污染物排放标准》。相比而言，《标准》针对 VOCs 的主要排放来源，增加了 8 个重点工业行业，分别为家具制造，印刷，涂料、油墨、胶黏剂及类似产品制造，汽车制造，表面涂装，农药制造，医药制造，电子产品制造业。同时，还增加了对涉及有机溶剂生产和使用的其他工业行业的控制。

控制的污染物项目增多。国家排放标准体系中，涉及有机物的污染物控制项目共有 75 种，其中 VOCs 共有 57 种，分别为正己烷、环己烷；氯甲烷、二氯甲烷、三氯甲烷、四氯化碳、1,2-二氯乙烷、1,2-二氯丙烷、溴甲烷、溴乙烷；1,3-丁二烯、氯乙烯、三氯乙烯、四氯乙烯、氯丙烯、氯丁二烯、二氯乙炔；环氧乙烷、环氧丙烷、环氧氯丙烷；苯、甲苯、二甲苯、乙苯、苯乙烯；甲醇、乙二醇；甲醛、乙醛、丙烯醛；丙酮、2-丁酮、异佛尔酮；氯甲基甲醚、二氯甲基醚；二甲基甲酰胺(DMF)；硫酸二甲酯、丙烯酸甲酯、甲基丙烯酸甲酯、丙烯酸乙酯、乙酸乙烯酯；乙腈、丙烯腈；二甲基甲酰胺、丙烯酰胺；肼、甲肼、偏二甲肼；吡啶、四氢呋喃；甲硫醇、甲硫醚、二甲二硫醚、二硫化碳、三甲胺；非甲烷总烃、VOCs。相比而言，《标准》提出的25种污染物控制项目中，针对不同重点行业排放的特征VOCs污染物，增加了乙苯、萘、三甲苯、环己酮、正丁醇、正己烷、异丙醇、乙酸丁酯、乙酸乙酯共9种VOCs控制项目。

污染物排放限值收严。《标准》控制的主要行业中甲醛、苯、甲苯、二甲苯、非甲烷总烃的有组织排放浓度限值在国家综合排放标准的基础上分别收严了80%、92%、88%～93%、71%～83%、50%。甲醛、苯、甲苯、二甲苯、非甲烷总烃的无组织排放浓度限值在国家综合排放标准的基础上分别收严了50%、75%、92%、83%、50%。

9.1.8 《标准》具有哪些优点和特点？

《标准》的优点和特点体现在以下7个方面。

(1)《标准》的编制以大气污染问题为导向，以空气质量改善为目标。

(2)《标准》既与国家标准体系进行了衔接，又体现出地方排放标准加严排放限值和新增污染物控制项目这两方面的特点。

(3)《标准》既针对10个重点工业行业对VOCs排放限值进行了不同程度的加严，还对涉及有机溶剂生产和使用的其他工业行业进行了普适性的兜底加严要求。既有行业性的特点，也有综合性的特点。

(4)《标准》既紧紧抓住非甲烷总烃这一VOCs的综合表征指标进行控制，又针对不同行业的产排污特点新增了污染物控制项目，污染控制更为全面。

(5)《标准》既控制了有毒有害污染物，又针对臭氧前趋物进行了拓展。

(6)《标准》既充分分析了VOCs减排的管理需求，又兼顾了企业的经济承受能力。标准与四川省目前的经济社会发展现状和污染控制水平相适应，实施《标准》能够切实起到控制管理的作用。

(7)《标准》既考虑了现有监测方法体系的适用性，又通过监测方法的适用性检验要求低成本地提出了相关的污染源监测方法，实现了从环境质量监测方法到污染源监测方法的快速、顺利过渡。

9.2 标 准 使 用

9.2.1 哪些行业属于《标准》所提及的涉及有机溶剂生产和使用的其他行业？而哪些行业又不属于呢？

《标准》中的“涉及有机溶剂生产和使用的其他行业”在其资料性附录H《相关行业术语定义》中有明确说明：指除以上行业外涉及有机溶剂生产和使用，并排放挥发性有机物的其他工业行业。

除了《标准》控制的10个重点控制工业行业：家具制造，印刷，石油炼制，涂料、油墨及类似产品制造，橡胶制品制造，汽车制造，表面涂装，农药制造，医药制造，电子产品制造等行业以外，涉及有机溶剂生产和使用、并排放挥发性有机物的其他工业行业主要有聚氯乙烯工业、合成树脂工业、石油化学工业、电池工业、炼焦化学工业、轧钢工业、合成革与人造革工业、合成纤维工业、制鞋业、纺织印染业等。其中聚氯乙烯工业、合成树脂工业、石油化学工业、电池工业、炼焦化学工业、轧钢工业、合成革与人造革工业这7个行业均有配套的国家排放标准，本着加严的原则，在与《标准》中控制污染物项目相同的时候，应执行《标准》的控制要求。合成纤维工业、制鞋业、纺织印染业等没有配套的国家排放标准，应执行《标准》中的“涉及有机溶剂生产和使用的其他行业”控制要求。

加油站、储油库虽然排放挥发性有机物，但由于不涉及有机溶剂生产和使用，也不是工业行业，故不属于《标准》定义的涉及有机溶剂生产和使用的其他行业，不执行《标准》控制要求。建筑装修装饰、服装干洗行业等生活源排放了挥发性有机物，也涉及有机溶剂的使用，但因为不是工业行业，故也不属于《标准》定义的涉及有机溶剂生产和使用的其他行业，不执行《标准》控制要求。餐饮油烟和农村秸秆焚烧会排放挥发性有机物，但由于不涉及有机溶剂生产和使用，也不是工业行业，故不属于《标准》定义的涉及有机溶剂生产和使用的其他行业，不执行《标准》控制要求。

9.2.2 机动车维修服务厂的喷涂烘干等工序执行《标准》吗？

机动车维修服务厂主要从事机动车维修服务，涉及有机溶剂使用和VOCs排放的主要是车身修补作业。车身修补作业的主要工序包括修补部位表面处理、打腻子、喷底漆、烘干、打眼、喷面漆、烘干、喷罩光、烘干、上蜡打磨等步骤，其中表面处理、喷底漆、喷面漆以及烘干工序要使用含有VOCs的有机溶剂，主要污染物是苯、甲苯、二甲苯、三氯乙烯、四氯化碳等。这些涉及有机溶剂使用和VOCs排放的工序都应在喷烤漆房(喷漆间+烘房)中进行，严禁在露天进行车身修补作业。一般汽车修理厂的喷漆和烤漆两个步骤都是在封闭的一间喷烤漆房中完成的，含VOCs的废气经送风系统抽出，进入活性炭吸附等净化设施处理后外排，除活性炭吸附外还有使用包括分子筛吸附和焚烧法等处理措施。从上述的工序来看，机动车维修服务活动满足表面涂装业的定义，即为保护或装饰加工对象，在加工对象表面覆以涂料膜层的过程。从净化处理过程来看，机动车维修服务活动与表面涂装业的VOCs来源主要都是涂料中含有的有机溶剂和涂膜在喷涂及烘干时的分解物或挥发物。

综上所述，机动车维修服务厂的喷涂烘干等工序应执行《标准》中的“表面涂装”标准，必测污染物项目为苯、甲苯、二甲苯、VOCs。

9.2.3　排气筒挥发性有机物排放的两个阶段标准限值差异有多大？

《标准》相比国家排放标准做了较大程度的收严，虽然在标准编制过程中已经通过多次行业协会和代表性企业的座谈及公开征求意见及时地将标准收严的信息告知了企业，但从标准发布到标准实施仍需要给企业留有一定时间，让大部分现有企业对前期建设的净化设施进行清理维护和提标改造，而新建企业的排放限值应严于现有企业，所以《标准》设置了两个阶段的标准限值。

通过查阅国家及地方相关大气污染物排放标准，计算了各标准中新建企业与现有企业的排放浓度比值和排放速率比值，最终确定为新建企业的排放速率限值约为现有企业排放速率限值的 85%，排放浓度限值约为现有企业排放浓度限值的 70%。

9.2.4　排气筒挥发性有机物排放限值标准在执行时间上有什么考虑？

根据大气污染防治形势的要求，《标准》充分考虑了执行时间上的区域间差异，将成都市作为特别控制区域，将成都平原城市群的德阳、绵阳、眉山、乐山、资阳、遂宁、雅安 7 市的环成都经济圈作为重点控制区域，将除上述 8 城市外的其余 13 个市(州)作为一般控制区域，这种区域划分方式也非常切合《中共四川省委关于全面推动高质量发展的决定》提出的“一干多支”发展格局的战略构想。

对于上述 3 个区域按每半年推进一次标准执行限值，3 个时间点分别是 2018 年 1 月 1 日、2018 年 7 月 1 日、2019 年 1 月 1 日。

特别控制区域——成都市的所有现有企业要求自 2018 年 1 月 1 日起，执行较为严格的第二阶段排放限值。

重点控制区域——德阳、绵阳、眉山、乐山、资阳、遂宁、雅安 7 市的环成都经济圈现有企业在 2018 年 1 月 1 日至 2018 年 6 月 30 日执行较为宽松的第一阶段排放限值，较成都市多留半年提标改造时间，自 2018 年 7 月 1 日起，执行较为严格的第二阶段排放限值。

一般控制区域——自贡、内江、泸州、宜宾、南充、达州、广安、广元、巴中、阿坝、甘孜、凉山、攀枝花共 13 个市(州)的现有企业在 2018 年 1 月 1 日至 2018 年 12 月 31 日执行较为宽松的第一阶段排放限值，较成都市多留有一年的提标改造时间，自 2019 年 1 月 1 日起，执行较为严格的第二阶段排放限值。

全省所有的新建企业均要求自 2018 年 1 月 1 日起，执行较为严格的第二阶段排放限值。

9.2.5　如何理解针对“VOCs 燃烧(焚烧、氧化)装置”监测中废气含氧量的换算要求？

为避免人为稀释排放，《标准》提出了“VOCs 燃烧(焚烧、氧化)装置”监测中废气含氧量的换算要求。对进入 VOCs 燃烧(焚烧、氧化)装置(如采用直接燃烧技术、催化燃烧技术或热力燃烧技术的净化设施)的废气需要补充氧气(空气)进行燃烧、氧化反应，均应对废气中的氧含量进行监测，并分两种情形进行要求：一种通常情形是按《标准》所列的公式(1)换算为基准含氧量为3%的大气污染物基准排放浓度，并与排放限值比较判定排放是否达标；第二种情形如进入净化设施的废气中氧含量可满足自身燃烧、氧化反应需要，则按排气筒中实测大气污染物浓度判定排放是否达标，此时净化设施的出口烟气氧含量不应高于净化设施进口废气氧含量。部分净化装置如沸石转轮+RTO焚烧装置，其焚烧后的废气与脱附VOCs后的废气混合后排放，其氧气浓度高，属于第二种情形，此时可通过监测净化设施进、出口废气中的氧含量和VOCs的净化效率来判别其是否有人为稀排放及其净化效率是否达标。

9.2.6 如何看待和使用《标准》所列的附录？

《标准》将所有可能涉及使用的要求都纳入了附录，一共有4类8个规范性附录和1个资料性附录。

第一类是典型行业受控工艺设施和污染物项目。针对10个重点工业行业涉及VOCs排放的受控工艺设施进行了梳理，将这些工艺过程中排放的特征污染物作为必测污染物项目，对于其他可能排放的污染物作为选测污染物项目。

第二类是工艺措施和管理要求。对涉及有机溶剂使用和VOCs的产生、收集、处理、排放提出明确的管理要求，包括源头控制、废气收集、净化处理与综合利用、VOCs污染控制的记录要求4个方面。这些要求不仅是污染企业管理和控制VOCs的要求，同时也可以作为环境保护部门监管污染企业的操作指南。

第三类是涉及最高允许排放速率、等效排气筒有关参数、去除效率计算和汽车制造涂装生产线单位涂装面积VOCs排放总量核算的规范性要求。其中最高允许排放速率、等效排气筒有关参数、去除效率计算方法均为国家污染源排放标准体系的规范化要求。汽车制造涂装生产线单位涂装面积 VOCs 排放总量核算附录是针对汽车制造业的单位排放量计算方法。

第四类是有关监测的监测方法适用性检验和便携式氢火焰离子化检测器法测定VOCs两个规范性附录。通过监测方法适用性检验可以将原本用于环境空气质量监测或者工作场所空气中有毒物质测定的方法通过采样方法的适用性检验后用于固定污染源排放废气的监测，或者是拓展扩充监测方法的目标化合物。便携式氢火焰离子化检测器法测定VOCs的监测方法原理与国家环境保护标准监测方法(HJ 38和HJ 604)基本一致，可在现场直接进气或者采样后直接进气分析，可以有效解决样品保存时间过长造成部分有机化合物降解、监测结果偏低的问题。

资料性附录是相关行业术语定义，根据《国家经济行业分类》(GB/T 4754)的要求，对《标准》涉及的10个重点工业行业进行规范性术语定义，以方便标准的准确使用。

9.3　监测分析

9.3.1　VOCs是否和非甲烷总烃等同？

VOCs在标准中有明确的定义，在293.15K条件下蒸气压大于或等于10Pa，或者特定适用条件下具有相应挥发性的除CH_4、CO、CO_2、H_2CO_3、金属碳化物、金属碳酸盐和碳酸铵外，任何参加大气光化学反应的含碳有机化合物，主要包括具有挥发性的非甲烷烃类(烷烃、烯烃、炔烃、芳香烃)、含氧有机化合物(醛、酮、醇、醚等)、卤代烃、含氮有机化合物、含硫有机化合物等。根据行业特征和环境管理需求，按基准物质标定，检测器对混合进样中VOCs综合响应的方法测量非甲烷有机化合物(以NMOC表示，以碳计)，即采用规定的监测方法，使氢火焰离子化检测器有明显响应的除甲烷以外的碳氢化合物(其中主要是C_2～C_8)的总量(以碳计)。待国家监测方法标准发布后，增加对主要VOCs物种进行定量加和的方法测量VOCs(以TOC表示)。

目前以定量加和的方法测定VOCs存在较大的技术难点。加和方法一般要求能准确定性且定量的物质要占到所有VOCs总量的80%以上，所以必须要进行前期调查，确定主要污染物后再开展正式监测。另外以加和方法测定VOCs需要的设备及监测成本高，具备相关能力的检测机构少，所以目前测定VOCs以非甲烷总烃来代替，待国家标准分析方法成熟、发布后再按照新的要求执行。

所以，VOCs和非甲烷总烃并不是等同的概念。在《标准》中，用非甲烷总烃来表征VOCs。

9.3.2　检测机构具备非甲烷总烃的检测资质，是否可直接出具VOCs的监测报告？

在以《标准》作为评价标准时，按标准要求采用非甲烷总烃的排放浓度/排放速率来表征VOCs的污染影响情况。检测机构具备非甲烷总烃的检测资质，并采用非甲烷总烃的相关标准分析方法来开展监测，在出具监测报告时，监测项目写为VOCs，其测定的结果填写非甲烷总烃的浓度/速率，并备注“VOCs以非甲烷总烃计”。同时，在报告中必须注明分析方法、方法来源和相关依据，实验室分析按照要求做好相关记录，确保监测数据的溯源。

9.3.3　非甲烷总烃监测涉及HJ 38、HJ 604和标准附录的便携式氢火焰离子化检测器法3种方法，如何选择使用？

2017年12月，HJ 38在发布了新版本，由原来的HJ/T 38—1999更新为HJ 38—2017，新方法对标准的适用范围做了调整，原标准适用于固定污染源有组织排放和无组织排放的测定，修改后只适用于固定污染源的有组织排放，无组织排放的测定按照《环境空气　总烃、甲烷和非甲烷总烃的测定　直接进样-气相色谱法》(HJ 604)执行。

另外，考虑到测定非甲烷总烃的样品保存时间短，HJ 38 和 HJ 604 规定玻璃注射器采集的样品不能超过 8h，气袋采集的样品不能超过 48h，《固定污染源废气 挥发性有机物的采样 气袋法》(HJ 732—2014)中建议样品在 8h 以内进样分析，检测机构应根据实际情况合理选择采样方式。《标准》制定了《VOCs 的测定 便携式氢火焰离子化检测器法》，作为标准的规范性附录 I。该方法采用配备有氢火焰离子化检测器的便携式气相色谱仪，可在现场直接进气或者采样后直接进气分析，可以有效解决样品保存时间过长造成部分有机化合物降解、监测结果偏低的问题，有条件的检测机构可以选择使用。

9.3.4 测定非甲烷总烃需要注意哪些问题？

实施非甲烷总烃监测时需要注意以下问题：

(1)固定污染源采样时需要将采样管加热并保持在(120±5)℃(有防爆安全要求的除外)，避免样品在采样管中冷凝。固定污染源废气样品如发现有液滴凝结现象，在进行分析时要对样品进行加热直到液滴凝结现象消除后快速进行分析。

(2)选择气袋时必须要进行空白检查，并选择可耐高温的气袋(至少 120℃)，质量不好的气袋在采集温度较高的样品后会释放出有机污染物，影响测定结果。可在气袋中充入除烃空气并加热至 120℃左右保持 0.5h 后进行空白检查，空白符合要求的采样袋才能投入使用。

(3)注意样品保存期限，玻璃注射器采集和气袋采集的样品保存时间不一致，玻璃注射器采集的样品，放置时间不超过 8h；气袋采集的样品，放置时间不超过 48h。样品采集后应放置在避光的样品箱中进行流转和保存。玻璃注射器采集后的样品在运输、保存过程要保持针头端向下，避免外界样品因针头漏气引入其他气体。

(4)除烃空气的正确选择非常关键，HJ 38—2017 和 HJ 604—2017 中对除烃空气有明确的要求：总烃含量(含氧峰)≤0.40mg/m^3(以甲烷计)；或在甲烷柱上测定，除氧峰外无其他峰。如果除烃空气中烃含量过高，会导致扣除的氧峰面积过大，在实际样品中非甲烷总烃浓度低的时候可能出现负数的情况。

(5)计算过程中计量方式需要注意保持一致，目前 HJ 38—2017 和 HJ 604—2017 明确的标准气体都是使用甲烷标准气，不再使用甲烷和丙烷的混合气，计算时总烃的浓度和甲烷的浓度要以甲烷计，但非甲烷总烃计算时要换算成以碳计。

(6)分析固定污染源无组织排放样品时要按照与绘制曲线相同的操作步骤和分析条件进行，样品运输回实验室后，要平衡至环境温度后再进行测定。分析固定污染源有组织排放废气样品时，由于排放的废气温度高于环境温度，样品经运输、保存一段时间后会有液滴冷凝或吸附，测定前必须把样品放在加热装置中(如红外加热箱等，可加热到 120℃左右)，待液滴冷凝现象消除后，立即进样分析，否则容易造成高沸点有机化合物冷凝，使测定结果偏低；绘制标准曲线的时候也应该把标准样品放至样品加热装置中加热后分析，保持相同的分析环境条件，以确保标气和样品在标准状态下的进样体积一致。

(7)严格按照 HJ 38—2017 和 HJ 604—2017 的技术要求、质量保证和质量控制要求开展分析测试，加强样品采集、保存、样品测试、结果计算等全流程的质量控制。

9.3.5 目前推荐的分析测定方法更新情况如何？

《标准》发布后，有关部门推出了一些新的标准分析方法，环境保护部发布的HJ 38—2017替换了原来的HJ/T 38—1999，HJ 604—2017替换了原来的HJ 604—2011，对包括适用范围、测定指标、标准气等的标准内容进行了修订。2017年11月，国家卫生和计划生育委员会发布了《工作场所空气有毒物质测定 第1部分：总则》等96项推荐性国家职业卫生标准，其中正丁醇和异丙醇的分析测定更改了标准编号，将原来的填充柱改为毛细管色谱柱；环己烷的更新方法将原来的填充柱改为毛细管色谱柱，既可以选择用溶剂解吸-气相色谱法，也可选用热解吸-气相色谱法。具体如表9-1所示。

表9-1 测定方法更新情况一览表

序号	项目	原方法来源	更新后方法来源	更新主要内容
1	VOCs（非甲烷总烃）	HJ/T 38	HJ 38和HJ 604	适用范围变化：HJ 38仅测定固定污染源，HJ 604测定环境空气和无组织排放；HJ 38由甲烷、丙烷混合气改为甲烷；HJ 604增加了甲烷和非甲烷总烃的测定指标
2	正丁醇	GBZ/T 160.48	GBZ/T 300.85	改用毛细管色谱柱
3	异丙醇	GBZ/T 160.48	GBZ/T 300.84	改用毛细管色谱柱
4	环己烷	GBZ/T 160.41	GBZ/T 300.65	改用毛细管色谱柱；增加了热解吸-气相色谱法

9.3.6 如何开展方法的适用性检验，并申请检验检测机构的资质认定？

《标准》中推荐的监测方法，有些不能直接使用，主要有两种情况：一种是方法里没有涵盖我们需要测定的目标化合物，但实际是可以测定的；另一种是方法的适用范围不一致，如测定环境空气质量的方法不能直接用于测定有组织排放的废气。所以标准制定了规范性附录G《监测方法适用性检验》，通过采样方法的适用性检验、检出限的适用性检验、精密度的适用性检验、准确度的适用性检验，解决现有方法适用的测定目标化合物拓展问题。将原本用于环境空气质量监测或者工作场所空气中有毒物质测定的方法通过方法的适用性检验后用于固定污染源排放废气的监测。

考虑到环境监测领域的特殊性，生态环境部会同国家认证认可监督管理委员会编制了《检验检测机构资质认定环境监测机构评审补充要求》（以下简称《补充要求》，目前为征求意见稿）。《补充要求》中对初次使用标准方法和非标准方法做了详细规定，尤其是使用非标方法或是方法有偏离时，需要对方法进行确认。确认的要求如下：包括对方法的适用范围、干扰和消除、试剂和材料、仪器设备、方法性能指标（包括校准曲线、检出限、测定下限、准确度、精密度）等要素进行确认，并根据方法的适用范围，选取不少于一种实际样品进行测定。非标准方法应由不少于3名本领域高级职称及以上专家进行审定，必要时，非标准方法还应通过至少3家实验室的验证，非标准方法应形成作业指导书。环境监测机构应确保其人员培训和技术能力、设施和环境条件、采样及分析仪器设备、试剂材料、标准物质、原始记录和监测报告格式等符合非标准方法的要求；方法验证或方法确认的过程及结果应形成报告，并附有包含验证或确认全过程的原始记录，保证方法验证或确认过程可追溯。

9.3.7 四川省环境检测机构在 VOCs 监测方面的能力如何？能否实现对标准中多种污染物的有效监测？

通过对四川省 21 个市(州)环境监测站和 10 余家大中型社会检测机构的调研，目前四川省的市(州)环境监测站和大部分大、中型社会检测机构均已配置可以开展 VOCs 监测的相关仪器设备，并已经具备部分 VOCs 污染物控制项目的监测能力，特别是常规控制的苯、甲苯、二苯和非甲烷总烃的监测能力都已具备。后续可以通过 VOCs 监测培训进一步提升和完善监测能力。同时，《标准》配套的大部分监测方法可以通过适用性检验将原来适用于环境空气或车间空气的测定方法，用于废气排放监测。所以，四川省的环境监测系统和社会检测机构能够实现对《标准》中多种污染物的有效监测，以支撑环境管理的要求。

9.4 污 染 防 治

9.4.1 使用有机溶剂的工业企业如何选择 VOCs 污染控制技术？

有机溶剂在工业生产中主要作为清洗剂、稀释剂、有机相溶剂以及萃取剂等。有机溶剂在使用过程中通常不发生化学反应和化学变化，只是为有机物提供一个发生物理或化学作用的油溶性液体介质，使用过程结束后有机溶剂通常会随着废气一同进入大气中而产生 VOCs 排放。因此，原环境保护部发布了《挥发性有机物(VOCs)污染防治技术政策》，对 VOCs 污染防治提出了指导性技术政策，要求 VOCs 污染防治遵循源头和过程控制与末端治理相结合的综合防治原则。

源头控制通常考虑采用原料替代(用低毒无毒的有机溶剂替代苯、甲苯等)、减少有机溶剂的使用(高固份、光固化、无溶剂型涂料)、改用水溶性物料体系等技术。过程管理通常考虑推广静电喷涂、淋涂、辊涂、浸涂等高效涂装工艺和先进智能化涂装设备、鼓励“油改水”工艺和设备改造等技术，鼓励企业实施生产过程的密闭化、连续化、自动化技术改造，建立密闭式负压废气收集系统，并与生产过程同步运行。在采取了以上措施后，产生的挥发性有机物才考虑从末端治理的角度去进行回收或者销毁。

从费效分析角度看，源头控制、过程管理和末端治理 3 个环节对 VOCs 排放量削减的效用大致为 7∶2∶1。因此，使用有机溶剂的工业企业应该更加重视前两个环节的作用，在充分挖掘这两个环节潜力的基础上，对末端排放的废气进行工程治理。

9.4.2 标准中对低浓度、大风量的排气筒有组织排放废气未设定最低去除效率要求是基于什么样的考虑？

标准中对低浓度($\leqslant 200mg/Nm^3$)且小风量($<10000Nm^3/h$)有组织排放废气未设定去

除率的要求是基于什么考虑?

从全国和各地方已经颁布实施的挥发性有机物排放标准分析看，对排气筒有组织排放废气明确提出最低去除效率要求的有河北省地方标准《工业企业挥发性有机物排放控制标准》(DB 13/2322—2016)、陕西省地方标准《挥发性有机物排放控制标准》(DB 61/T 1061—2017)、《四川省固定污染源大气挥发性有机物排放标准》(DB 51/2377—2017)、上海市地方标准《家具制造业大气污染物排放标准》(DB 31/1059—2017)等，涉及的主要行业有石油炼制与石油化工、涂料、油墨、胶黏剂、农药、汽车、包装印刷、橡胶制品、家具制造等。这表明，全国各地都在重视对VOCs末端治理的控制要求。为控制污染物的稀释排放，并加强对净化设施的监管，《标准》提出了净化设施最低去除效率控制指标，参考国内其他地方标准进行定值。最低去除效率要求仅适用于处理风量大于10000m^3/h且进口VOCs浓度大于200mg/m^{3}的净化设施，即对于中高浓度且风量大的VOCs废气需要考核净化设施的最低去除效率。

但在所有的VOCs有组织废气治理过程中，低浓度(≤200mg/m^3)且风量大(≥10000Nm^3/h)VOCs废气的治理难度较大，如涂装行业中有相当一部分的VOCs废气属于这一类型。如果对低浓度VOCs废气仍提出最低去除效率控制要求，目前尚缺乏经济合理、技术可行的单一技术，如果大幅采用(催化)燃烧法进行VOCs的末端治理，可能会导致企业的治理成本大幅增高或者不能保证稳定达标排放。

因此，产生低浓度且风量大VOCs废气的企业应当提高对VOCs防控的认识，优先从源头控制和过程管理进行挖潜，优化VOCs废气收集和处理系统设计，削减VOCs的产生量和排放量，降低其环境影响。

9.4.3　等离子破坏技术和光催化技术在工程应用中可能存在哪些问题?

等离子体破坏和光催化技术是近年来发展起来的处理低浓度VOCs和恶臭有机废气的物理化学方法。等离子体破坏技术利用介质放电产生的等离子体以极快的速度反复轰击废气中的气体分子，去激活、电离、裂解废气中的各种成分，通过氧化等一系列复杂的化学反应，使复杂大分子污染物转变为一些小分子的安全物质，或使有毒有害物质转变为无毒无害或低毒低害物质，从而使污染物得以降解去除。而光催化氧化技术是利用特种紫外线波段，将废气分子破裂，打断其分子链，同时，通过分解空气中的水和氧气，使其成为具有高活性的臭氧或自由羟基，从而氧化废气分子，生成水和二氧化碳。加入催化剂，可提高反应速率和处理废气的效率，从而达到净化废气的目的。

从技术原理和已发表的研究论文看，这两种方法处理低浓度(恶臭)有机废气非常理想，VOCs的去除机制清楚，实验装置的去除效率高，电气控制灵活方便，装置占地较少且安装调试容易。但从实际工程运行结果看，这两种方法单独使用的效果不佳，没有令人信服的成功案例，基本上无法实现低浓度VOCs的有效去除，而且等离子破坏法存在着安全风险，光催化氧化法存在着高臭氧浓度排放的不利影响。

从这两种技术投入实际运行的案例看，等离子破坏技术电源的纳秒级脉冲放电与等离子反应器匹配不好、光催化技术中对紫外灯管产生紫外线的光功率密度和特征波长控制不严格是影响其去除VOCs效率低下的主要原因。同时还存在设计风量大时，VOCs在等离子和光催化反应器里的停留时间太短，处理系统的(光)能量密度过低等问题，无法实现对VOCs的有效处理。

9.4.4 化工企业如何控制VOCs的有组织排放和无组织排放？

化工企业控制VOCs的排放依然需要遵循源头控制、过程管理与末端治理相结合的综合防治原则。化工企业使用VOCs有两大途径，一是作为原料使用，二是作为溶剂使用。因此对其生产过程产生的VOCs进行的污染防治应体现为以下4个方面。

(1) VOCs的源头控制体现在：生产和使用水基型、无有机溶剂型、低有机溶剂型、低毒、低挥发的产品和材料，并且采用先进环境保护的清洁生产技术，提高生产原料的转化和利用效率，从源头降低VOCs的排放。

(2) VOCs的过程管理体现在：含VOCs的原辅材料在储存和输送过程中应保持密闭，使用过程中随取随开，用后应及时密闭，以减少VOCs无组织挥发。企业实施生产过程密闭化、连续化、自动化技术改造，建立密闭式负压废气收集系统，并与生产过程同步运行，并配备高效的溶剂回收和废气降解系统，减少生产过程中VOCs的排放。

(3) VOCs的末端治理体现在：企业需要根据废气的风量及浓度，结合处理效率、治理设施投入等具体情况来选择较为合适的处理工艺，在废气处理过程中严格控制二次污染，处理产生的废气、废水和固废等应达到相应标准后再进行排放。

(4) 在做好上述控制和治理工作的同时，化工企业应当主动开展VOCs无组织排放的泄漏与检测，定期、定量使用检测设备检测企业生产装置中阀门、泵、压缩机、搅拌器等易产生VOCs泄漏的密封点，并在一定期限内采取有效措施修复泄漏点，减少VOCs的无组织排放。

9.4.5 现有企业的VOCs污染防治水平如何？能够达到《标准》要求吗？

根据2017年开展的有关调查，四川省纳入VOCs排放统计的8913家工业企业中，仅有19%安装了VOCs净化设施，综合净化效率不足10%，污染防治水平亟待加强。VOCs净化设施主要采用的污染防治技术是吸附吸收技术，以活性炭和水喷淋法为主。而VOCs回收及销毁等处理效率较高的污染防治技术使用率较低，仅占调查企业的4%，主要分布在汽车制造、电子产品加工制造等行业。实测结果表明，采用催化燃烧、蓄热燃烧等销毁方式的污染防治技术均能够实现达标排放；而部分家具制造、涂料生产企业在采用吸附吸收方式的污染防治技术时，因没有有效地进行净化设施运行管理维护，出现了超标的情况；而部分家具制造、包装印刷企业因无有效的净化设施，基本大幅度超标。要确保稳定达到《标准》的要求，大部分企业应从源头控制、过程管理、末端治理3个方面开展提标改造。

9.4.6 标准严格执行后会有多大的减排成效？空气质量会有所改善吗？

标准出台前，四川省重点行业VOCs均按照现有国家大气污染物综合排放标准实施管理，以苯、甲苯、二甲苯、VOCs 为例，其排放浓度限值分别为 12mg/m^3、40mg/m^3、70mg/m^3、120mg/m^3，排放限值比较宽松，不符合 VOCs 逐渐加严的污染控制要求，更不利于 VOCs 的总量控制和环境质量的改善。

《标准》不仅加严了苯、甲苯、二甲苯等常规有机污染物的排放限值，还新增了 19 项有机污染物控制指标。苯、甲苯、二甲苯、VOCs 的排放浓度在国家综合排放标准的基础了分别加严了 92%、87%、78%、50%；新增污染物的排放控制与国内大多数地方标准相当。《标准》的实施将促进企业加强对 VOCs 排放的治理，引导其采用先进的生产工艺，提高污染防治技术水平，选用环境保护型原辅材料，增加产品的环境保护性，提高重点行业整体的生产、管理水平和 VOCs 防控水平。在严格执行《标准》的前提下，可实现重点行业 VOCs 的大幅度减排，实现对排放总量至少 50%的削减。按照 82 万 t 的工业行业排放总量(2020 年)，通过“上大压小”“上大关小”等管理措施减排，对 VOCs 采取源头控制、过程管理与末端治理相结合的综合防治，提标改造回收及销毁等处理效率较高的减排工程，再辅以严格的环境执法，预计能够减排 41 万 t VOCs 总量，相当于在 2015 年 111 万 t 排放总量的基础上削减了 37%。

到 2020 年全省工业源的臭氧生成潜势减少近 100 万 t、SOA 生成潜势减少约 4500t，这将对大气氧化性的减弱、臭氧和 $PM_{2.5}$ 浓度的下降起到明显的作用。相关重点控制的行业是石油炼制、包装印刷、汽车制造、家具制造和表面涂装业等，重点削减排放的 VOCs 物种是苯、甲苯、二甲苯、乙苯、三甲苯、萘、甲醛、1,3-丁二烯、正丁醇等。

9.4.7　环境保护税执行后对 VOCs 污染防治有助推作用吗？

环境保护税列入征收范围的挥发性有机物主要有苯、甲苯、二甲苯、甲醛、乙醛 5 种，其当量值分别为 0.05、0.18、0.27、0.09、0.45，对应在四川每千克污染物征收的环境保护税额分别为 78 元、21.7 元、14.4 元、43.3 元、8.7 元，平均为 33.2 元。最为常见的 VOCs 污染物甲苯、二甲苯的平均环境保护税额为 18.1 元，这与 VOCs 10～30 元/kg 的治理成本基本相当。环境保护税的执行将有利于倒逼相关行业进行产业升级，引导 VOCs 处理技术的发展和创新，增加污染防治资金投入，削减 VOCs 排放总量，从而实现少交税，取得经济效益和环境效益的双丰收。

参考文献

[1] 张卿川，夏邦寿，杨正宁，等. 国内外对挥发性有机物定义与表征的问题研究[J]. 污染防治技术，2014，27(5)：3-7.

[2] 江梅，邹兰，李晓倩，等. 我国挥发性有机物定义和控制指标的探讨[J]. 环境科学，2015，36(9)：3522-3532.

[3] 陆思华，邵敏，王鸣. 城市大气挥发性有机化合物(VOCs)测量技术[M]. 北京：中国环境科学出版社，2012：1-2.

[4] 曹军骥. $PM_{2.5}$与环境[M]. 北京：科学出版社，2014.

[5] 杨员，张新民，徐立荣，等. 中国大气挥发性有机物控制问题及其对策研究[J]. 环境与可持续发展，2015，40(1)：14-18.

[6] 环境保护部办公厅.挥发性有机物(VOCs)污染防治技术政策(征求意见稿)编制说明. 2012-08.

[7] 陈颖，叶代启，刘秀珍，等. 我国工业源 VOCs 排放的源头追踪和行业特征研究[J]. 中国环境科学，2012，32(1)：48-55.

[8] 曹国良，安心琴，周春红，等. 中国区域反应性气体排放源清单[J]. 中国环境科学，2010 (7)：900-906.

[9] 王海林，聂磊，李靖，等. 重点行业挥发性有机物排放特征与评估分析[J]. 科学通报，2012，57(19)：1739-1746.

[10] 谭赟华. 广东省木制家具行业挥发性有机物（VOCs）排放特征研究[J]. 广东化工，2012，39(1)：45-46.

[11] 杨利娴，黄萍，赵建国，等. 我国印刷业 VOCs 污染状况与控制对策[J]. 包装工程，2012，33(3)：125-131.

[12] 乔雷. 中国包装印刷业挥发性有机物排放标准体系概述[C] //中国环境科学学会. 2016 中国环境科学学会学术年会论文集(第四卷) 北京: 中国环境科学学会，2016：6.

[13] 郭兵兵，刘忠生，王新，等. 石化企业 VOCs 治理技术的发展及应用[J]. 石油化工安全环境保护技术，2015，31(4)：1-7+9.

[14] 中国涂料工业协会. 中国涂料行业 VOCs 控制现状及前景[C] //中国化工学会. 2015 年中国化工学会年会论文集. 北京: 中国化工学会，2015：16.

[15] 徐志荣，王浙明，许明珠，等. 浙江省制药行业典型挥发性有机物臭氧产生潜力分析及健康风险评价[J]. 环境科学，2013，34(5)：1864-1870.

[16] 马英歌. 印刷电路板（PCB）厂挥发性有机物（VOCs）排放指示物筛选[J]. 环境科学，2012，33(9)：2967-2972.

[17] 崔如，马永亮. 电子产品加工制造企业挥发性有机物（VOCs）排放特征[J]. 环境科学，2013，34(12)：4585-4591.

[18] 江梅，张国宁，邹兰，等. 有机溶剂使用行业 VOCs 排放控制标准体系的构建[J]. 环境工程技术学报，2011，1(3)：221-225.

[19] 李雷，李红，王学中，等. 广州市中心城区环境空气中挥发性有机物的污染特征与健康风险评价[J]. 环境科学，2013，34(12)：4558-4564.

[20] 王玲玲，王潇磊，南淑清，等. 郑州市环境空气中挥发性有机物的组成及分布特点[J]. 中国环境监测，2008，24(8)：66-69.

[21] 杭维琦，薛光璞. 南京市环境空气中挥发性有机物的组成与特点[J]. 中国环境监测，2004，20(2)：14-16.

[22] 谭菊. 长沙市大气环境中 TVOC 的污染状况调查、评价及控制措施研究[D]. 湘潭: 湘潭大学，2013.

[23] 钟天翔. 杭州市空气环境中挥发性有机物与 $PM_{2.5}$污染研究[D]. 杭州: 浙江大学，2005.

[24] 刘泽常，张帆，侯鲁健，等. 济南市夏季环境空气 VOCs 污染特征研究[J]. 环境科学，2012，33(10)：3656-3661.

[25] 陈颖，李丽娜，杨常青，等. 我国 VOC 类有毒空气污染物优先控制对策探讨[J]. 环境科学，2011，32(12)：3469-3475.

[26] 张国宁，郝郑平，江梅，等. 国外固定源 VOCs 排放控制法规与标准研究[J]. 环境科学，2011，32(12)：3501-3508.

[27] 刘美霞，石峻岭，吴世达. IARC：900 种有害因素及接触场所对人类致癌性的综合评价(一)[J]. 环境与职业医学，2006，23(2)：180-183.

[28] 国家标准局. GB 5044—1985 职业性接触毒物危害程度分级 [S]. 北京：中国标准出版社.

[29] 张旭，梅风乔. 美国大气污染物排放标准体系特征及借鉴意义[A] //中国环境科学学会学术年会论文集[C]，2011.

[30] 周军英，汪云岗，钱谊. 美国大气污染物排放标准体系综述[J]. 农村生态环境，1999，15(1)：53-58.

[31] 胡必彬，孟伟. 欧盟大气环境标准体系研究[J]. 环境科学与技术，2005，28(4)：61-62.

[32] 国家环境保护局科技标准司. 大气污染物综合排放标准详解[M]. 北京：中国环境科学出版社，1997：26-27.

[33] 王军玲，张增杰. 北京市《大气污染物综合排放标准》实施技术指南[M]. 北京：中国环境出版社，2013：23-30.

[34] 杨一鸣，崔积山，童莉，等. 美国 VOCs 定义演变历程对我国 VOCs 环境管控的启示[J]. 环境科学研究，2017，30(3)：368-379.

[35] 科技部，环境保护部. 大气污染防治先进技术汇编[M]. 北京：中国环境出版社，2014.

附件 1

ICS 13.020
Z 60

DB51

四川省地方标准

DB 51/2377—2017

四川省固定污染源大气挥发性有机物排放标准

Sichuan Emission Control Standard for Volatile Organic Compounds

2017-07-13 发布　　2017-08-01 实施

四川省环境保护厅
四川省质量技术监督局
发布

目　　次

前　言

为贯彻《中华人民共和国环境保护法》和《中华人民共和国大气污染防治法》，保护和改善环境空气质量，防治大气挥发性有机物污染，保障公众健康，推进生态文明建设，促进经济社会可持续发展，制定本标准。

本标准规定了四川省固定污染源的大气挥发性有机物排放控制要求、监测要求和实施要求等内容，适用于四川省的大气挥发性有机物污染防治和管理。

本标准未做规定的控制指标，且国家或四川省有相关标准的，按相关标准要求执行。

本标准由四川省环境保护厅提出。

本标准起草单位：四川省环境监测总站、四川大学、四川省环境保护产业协会。

本标准由四川省人民政府 2017 年 6 月 30 日批准，2017 年 8 月 1 日实施。

本标准由四川省环境保护厅解释。

四川省固定污染源大气挥发性有机物排放标准

1 范围

本标准规定了四川省固定污染源的大气挥发性有机物排放限值、监测和监督管理要求。

本标准适用于四川省现有固定污染源的大气挥发性有机物排放管理，以及建设项目的环境影响评价、环境保护设施设计、竣工环境保护验收及其投产后的大气挥发性有机物排放管理。

本标准适用于法律允许的污染物排放行为。新设立污染源的选址和特殊保护区域内现有污染源的管理，按照《中华人民共和国大气污染防治法》《中华人民共和国环境影响评价法》等法律、法规和规章的相关规定执行。

本标准未做规定的控制指标，执行《大气污染物综合排放标准》(GB 16297)和《恶臭污染物排放标准》(GB 14554)，如有行业标准，则执行相应的行业大气污染物排放标准。

2 规范性引用文件

本标准内容引用了下列文件或其中的条款。凡是不注明日期的引用文件，其有效版本适用于本标准。使用本标准的各方应使用最新版本(包括标准的修改单)。

GB 3095《环境空气质量标准》。

GB 14554《恶臭污染物排放标准》。

GB 16297《大气污染物综合排放标准》。

GBZ 2.1《工业场所有害因素职业接触限值　化学有害因素》。

GBZ/T 160.41《工作场所空气有毒物质测定　脂环烃类化合物　溶剂解吸-气相色谱法》。

GBZ/T 160.48《工作场所空气有毒物质测定　醇类化合物　溶剂解吸-气相色谱法》。

GBZ/T 160.56《工作场所空气有毒物质测定　脂环酮和芳香族酮类化合物　溶剂解吸-气相色谱法》。

GB/T 15516《空气质量　甲醛的测定　乙酰丙酮分光光度法》。

GB/T 16157《固定污染源排气中颗粒物测定与气态污染物采样方法》。

HJ/T 38《固定污染源排气中非甲烷总烃的测定　气相色谱法》。

HJ/T 55《大气污染物无组织排放监测技术导则》。

HJ/T 75《固定污染源烟气排放连续监测技术规范(试行)》。

HJ 168《环境监测 分析方法标准制修订技术导则》。

HJ/T 373《固定污染源监测质量保证与质量控制技术规范(试行)》。

HJ/T 397《固定源废气监测技术规范》。

HJ 583《环境空气　苯系物的测定　固体吸附热脱附-气相色谱法》。

HJ 584《环境空气　苯系物的测定　活性炭吸附-二硫化碳解吸-气相色谱法》。

HJ 644《环境空气　挥发性有机物的测定　吸附管采样-热脱附/气相色谱-质谱法》。

HJ 645《环境空气　挥发性卤代烃的测定　活性炭吸附-二硫化碳解吸/气相色谱法》。

HJ 646《环境空气和废气　气相和颗粒物中多环芳烃的测定　气相色谱-质谱法》。

HJ 647《环境空气和废气　气相和颗粒物中多环芳烃的测定　高效液相色谱法》。

HJ 683《空气　醛、酮类化合物的测定　高效液相色谱法》。

HJ 732《固定污染源废气　挥发性有机物的采样　气袋法》。

HJ 734《固定污染源废气　挥发性有机物的测定　固相吸附-热脱附/气相色谱-质谱法》。

HJ 759《环境空气　挥发性有机物的测定　罐采样-气相色谱-质谱法》。

《污染源自动监控管理办法》(原国家环境保护总局令第 28 号)。

《环境监测管理办法》(原国家环境保护总局令第 39 号)。

3　术语和定义

下列术语和定义适用于本标准。

3.1　固定污染源(stationary pollution source)

各种生产过程中产生的废气通过排气筒或建筑构造(如车间等)向空中排放的污染源。

3.2　挥发性有机物(volatile organic compounds，VOCs)

在 293.15K 条件下蒸气压大于或等于 10Pa，或者特定适用条件下具有相应挥发性的除 CH_4、CO、CO_2、H_2CO_3、金属碳化物、金属碳酸盐和碳酸铵外，任何参加大气光化学反应的含碳有机化合物。主要包括具有挥发性的非甲烷烃类(烷烃、烯烃、炔烃、芳香烃)、含氧有机化合物(醛、酮、醇、醚等)、卤代烃、含氮有机化合物、含硫有机化合物等。

根据行业特征和环境管理需求，按基准物质标定，检测器对混合进样中 VOCs 综合响应的方法测量非甲烷有机化合物(以 NMOC 表示，以碳计)，即采用规定的监测方法，使氢火焰离子化检测器有明显响应的除甲烷以外的碳氢化合物(其中主要是 C_2～C_8)的总量(以碳计)。待国家监测方法标准发布后，增加对主要 VOCs 物种进行定量加和的方法测量 VOCs(以 TOC 表示)。

3.3　标准状态(standard state)

温度为 273.15K、压力为 101325Pa 时的状态。本标准规定的大气污染物排放浓度限值均以标准状态下的干气体为基准。

3.4　排气筒高度(stack height)

指自排气筒(或其主体建筑构造)所在的地平面至排气筒出口计的高度，单位 m。

3.5　最高允许排放浓度(maximum allowable emission concentration)

净化设施后排气筒中污染物任何 1h 浓度平均值不得超过的限值，或无净化设施排气筒中污染物任何 1h 浓度平均值不得超过的限值，单位 mg/m^3。

3.6　最高允许排放速率(maximum allowable emission rate)

一定高度的排气筒任何 1h 排放污染物的质量不得超过的限值，单位 kg/h。

3.7　净化设施(cleaning facilities)

是指采用物理、化学或生物的方法吸附、分解或转化各种空气污染物，降低其排放浓度和排放速率的设施。包括吸收装置、吸附装置、冷凝装置、膜分离装置、燃烧(焚烧、氧化)装置、生物处理设施或其他有效的污染处理设施。

3.8　最低去除效率(minimum removal efficiency)

经净化设施处理后，应达到的被去除的污染物与净化之前的污染物的质量的百分比。

3.9　无组织排放(fugitive emission)

大气污染物不经过排气筒的无规则排放，如开放式作业或者通过缝隙、通风口、敞开门窗和类似开口(孔)排放到环境中。

3.10　无组织排放监控点浓度限值(concentration limit at fugitive emission reference point)

无组织排放监控点(依照 HJ/T 55 的规定)的大气污染物浓度在任何 1h 浓度平均值不得超过的值，单位 mg/m^3。

3.11　现有企业(existing facility)

本标准实施之日前已建成投产或环境影响评价文件已通过审批的企业或生产设施。

3.12　新建企业(new facility)

自本标准实施之日起环境影响评价文件通过审批的新、改、扩建建设项目。

4　污染物排放控制要求

4.1　排气筒大气污染物排放控制要求

4.1.1　自 2018 年 1 月 1 日起至 2018 年 12 月 31 日止，全省除成都、德阳、绵阳、眉山、乐山、资阳、遂宁、雅安外的其余市(州)现有企业执行表 1、表 2 规定的排气筒挥发性有机物排放限值；自 2018 年 1 月 1 日起至 2018 年 6 月 30 日止，德阳、绵阳、眉山、乐山、资阳、遂宁、雅安现有企业执行表 1、表 2 规定的排气筒挥发性有机物排放限值。

4.1.2　自 2018 年 1 月 1 日起，成都现有企业执行表 3、表 4 规定的排气筒挥发性有机物排放限值；自 2018 年 7 月 1 日起，德阳、绵阳、眉山、乐山、资阳、遂宁、雅安现有企业执行表 3、表 4 规定的排气筒挥发性有机物排放限值；自 2019 年 1 月 1 日起，全省除成都、德阳、绵阳、眉山、乐山、资阳、遂宁、雅安外的其余市(州)现有企业执行表 3、表 4 规定的排气筒挥发性有机物排放限值。

4.1.3 自 2018 年 1 月 1 日起，全省新建企业执行表 3、表 4 规定的排气筒挥发性有机物排放限值。

表 1 第一阶段排气筒挥发性有机物排放限值(常规控制污染物项目)

行业名称	工艺设施	污染物项目	最高允许排放浓度/(mg/m^3)	与排气筒高度对应的最高允许排放速率/(kg/h)				最低去除效率/%①
				15m	20m	30m	40m	
家具制造	喷涂、调漆、干燥等	苯	1	0.3	0.5	1.4	2.5	—
		甲苯	7	0.5	0.9	2.4	4.1	—
		二甲苯	20	0.7	1.2	3.5	6.5	—
		VOCs	80	4.0	8.0	24	42	70
印刷	印刷、烘干等	苯	1	0.3	0.5	1.4	2.5	—
		甲苯	5	0.8	1.6	4.8	8.4	—
		二甲苯	15	1.0	1.7	5.9	10	—
		VOCs	80	4.0	8.0	24	42	70
石油炼制	重整催化剂再生烟气	VOCs	50	2.0	4.0	12	21	95
	废水处理有机废气收集处理装置	苯	4	0.3	0.5	1.4	2.5	—
		甲苯	15	0.8	1.6	4.8	8.4	—
		二甲苯	20	1.0	1.7	5.9	10	—
		VOCs	120	6.0	12	36	60	95
涂料、油墨、胶黏剂及类似产品制造	原料混配、分散研磨及生产等	苯	1	0.3	0.5	1.4	2.5	—
		甲苯	15	0.8	1.6	4.8	8.4	—
		二甲苯	30	1.0	1.7	5.9	10	—
		VOCs	80	4.0	8.0	24	42	80
橡胶制品制造	轮胎企业及其他制品企业炼胶、硫化装置	VOCs	10	2.0	4.0	12	21	80
	轮胎企业及其他制品企业胶浆制备、浸浆、胶浆喷涂和涂胶装置	苯	1	0.3	0.5	1.4	2.5	—
		甲苯	3	0.5	0.9	2.4	4.1	—
		二甲苯	12	0.7	1.2	3.5	6.5	—
		VOCs	100	5.0	10	30	50	80
汽车制造	底漆、喷漆、补漆、烘干等	苯	1	0.3	0.5	1.4	2.5	—
		甲苯	7	0.8	1.6	4.8	8.4	—
		二甲苯	20	1.0	1.7	5.9	10	—
		VOCs	80	4.0	8.0	24	42	80

续表

行业名称	工艺设施	污染物项目	最高允许排放浓度/(mg/m^3)	与排气筒高度对应的最高允许排放速率/(kg/h)				最低去除效率/%①
				15m	20m	30m	40m	
表面涂装	底漆、喷漆、补漆、烘干等	苯	1	0.3	0.5	1.4	2.5	—
		甲苯	7	0.8	1.6	4.8	8.4	—
		二甲苯	20	1.0	1.7	5.9	10	—
		VOCs	80	4.0	8.0	24	42	70
农药制造	混合、涂覆、分离等	VOCs	80	4.0	8.0	24	42	80
医药制造	化学反应、生物发酵、分离、回收等	VOCs	80	4.0	8.0	24	42	80
电子产品制造	清洗、蚀刻、涂胶、干燥等	苯	1	0.3	0.5	1.4	2.5	—
		甲苯	3	0.5	0.9	2.4	4.1	—
		二甲苯	12	0.7	1.2	3.5	6.5	—
		VOCs	80	4.0	8.0	24	42	80
涉及有机溶剂生产和使用的其他行业	—	VOCs	80	4.0	8.0	24	42	70

注：①最低去除效率要求仅适用于处理风量大于 10000m^3/h，且进口 VOCs 浓度大于 200mg/m^3 的净化设施。

表 2 第一阶段排气筒挥发性有机物排放限值(特别控制污染物项目)

序号	污染物项目①	最高允许排放浓度/(mg/m^3)	与排气筒高度对应的最高允许排放速率/(kg/h)			
			15m	20m	30m	40m
1	甲醛	7	0.2	0.4	1.2	2.1
2	1,3-丁二烯	7	0.2	0.4	1.2	2.1
3	1,2-二氯乙烷	7	0.3	0.5	1.7	2.9
4	四氯化碳	30	0.6	1.2	3.6	6.3
5	萘	30	0.8	1.6	4.8	8.4
6	苯乙烯	30	0.8	1.6	4.8	8.4
7	氯甲烷	30	0.8	1.6	4.8	8.4
8	三氯乙烯	30	0.8	1.6	4.8	8.4
9	三氯甲烷	30	0.8	1.6	4.8	8.4
10	二氯甲烷	30	1.2	2.4	7.2	13
11	乙苯	60	1.6	3.2	9.6	17
12	三甲苯	60	1.6	3.2	9.6	17
13	丙酮	60	1.6	3.2	9.6	17
14	环己酮	60	1.6	3.2	9.6	17
15	正丁醇	60	1.6	3.2	9.6	17

续表

序号	污染物项目[①]	最高允许排放浓度/(mg/m³)	与排气筒高度对应的最高允许排放速率/(kg/h)			
			15m	20m	30m	40m
16	正己烷	60	1.6	3.2	9.6	17
17	2-丁酮	60	2.0	4.0	12	21
18	异丙醇	60	2.0	4.0	12	21
19	乙酸丁酯	60	2.0	4.0	12	21
20	乙酸乙酯	60	2.0	4.0	12	21
21	环己烷	60	2.0	4.0	12	21

注：①各行业必测和选测污染物项目见附录A。

表3　第二阶段排气筒挥发性有机物排放限值(常规控制污染物项目)

行业名称	工艺设施	污染物项目	最高允许排放浓度/(mg/m³)	与排气筒高度对应的最高允许排放速率/(kg/h)				最低去除效率/%[①]
				15m	20m	30m	40m	
家具制造	喷涂、调漆、干燥等	苯	1	0.2	0.4	1.2	2.1	—
		甲苯	5	0.4	0.8	2.0	3.5	—
		二甲苯	15	0.6	1.0	3.0	5.5	—
		VOCs	60	3.4	6.8	20	36	80
印刷	印刷、烘干等	苯	1	0.2	0.4	1.2	2.1	—
		甲苯	3	0.6	1.4	4.1	7.1	—
		二甲苯	12	0.9	1.4	5.0	8.5	—
		VOCs	60	3.4	6.8	20	36	80
石油炼制	重整催化剂再生烟气	VOCs	40	1.7	3.4	10	18	97
	废水处理有机废气收集处理装置	苯	4	0.2	0.4	1.2	2.1	—
		甲苯	15	0.6	1.4	4.1	7.1	—
		二甲苯	20	0.9	1.4	5.0	8.5	—
		VOCs	100	5.0	10	30	50	97
涂料、油墨、胶黏剂及类似产品制造	原料混配、分散研磨及生产等	苯	1	0.2	0.4	1.2	2.1	—
		甲苯	10	0.6	1.4	4.1	7.1	—
		二甲苯	20	0.9	1.4	5.0	8.5	—
		VOCs	60	3.4	6.8	20	36	90
橡胶制品制造	轮胎企业及其他制品企业炼胶、硫化装置	VOCs	10	1.7	3.4	10	18	90
	轮胎企业及其他制品企业胶浆制备、浸浆、胶浆喷涂和涂胶装置	苯	1	0.2	0.4	1.2	2.1	—
		甲苯	3	0.4	0.8	2.0	3.5	—
		二甲苯	12	0.6	1.0	3.0	5.5	—
		VOCs	80	4.0	8.0	24	42	90

续表

行业名称	工艺设施	污染物项目	最高允许排放浓度/(mg/m^3)	与排气筒高度对应的最高允许排放速率/(kg/h)				最低去除效率/%[①]
				15m	20m	30m	40m	
汽车制造	底漆、喷漆、补漆、烘干等	苯	1	0.2	0.4	1.2	2.1	—
		甲苯	5	0.6	1.4	4.1	7.1	—
		二甲苯	15	0.9	1.4	5.0	8.5	—
		VOCs	60	3.4	6.8	20	36	90
表面涂装	底漆、喷漆、补漆、烘干等	苯	1	0.2	0.4	1.2	2.1	—
		甲苯	5	0.6	1.4	4.1	7.1	—
		二甲苯	15	0.9	1.4	5.0	8.5	—
		VOCs	60	3.4	6.8	20	36	80
农药制造	混合、涂覆、分离等	VOCs	60	3.4	6.8	20	36	90
医药制造	化学反应、生物发酵、分离、回收等	VOCs	60	3.4	6.8	20	36	90
电子产品制造	清洗、蚀刻、涂胶、干燥等	苯	1	0.2	0.4	1.2	2.1	—
		甲苯	3	0.4	0.8	2.0	3.5	—
		二甲苯	12	0.6	1.0	3.0	5.5	—
		VOCs	60	3.4	6.8	20	36	90
涉及有机溶剂生产和使用的其他行业	—	VOCs	60	3.4	6.8	20	36	80

注：①最低去除效率要求仅适用于处理风量大于 10000m^3/h，且进口 VOCs 浓度大于 200 mg/m^3 的净化设施。

表 4 第二阶段排气筒挥发性有机物排放限值(特别控制污染物项目)

序号	污染物项目[①]	最高允许排放浓度/(mg/m^3)	与排气筒高度对应的最高允许排放速率/(kg/h)			
			15m	20m	30m	40m
1	甲醛	5	0.2	0.3	1.0	1.8
2	1,3-丁二烯	5	0.2	0.3	1.0	1.8
3	1,2-二氯乙烷	5	0.2	0.5	1.4	2.5
4	四氯化碳	20	0.5	1.0	3.1	5.4
5	萘	20	0.7	1.4	4.1	7.1
6	苯乙烯	20	0.7	1.4	4.1	7.1
7	氯甲烷	20	0.7	1.4	4.1	7.1
8	三氯乙烯	20	0.7	1.4	4.1	7.1
9	三氯甲烷	20	0.7	1.4	4.1	7.1
10	二氯甲烷	20	1.0	2.0	6.1	11
11	乙苯	40	1.4	2.7	8.2	14
12	三甲苯	40	1.4	2.7	8.2	14

续表

序号	污染物项目[①]	最高允许排放浓度/(mg/m³)	与排气筒高度对应的最高允许排放速率/(kg/h)			
			15m	20m	30m	40m
13	丙酮	40	1.4	2.7	8.2	14
14	环己酮	40	1.4	2.7	8.2	14
15	正丁醇	40	1.4	2.7	8.2	14
16	正己烷	40	1.4	2.7	8.2	14
17	2-丁酮	40	1.7	3.4	10	18
18	异丙醇	40	1.7	3.4	10	18
19	乙酸丁酯	40	1.7	3.4	10	18
20	乙酸乙酯	40	1.7	3.4	10	18
21	环己烷	40	1.7	3.4	10	18

注：①各行业必测和选测污染物项目见附录A。

4.2 无组织排放控制要求

自2018年1月1日起，执行表5、表6规定的无组织排放监控浓度限值。

表5 无组织排放监控浓度限值(常规控制污染物项目) (单位：mg/m³)

序号	污染物项目	无组织排放浓度	
		石油炼制	其他
1	苯	0.2	0.1
2	甲苯	0.8	0.2
3	二甲苯	0.5	0.2
4	VOCs	2.0	2.0

表6 无组织排放监控浓度限值(特别控制污染物项目) (单位：mg/m³)

序号	污染物项目	无组织排放浓度
1	甲醛	0.1
2	1,3-丁二烯	0.1
3	1,2-二氯乙烷	0.1
4	四氯化碳	0.3
5	萘	0.4
6	苯乙烯	0.4
7	氯甲烷	0.4
8	三氯乙烯	0.4
9	三氯甲烷	0.4
10	二氯甲烷	0.6

续表

序号	污染物项目	无组织排放浓度
11	乙苯	0.8
12	三甲苯	0.8
13	丙酮	0.8
14	环己酮	0.8
15	正丁醇	0.8
16	正己烷	0.8
17	2-丁酮	1.0
18	异丙醇	1.0
19	乙酸丁酯	1.0
20	乙酸乙酯	1.0
21	环己烷	1.0

4.3 汽车制造涂装生产线单位涂装面积 VOCs 排放总量限值

4.3.1 自 2018 年 1 月 1 日起，汽车制造企业涂装生产线执行表 7 规定的单位面积 VOCs 排放总量限值。

4.3.2 特种车辆制造企业的 VOCs 排放总量限值在同类车型(根据种类、吨位判断)基础上宽松 20%。

表 7 单位面积 VOCs 排放总量限值 (单位：g/m^3)

车型范围	VOCs 排放总量限值	说明
小汽车	35	指 GB/T 15089 规定的 M1 类汽车
货车驾驶室	55	指 GB/T 15089 规定的 N2、N3 类车的驾驶室
货车、厢式货车	70	指 GB/T 15089 规定的 N1、N2、N3 类车
客车	150	指 GB/T 15089 规定的 M2、M3 类车

注：根据 GB/T 15089 的规定，M1、M2、M3、N1、N2、N3 类车定义如下：
M1 类车指包括驾驶员座位在内，座位数不超过 9 座的载客汽车；
M2 类车指包括驾驶员座位在内座位数超过 9 座，且最大设计总质量不超过 5000kg 的载客汽车；
M3 类车指包括驾驶员座位在内座位数超过 9 座，且最大设计总质量超过 5000kg 的载客汽车；
N1 类车指最大设计总质量不超过 3500kg 的载货汽车；
N2 类车指最大设计总质量超过 3500kg，但不超过 12000kg 的载货汽车；
N3 类车指最大设计总质量超过 12000kg 的载货汽车。

4.4 废气收集、处理与排放

4.4.1 产生大气挥发性污染物的生产工艺和装置必须设立局部或整体气体收集系统和(或)净化设施，达标排放。

4.4.2 净化设施应与其对应的生产工艺设备同步运转。应保证在生产工艺设备运行波动情况下净化设施仍能正常运转，实现达标排放。因净化设施故障造成非正常排放，应停止运转对应的生产工艺设备，待检修完毕后共同投入使用。

4.4.3 所有排气筒高度应不低于 15m。排气筒周围半径 200m 范围内有建筑物时，排气筒高度还应高出最高建筑物 3m 以上。不能达到该要求的排气筒，按其高度对应的表列排放速率标准限值严格 50%执行。

4.4.4 两个排放相同污染物的排气筒，若其距离小于其几何高度之和，应合并视为一根等效排气筒。若有三根以上的近距排气筒，且排放同一种污染物，应以前两根的等效排气筒，依次与第三、第四根排气筒取等效值。等效排气筒的有关参数计算方法参照 GB 16297 的规定执行。

4.4.5 对进入 VOCs 燃烧(焚烧、氧化)装置的废气需要补充氧气(空气)进行燃烧、氧化反应，此时排气筒中实测大气污染物排放浓度，应按公式(1)换算为基准含氧量为 3%的大气污染物基准排放浓度，并与排放限值比较判定排放是否达标；如进入 VOCs 燃烧(焚烧、氧化)装置的废气中含氧量可满足自身燃烧、氧化反应需要，则按排气筒中实测大气污染物浓度判定排放是否达标，此时装置出口烟气含氧量不应高于装置进口废气含氧量。

$$\rho_{基}=\frac{21-O_{基}}{21-O_{实}}\times\rho_{实} \tag{1}$$

式中：$\rho_{基}$为大气污染物基准排放浓度(mg/m^3)；

$O_{基}$为干烟气基准氧含量(%)；

$O_{实}$为实测的干烟气氧含量(%)；

$\rho_{实}$为实测大气污染物排放浓度(mg/m^3)。

其他 VOCs 净化设施以实测浓度作为达标判定依据，但不得人为稀释排放。

5 污染物监测要求

5.1 污染物监测的一般要求

5.1.1 对企业排放废气的采样，应根据监测污染物的种类，在规定的污染物排放监控位置进行，有废气净化设施的，应在该设施后监控。在污染物排放监控位置须设置规范的永久性测试孔、采样平台和排污口标志。

5.1.2 新建企业和现有企业安装污染物排放自动监控设备的要求，应按有关法律和《污染源自动监控管理办法》的规定执行。

5.1.3 对企业污染物排放情况进行监测的频次、采样时间等要求，按国家有关污染源监测技术规范的规定执行。

5.1.4 企业应按照有关法律和法规的规定，建立企业自行监测制度，制定监测方案，对污染物排放状况及其周边环境质量的影响开展监测，保存原始监测记录，并公布监测结果。

5.2　污染物监测要求

5.2.1　采样点的设置与采样方法按 GB/T 16157、HJ 732、HJ/T 397 和 HJ/T 75 的规定执行。

5.2.2　在有敏感建筑物方位、必要的情况下进行无组织排放监控，具体要求按 HJ/T 55 进行监测。

5.2.3　监测的质量保证和质量控制要求按 HJ/T 373 的规定执行。

5.2.4　对企业排放污染物浓度的测定采用表 8 所列的方法，其他监测分析方法经适应性检验后也可采用。

表 8　污染物监测项目测定方法

序号	污染物项目	方法名称	方法来源
1	苯	罐采样-气相色谱-质谱法 固相吸附-热脱附/气相色谱-质谱法 吸附管采样-热脱附/气相色谱-质谱法 活性炭吸附二硫化碳解吸-气相色谱法 固体吸附热脱附-气相色谱法	HJ 759[②] HJ 734[②] HJ 644[②] HJ 584[②] HJ 583[②]
2	甲苯		
3	二甲苯		
4	苯乙烯		
5	乙苯		
6	甲醛	乙酰丙酮分光光度法	GB/T 15516
		高效液相色谱法	HJ 683[②]
7	1,3-丁二烯	罐采样-气相色谱-质谱法	HJ 759[②]
		固相吸附-热脱附/气相色谱-质谱法	HJ 734[①]
8	1,2-二氯乙烷	罐采样-气相色谱-质谱法	HJ 759[②]
		吸附管采样-热脱附/气相色谱-质谱法	HJ 644[②]
		活性炭吸附-二硫化碳解吸/气相色谱法	HJ 645[②]
9	四氯化碳	罐采样-气相色谱-质谱法	HJ 759[②]
		吸附管采样-热脱附/气相色谱-质谱法	HJ 644[②]
		活性炭吸附-二硫化碳解吸/气相色谱法	HJ 645[②]
10	萘	罐采样-气相色谱-质谱法	HJ 759[②]
		气相色谱-质谱法	HJ 646
		高效液相色谱法	HJ 647
11	氯甲烷	罐采样-气相色谱-质谱法	HJ 759[②]
12	三氯乙烯	罐采样-气相色谱-质谱法	HJ 759[②]
		吸附管采样-热脱附/气相色谱-质谱法	HJ 644[②]
		活性炭吸附-二硫化碳解吸/气相色谱法	HJ 645[②]
13	三氯甲烷	罐采样-气相色谱-质谱法	HJ 759[②]
		吸附管采样-热脱附/气相色谱-质谱法	HJ 644[②]
		活性炭吸附-二硫化碳解吸/气相色谱法	HJ 645[②]

续表

序号	污染物项目	方法名称	方法来源
14	二氯甲烷	罐采样-气相色谱-质谱法	HJ 759②
		吸附管采样-热脱附/气相色谱-质谱法	HJ 644②
15	三甲苯	罐采样-气相色谱-质谱法	HJ 759②
		固相吸附-热脱附/气相色谱-质谱法	HJ 734①
		吸附管采样-热脱附/气相色谱-质谱法	HJ 644②
16	丙酮	罐采样-气相色谱-质谱法	HJ 759②
		固相吸附-热脱附/气相色谱-质谱法	HJ 734
		高效液相色谱法	HJ 683②
17	环己酮	罐采样-气相色谱-质谱法	HJ 759①②
		溶剂解吸-气相色谱法	GBZ/T 160.56②
18	正丁醇	罐采样-气相色谱-质谱法	HJ 759②
		溶剂解吸-气相色谱法	GBZ/T 160.48②
19	正己烷	罐采样-气相色谱-质谱法	HJ 759②
		固相吸附-热脱附/气相色谱-质谱法	HJ 734
20	2-丁酮	罐采样-气相色谱-质谱法	HJ 759②
		高效液相色谱法	HJ 683②
21	异丙醇	罐采样-气相色谱-质谱法	HJ 759②
		固相吸附-热脱附/气相色谱-质谱法	HJ 734
		溶剂解吸-气相色谱法	GBZ/T 160.48②
22	乙酸丁酯	罐采样-气相色谱-质谱法	HJ 759①②
		固相吸附-热脱附/气相色谱-质谱法	HJ 734
23	乙酸乙酯	罐采样-气相色谱-质谱法	HJ 759②
		固相吸附-热脱附/气相色谱-质谱法	HJ 734
24	环己烷	罐采样-气相色谱-质谱法	HJ 759②
		固相吸附-热脱附/气相色谱-质谱法	HJ 734①
		溶剂解吸-气相色谱法	GBZ/T 160.41②
25	VOCs③	气相色谱法	HJ/T 38③
		便携式氢火焰离子化检测器法	附录 I

注：①经检出限、精密度和准确度的适用性检验后方可使用；

②适用于环境空气或车间空气的测定方法，可直接用于无组织排放废气的测定，测定固定污染源废气时需经采样方法的适用性检验后方可使用；

③待国家监测方法标准发布后，增加对主要 VOCs 物种进行定量加和的方法测量总有机化合物(以 TOC 表示)。

6 实施与监督

6.1 本标准由县级以上人民政府环境保护行政主管部门负责监督实施。

6.2　在任何情况下，企业均应遵守本标准规定的大气挥发性有机物排放控制要求，采取必要措施保证污染防治设施正常运行。各级环境保护部门在对企业进行监督性检查时，可以现场即时采样或监测的结果，作为判定排污行为是否符合排放标准以及实施相关环境保护管理措施的依据。

6.3　本标准实施后，新制定或新修订的国家或四川省污染物排放标准严于本标准的，按照从严要求的原则，按其适用范围执行相应的污染物排放标准。

附录 A
（规范性附录）
典型行业受控工艺设施和污染物项目

典型行业受控工艺设施和污染物项目见表 A.1。

表 A.1 典型行业受控工艺设施和污染物项目

行业名称	受控工艺设施	必测污染物项目	选测污染物项目
家具制造	喷涂、调漆、干燥等	甲醛、苯、甲苯、二甲苯、VOCs	丙酮、2-丁酮、环己酮、正丁醇、乙酸丁酯、乙酸乙酯等
印刷	印刷、烘干等	VOCs	苯、甲苯、二甲苯、2-丁酮、异丙醇、乙酸乙酯、丙酮、正丁醇、乙酸丁酯等
石油炼制	重整催化剂再生	VOCs	—
	废水处理有机废气收集处理	苯、甲苯、二甲苯、VOCs	1,3-丁二烯、正己烷、环己烷、乙苯、三甲苯、氯甲烷、1,2-二氯乙烷等
农药制造	混合、涂覆、分离等	VOCs	苯、甲苯、二甲苯、乙苯、三甲苯、正己烷、氯甲烷等
涂料、油墨、胶黏剂及类似产品制造	原料混配、分散研磨及生产等	甲醛、苯、甲苯、二甲苯、VOCs	2-丁酮、丙酮、乙酸乙酯、乙苯、三甲苯、异丙醇、正丁醇、乙酸丁酯、二氯甲烷、环己烷、1,2-二氯乙烷、苯乙烯等
医药制造	化学反应、生物发酵、分离、回收等	VOCs	苯、甲苯、二甲苯、1,2-二氯乙烷、三氯甲烷、环氧乙烷、乙酸丁酯、正丁醇、乙酸乙酯、二氯甲烷等
橡胶制品制造	炼胶、硫化	VOCs	—
	胶浆制备、浸浆、胶浆喷涂和涂胶	苯、甲苯、二甲苯、VOCs	1,3-丁二烯、1,2-二氯乙烷、三氯甲烷、三氯乙烯、环己酮、丙酮、乙酸乙酯、乙酸丁酯等
汽车制造	底漆、喷漆、补漆、烘干等	苯、甲苯、二甲苯、VOCs	丙酮、异丙醇、乙酸丁酯、三甲苯、乙苯、正丁醇、2-丁酮、乙酸乙酯、环己酮等
电子产品制造	清洗、蚀刻、涂胶、干燥等	VOCs	苯、甲苯、二甲苯、异丙醇、丙酮、三氯乙烯、2-丁酮、正丁醇、环己酮、乙酸乙酯、二氯甲烷、乙酸丁酯等
表面涂装	喷涂、烘干等	苯、甲苯、二甲苯、VOCs	三甲苯、乙苯、正丁醇、2-丁酮、乙酸乙酯、环己酮等
涉及有机溶剂生产和使用的其他行业	—	VOCs	—

附录 B
（规范性附录）
工艺措施和管理要求

B.1 源头控制

B.1.1 所使用的原辅材料中的 VOCs 含量应符合国家相应标准的限量要求。

B.1.2 鼓励采用先进的清洁生产技术，提高生产原料的转化和利用效率。

B.1.3 鼓励生产和使用水基型、无有机溶剂型、低有机溶剂型、低毒、低挥发的产品和材料。

B.1.4 鼓励在生产过程采用密闭一体化生产技术，以减少无组织排放。

B.1.5 含 VOCs 的原辅材料在储存和输送过程中应保持密闭，使用过程中随取随开，用后应及时密闭，以减少挥发。

B.2 废气收集

B.2.1 产生 VOCs 的生产工艺和装置必须加装密闭排气系统和管道，保证无组织逸散的挥发性有机物导入净化设施。

B.2.2 考虑生产工艺、操作方式以及废气性质和处理方法等因素，对 VOCs 排放废气进行分类收集。

B.2.3 废气收集系统排风罩的设置应符合 GB/T 16758 的规定。

B.2.4 废气收集系统宜保持负压状态(绝对压力低于环境大气压 5kPa)。

B.3 净化处理与综合利用

B.3.1 鼓励 VOCs 的回收利用，并优先鼓励在生产系统内回用。

B.3.2 企业应安装有效的净化设施，净化设施应先于生产活动及工艺设施启动，并同步运行；后于生产活动及工艺设施关闭。

B.3.3 废弃溶剂应及时进行收集并密闭保存，定期处理，并记录处理量和去向。

B.3.4 对于不能再生的过滤材料、吸附剂及催化剂等净化材料，应按照国家固体废物管理的相关规定处理处置。

B.3.4 严格控制 VOCs 处理过程中产生的二次污染，对于催化燃烧和热力焚烧过程中产生的含硫、氮、氯等元素的废气，以及吸附、吸收、冷凝、生物等治理过程中所产生的含有机物废水、固废等应妥善处理，并达到相应标准要求后排放。

B.3.5 对于含高浓度 VOCs 的废气，宜优先采用冷凝回收、吸附回收技术进行回收利用，并辅助以其他治理技术以满足标准要求。

B.3.6 对于含中等浓度 VOCs 的废气，可采用吸附技术回收有机溶剂，或采用催化燃烧和热力焚烧技术净化以满足标准限值要求。当采用催化燃烧和热力焚烧技术进行净化时，应进行余热回收利用。

B.3.7 对于含低浓度 VOCs 的废气，有回收价值时可采用吸附技术、吸收技术对有机溶剂进行回收；不宜回收时，可采用吸附浓缩燃烧技术、生物技术、吸收技术、等离子体技术或紫外光高级氧化技术等净化以满足标准限值要求。

B.3.8 对于含有机卤素成分 VOCs 的废气，应采用二次污染少的适宜技术和方法治理，不宜采用焚烧技术处理。

B.3.9 净化设施的运行参数应符合设计文件的要求，必须按照生产厂家规定的方法进行维护，填写维护记录，并在环境保护行政主管部门备案。

B.4 VOCs 污染控制的记录要求

B.4.1 VOCs 使用量(如有机溶剂或其他输入生产工艺的 VOCs 的量)、每种含挥发性有机物原辅材料中挥发性有机物的含量、排放量(随废溶剂、废弃物、废水或其他方式输出生产工艺的量)、净化设施处理效率等数据应每月记录。

B.4.2 净化设施为酸碱洗涤吸收装置，应记录保养维护事项，并每日记录各洗涤槽洗涤循环水量及 pH。

B.4.3 净化设施为清水洗涤吸收装置，应记录保养维护事项，并每日记录各洗涤槽洗涤循环水量及废水排放流量。

B.4.4 净化设施为冷凝装置，应每月记录冷凝液量及每日记录气体出口温度、冷凝剂出口温度。

B.4.5 净化设施为吸附装置，应记录吸附剂种类、更换/再生周期、更换量，并每日记录操作温度。

B.4.6 净化设施为生物净化设施，应记录保养维护事项，以确保该设施的状态适合生物生长代谢，并每日记录处理气体风量、进口温度及出口相对湿度。

B.4.7 净化设施为热力燃烧装置，应每日记录燃烧温度和烟气停留时间。

B.4.8 净化设施为催化燃烧装置，应记录催化剂种类、催化剂床更换日期，并每日记录催化剂床进、出口气体温度和停留时间。

B.4.9 其他净化设施，应记录保养维护事项，并每日记录主要操作参数。

B.4.10 记录至少需保存三年。

附录 C
（规范性附录）
最高允许排放速率计算

C.1　某排气筒高度处于表列两高度之间，用内插法计算其最高允许排放速率，按式(C.1)计算：

$$Q = Q_a + (Q_{a+1} - Q_a)(h - h_a) / (h_{a+1} - h_a) \qquad (C.1)$$

式中，Q 为某排气筒最高允许排放速率(kg/h)；

Q_a 为对应于排气筒 h_a 的表列排放速率限值(kg/h)；

Q_{a+1} 为对应于排气筒 h_{a+1} 的表列排放速率限值(kg/h)；

h 为某排气筒的几何高度(m)；

h_a 为比某排气筒低的表列高度中的最大值(m)；

h_{a+1} 为比某排气筒高的表列高度中的最小值(m)。

C.2　某排气筒高度高于本标准表列排气筒高度的最高值或低于本标准表列排气筒高度的最低值时，用外推法计算其最高允许排放速率。按式(C.2)计算：

$$Q = Q_b \left(h / h_b\right)^2 \qquad (C.2)$$

式中，Q 为某排气筒排放速率限值(kg/h)；

Q_b 为表列排气筒最高或最低高度对应的最高允许排放速率(kg/h)；

h 为某排气筒的几何高度(m)；

h_b 为表列排气筒的最高或最低高度(m)。

附录 D
（规范性附录）
等效排气筒有关参数计算

D.1 当排气筒 1 和排气筒 2 均排放 VOCs 废气，其距离小于该两根排气筒的高度之和时，应以一根等效排气筒代表该两根排气筒。

D.2 等效排气筒的有关参数计算方法如下。

D.2.1 等效排气筒污染物排放速率，按式(D.1)计算：

$$Q=Q_1+Q_2 \tag{D.1}$$

式中，Q 为等效排气筒的污染物排放速率(kg/h)；

Q_1 为排气筒 1 的污染物排放速率(kg/h)；

Q_2 为排气筒 2 的污染物排放速率(kg/h)。

D.2.2 等效排气筒高度按式(D.2)计算：

$$h=\sqrt{\frac{1}{2}\left(h_1^2+h_2^2\right)} \tag{D.2}$$

式中，h 为等效排气筒的高度(m)；

h_1 为排气筒 1 的高度(m)；

h_2 为排气筒 2 的高度(m)。

D.2.3 等效排气筒的位置

等效排气筒的位置，应位于排气筒 1 和排气筒 2 的连线上，若以排气筒 1 为原点，则等效排气筒距原点的距离按式(D.3)计算：

$$x=a(Q-Q_1)/Q=aQ_2/Q \tag{D.3}$$

式中，x 为等效排气筒距排气筒 1 的距离(m)；

a 为排气筒 1 至排气筒 2 的距离(m)；

Q 为等效排气筒的污染物排放速率(kg/h)；

Q_1 为排气筒 1 的污染物排放速率(kg/h)；

Q_2 为排气筒 2 的污染物排放速率(kg/h)。

附录 E
（规范性附录）
去除效率计算

废气中VOCs的去除效率，可通过同时测定处理前后废气中VOCs排放浓度和排气量，以被去除的VOCs与处理之前的VOCs的质量百分比计，具体见下式：

$$P=\frac{\sum C_{前}\times Q_{前}-\sum C_{后}\times Q_{后}}{\sum C_{前}\times Q_{后}}\times 100\%$$

式中，P 为废气中 VOCs 的去除效率(%)；

$C_{前}$为进入净化设施前的 VOCs 浓度(mg/Nm^3)；

$Q_{前}$为进入净化设施前的排气流量(Nm^3/h)；

$C_{后}$为经最终处理后排放入环境空气的 VOCs 浓度(mg/Nm^3)；

$Q_{后}$为经最终处理后排放入环境空气的排气流量(Nm^3/h)。

当净化设施为多级串联处理工艺时，处理效率为多级处理的总效率，即以第一级进口为“处理前”、最后一级出口为“处理后”进行计算；当净化设施处理多个来源的废气时，应以各来源废气的污染物总量为“处理前”，以净化设施总出口为“处理后”进行计算。

附录 F
（规范性附录）
汽车制造涂装生产线单位涂装面积 VOCs 排放总量核算

F.1 单位涂装面积 VOCs 排放量，按式(F.1)计算：

$$F=T/S \tag{F.1}$$

式中，F 为单位涂装面积 VOCs 排放量(g/m^2)；

T 为每季度 VOCs 排放量(g)；

S 为每季度涂装总面积(m^2)。

F.2 每季度 VOCs 排放量以物料衡算法，按式(F.2)计算：

$$T=T_0-T_1-T_2 \tag{F.2}$$

式中，T_0 为每季度使用涂料、稀释剂、密封胶及清洗溶剂等原辅材料中 VOCs 总量，以原料产品说明书中的 VOCs 含量作为认定依据(g)；

T_1 为每季度 VOCs 的回收量，以通过质量技术监督部门强制检定的回收计量设备的计量数据作为认定依据(其他情况视作无回收量) (g)；

T_2 为每季度 VOCs 的减排量，以净化设施进、出口每季度 VOCs 排放量的监督性监测数据或通过有效性认证的监测数据作为认定依据；如净化设施进口不具备检测条件，则按照环境保护行政相关主管部门相关要求和规定作为认定依据(其他情况视作无减排量) (g)。

F.3 每季度涂装总面积，按式(F.3)计算：

$$S=XS_0 \tag{F.3}$$

式中，S 为每季度涂装总面积(m^2)；

X 为每季度汽车产量(辆)；

S_0 为单车涂装面积，采用计算机辅助设计系统设计的车身面积作为单车涂装面积的有效数据(m^2/辆)。

附录 G
（规范性附录）
监测方法适用性检验

G.1 采样方法的适用性检验

G.1.1 利用加标法进行检验

使用两套完全相同的采样装置。在烟道中并列两采样管，采样管应放在同一水平面上，相距 2.5cm。采样前在其中一个采样管中加入所有预计的化合物。加标量应是不加标装置收集量的 40%～60%。两套装置同时采集管道气体，使用相同的仪器和方法分析两套装置采集的吸附管样品，重复测试共 3 次。按式(G.1)计算每一加标物质的平均回收率(R)。

$$R=\frac{(t-u)\times V_S}{S} \tag{G.1}$$

式中，R 为平均回收率(无量纲)；

t 为加标样品测定的浓度(mg/m^3)；

u 为未加标样品测定的浓度(mg/m^3)；

V_S 为加标样品的采样体积(L)；

S 为加标物质的质量(μg)。

平均回收率的有效范围为 $0.70<R<1.30$。如 R 值达不到要求，则不适用于固定污染源废气采样。

G.1.2 利用串联采样进行检验

串联两支吸附管或吸收管采样，如果在后一支吸附管或吸收管中检出目标化合物的量大于总量的 10%，则认为采样发生穿透，需降低采样体积或流量，直至符合要求。如果在后一支吸附管或吸收管中检出目标化合物的量小于总量的 10%，则适用于固定污染源废气采样。

G.2 检出限的适用性检验

G.2.1 空白试验中检出目标物质

按照样品分析的全部步骤，重复 $n(n\geqslant7)$ 次空白试验，将各测定结果换算为样品中的浓度或含量，计算 n 次平行测定的标准偏差，按式(G.2)计算方法检出限。

$$\text{MDL}=t_{(n-1,0.99)}S \tag{G.2}$$

式中，MDL 为方法检出限；

n 为样品的平行测定次数；

t 为自由度为 $n-1$，置信度为 99%时的 t 分布(单侧)；

S 为 n 次平行测定的标准偏差。

其中，当自由度为 $n-1$，置信度为 99%时，t 值可参考表 G.1 取值。

表 G.1 t 值表

平行测定次数(n)	自由度(n−1)	$t_{(n-1,0.99)}$
7	6	3.143
8	7	2.998
9	8	2.896
10	9	2.821
11	10	2.764
16	15	2.602
21	20	2.528

如 MDL 小于标准限值的 25%，则该方法适用。

G.2.2 空白试验中未检出目标物质

按照样品分析的全部步骤，对浓度或含量为估计方法检出限的 2～5 倍的样品进行 n($n \geq 7$)次平行测定。计算 n 次平行测定的标准偏差，按式(G.2)计算方法检出限。

对于针对多组分的分析方法，要求至少有 50%的被分析浓度在 3～5 倍计算出的方法检出限的范围，同时，至少 90%的被分析物浓度在 1～10 倍计算出的检出限范围内，其余不多于 10%的被分析物浓度不应超过 20 倍计算出的方法检出限。

对于针对单一组分的分析方法，如样品浓度超过计算出的方法检出限 10 倍，或者样品浓度低于计算出的方法检出限，则都需要调整样品浓度重新进行测定。在重新进行测定后，将前一批测定的方差(S^2)与本批测定的方差相比较，较大者记为 S^2_A，较小者记为 S^2_B。若 $S^2_A/S^2_B>3.05$，则将本批测定的方差标记为前一批测定的方差，再次调整样品浓度重新测定。若 $S^2_B/S^2_B<3.05$，则按下式计算方法检出限：

$$S_p = \sqrt{\frac{v_A S_A^2 + v_B S_B^2}{v_A + v_B}} \tag{G.3}$$

$$\text{MDL} = t_{(v_A + v_B, 0.99)} \times S_p \tag{G.4}$$

式中，v_A 为方差较大批次的自由度，n_B-1；

v_B 为方差较小批次的自由度，n_B-1；

S_p 为组合标准偏差；

T 为自由度为 v_A+v_B，置信度为 99%时的 t 分布。

如 MDL 小于标准限值的 25%，则该方法适用。

G.3 精密度的适用性检验

标准气体的测定：采用高、中、低 3 种不同浓度的标准气体，按照全程序每个样品平行测定 6 次，分别计算不同浓度标准气体的相对标准偏差。

实际样品的测定：选择 1～3 个含量水平的样品进行分析测试，按照全程序每个样品平行测定 6 次，分别计算不同样品的相对标准偏差。

如相对标准偏差均小于 30%，则该方法适用。

G.4 准确度的适用性检验

选择 2-3 种不同类型的样品，进行加标，加标量为实际样品的 40%～60%左右，按全程序对样品和加标样品分别测定 6 次，分别计算每个样品的加标回收率。

如不同加标浓度/含量水平的加标回收率在 70%～130%，则该方法适用。

G.5 记录

各项适用性检验数据应形成记录、存档，备查，必要时作为样品分析原始记录的附件。

附录H
（资料性附录）
相关行业术语定义

H.1 家具制造

用木材、金属、塑料、竹、藤等材料制作的，具有坐卧、凭倚、储藏、间隔等功能，可用于住宅、旅馆、办公室、学校、餐馆、医院、剧场、公园、船舰、飞机、机动车等任何场所的各种家具的制造（国民经济行业代码C21）。

H.2 印刷

使用印版或其他方式将原稿上的图文信息转移到承印物上的生产过程，包括出版物印刷、包装装潢印刷、其他印刷品印刷和排版、制版、印后加工四大类（国民经济行业代码C231）。

H.3 石油炼制

以原油、重油等为原料，生产汽油馏分、柴油馏分、燃料油、润滑油、石油蜡、石油沥青和石油化工原料等的生产活动（国民经济行业代码C251“精炼石油产品制造”）。

H.4 农药制造

用于防治农业、林业作物的病、虫、草、鼠和其他有害生物，调节植物生长的各种化学农药、微生物农药、生物化学农药，以及仓储、农林产品的防蚀、河流堤坝、铁路、机场、建筑物及其他场所用药的原药和制剂的生产活动（国民经济行业代码C263）。

H.5 涂料、油墨、胶黏剂及类似产品制造

涂料制造指在天然树脂或合成树脂中加入颜料、溶剂和辅助材料，经加工后制成的覆盖材料的生产活动。油墨制造指由颜料、连接料（植物油、矿物油、树脂、溶剂）和填充料经过混合、研磨调制而成，用于印刷的有色胶浆状物质，以及用于计算机打印、复印机用墨等的生产活动。以黏料为主剂，配合各种固化剂、增塑剂、填料、溶剂、防腐剂、稳定剂和偶联剂等助剂制备胶黏剂（也称胶黏剂或黏合剂）的生产活动（国民经济行业代码C264）。

H.6 医药制造

原料经物理过程或化学过程后成为医药类产品的生产活动，医药类产品包含化学药品原料药、化学药品制剂、兽用药品等（国民经济行业代码C27）。

H.7 橡胶制品制造

以天然及合成橡胶为原料生产各种橡胶制品的生产活动，还包括利用废橡胶再生产橡

胶制品的生产活动，不包括橡胶鞋制造(国民经济行业代码 C291)。

H.8 汽车制造

由动力装置驱动，具有 4 个以上车轮的非轨道、无架线的车辆，并主要用于载送人员和(或)货物，牵引输送人员和(或)货物的车辆制造，还包括改装汽车、低速载货汽车、电车、汽车车身、挂车等的制造(国民经济行业代码 C27)。

H.9 表面涂装

为保护或装饰加工对象，在加工对象表面覆以涂料膜层的过程(国民经济行业代码 C34“金属制品业”、C35“通用设备制造业”、C36“专用设备制造业”、C373“摩托车制造”、C374“自行车制造等其他交通运输设备制造”、C39“电气机械及器材制造”等)。

H.10 电子产品制造

电子器件制造指电子真空器件制造、半导体分立器件制造、集成电路制造、光电子器件及其他电子器件制造的生产活动(国民经济行业代码 C396)。

电子元件制造指电子元件及组件制造、印制电路板制造的生产活动(国民经济行业代码 C397)。

H.11 涉及有机溶剂生产和使用的其他行业

除以上行业外涉及有机溶剂生产和使用，并排放挥发性有机物的其他工业行业。

附录 I
（规范性附录）
VOCs 的测定　便携式氢火焰离子化检测器法

I.1　原理

样品直接进入氢火焰离子化检测器（以下简称 FID）检测得到挥发性有机物总量（以碳计），样品进入高温催化装置（高温催化装置能够将除甲烷以外的其他有机化合物全部转化为二氧化碳和水）或色谱分离装置（分离出甲烷）后再经 FID 检测得到甲烷（以碳计）的含量，两者之差即为 VOCs 的含量（以碳计）。同时以除烃空气测定氧的空白值，以扣除测定挥发性有机物总量时氧的干扰。

I.2　试剂和材料

I.2.1　标准气体

可选用甲烷标准气、丙烷标准气或甲烷/丙烷（1∶1）混合标准气，规格如下：

(1) 甲烷标准气：以合成空气（氧气 21%+氮气 79%）为平衡气，浓度按需要而定，可根据实际工作需要，购买有证标准气体或在有资质单位定制；

(2) 丙烷标准气：以合成空气（氧气 21%+氮气 79%）为平衡气，浓度按需要而定，可根据实际工作需要，购买有证标准气体或在有资质单位定制；

(3) 甲烷/丙烷（1∶1）混合标准气：以合成空气（氧气 21%+氮气 79%）为平衡气，浓度按需要而定，可根据实际工作需要，购买有证标准气体或在有资质单位定制。

I.2.2　除烃空气

直接购买有证标准气体或通过除烃净化空气装置制取，挥发性有机物总量≤$0.2mg/m^3$（以碳计）。

I.2.3　氢气

通过钢瓶气或储氢装置获取，纯度≥99.999%。

I.2.4　氮气

纯度≥99.999%，带除烃装置。

I.2.5　气袋

气袋材质为符合 HJ 732 要求的聚四氟乙烯材质，容积不小于 1L。

I.3　仪器和设备

I.3.1　VOCs 测试仪

检出限≤$0.2mg/m^3$（以碳计）。

主要由采样系统、电源系统、甲烷分离装置、FID 检测器、流量控制系统以及数据采集处理系统等组成，具体如下：

——采样系统：采样系统包括具有滤尘与全程加热及保温装置的采样管线、流量计及其他导气管线等，采样管内衬及导气管线为惰性材料(如不锈钢、硬质玻璃或聚四氟乙烯材质)。

——电源系统：电池模块，现场提供电源。

——甲烷分离装置：可选择高温催化装置或色谱分离装置。

——FID 检测器：检测挥发性有机物总量和甲烷的响应强度。

——流量控制系统:用于控制 FID 检测器所需的各类气体流量以及挥发性有机物总量和甲烷测定时的管线转换等。

——数据采集处理系统：采集 FID 响应值，能自动扣除氧的干扰，自动计算挥发性有机物总量、甲烷和 VOCs 的监测结果并记录。

I.3.2　气袋采样装置

气袋采样装置符合 HJ 732 要求。

I.3.3　样品加热箱

在测试过程中，能够将 1L 气袋样品置于其中并加热至不低于 120℃的容器，温度控制精度为±5℃。

I.4　测试步骤

I.4.1　开机

连接仪器各部件，并检查各管线的气密性，接通仪器电源进行预热，并将测试系统加热至(160±5)℃。

I.4.2　校准

(1)零点校准

通入除烃空气校验设备零点是否出现漂移，如漂移则需进行校准，待示数稳定后开始零点校准，校准结束保存零点值。

(2)标准气体校准

通入标准气体,待示数稳定后,检查示值误差,要求示值误差绝对值≤5%(浓度＜40mg/m^{3}时，≤10%，以碳计)。如不符合要求，则需要进行标准气体校准，并保存校准数据。

I.4.3　样品的测定

a)有组织排放废气直接测定

——将便携式检测仪器采样管前端尽量插入到排气筒的中心位置。

——启动抽气泵，抽取排气筒中的样气清洗采样管线 2～3min，待仪器运行正常后即可读数。

——每分钟至少记录一次测试数据，取 5～10min 平均值作为一次测定值。

——正常生产周期内，若排气筒排放时间大于 1h 的，在 1h 内以等时间间隔测试 3～4 次，取这 3~4 次的测定值平均值作为测试结果；或者连续测试 1h，以 1h 测试的平均值作为测试结果。

——正常生产周期内，若排气筒的排放为间歇性排放，排放时间大于 10min 且小于 1h 的，可在排放时段内以等时间间隔测试 2～4 次，取这 2~4 次的测定值平均值作为测试结果；或在排放时段内实行连续测试，以测试的平均值作为测试结果。

——正常生产周期内，若排气筒的排放为间歇性排放，排放时间小于等于 10min 的，应在排放时段内实行连续测试，以测试的平均值作为测试结果。

b) 无组织排放废气直接测定

按照 HJ/T 55 的要求设置采样点，将仪器进气口置于距地面 1.5m 高处，参照 I.4.3 (1) 对无组织排放废气浓度进行直接测定。

c) 气袋采样法现场测定

对于不适宜使用便携式 FID 检测仪器直接测定的固定污染源废气，可按照 HJ 732 规定用气袋采集样品，样品采集后避光保存，保存时间不得超过 8h。将气袋置于样品加热箱加热至 120℃，再连接仪器进行测试。

I.5 计算和结果表示

I.5.1 排放浓度的计算

若仪器示值以质量浓度表示时，样品中 VOCs 的质量浓度 ρ (以碳计) 为挥发性有机物总量的质量浓度与甲烷质量浓度之差。

若仪器示值以摩尔分数表示时，样品中甲烷或挥发性有机物总量的质量浓度 ρ (以碳计) 按照式 (I.1) 进行计算，样品中 VOCs 的质量浓度 ρ (以碳计) 为挥发性有机物总量的质量浓度与甲烷质量浓度之差。

$$\rho = C \times \frac{22}{22.4} \tag{I.1}$$

式中， ρ 为样品中甲烷或挥发性有机物总量的质量浓度 (mg/ m^3)；

C 为样品中甲烷或挥发性有机物总量的摩尔分数 (μmol/mol)。

I.5.2 结果表示

当测定结果小于 1mg/m^3 时，保留至小数点后 1 位；当测定结果大于等于 1mg/m^3 时，保留 2 位有效数字。

I.6 注意事项

I.6.1 测定前应检查采气管路，并清洁颗粒物过滤装置，必要时更换滤料。

I.6.2 测试过程中应全程伴热，保证样品在管路中无冷凝。

I.6.3 测试结束后，通过标准气体验证仪器性能，若示值误差绝对值不符合 I.4.2 要求，则之前样品测试结果不可用，需对仪器进行校准合格后重新进行样品测定。

I.6.4 进入现场前应确认现场环境安全，严禁携带仪器设备进入易燃易爆场所进行样品测试工作。

I.6.5 测试现场应做好个人安全防护。

I.6.6 废气中存在含硫、含氯化合物的情况下，会引起催化剂中毒或失效影响仪器使用寿命。

附件 2　挥发性有机物监测方法检出限和测定下限

附表 1　方法检出限和测定下限（HJ 759—2015）　（单位：μg/m³）

序号	目标化合物	CAS 号	检出限	测定下限
1	丙烯	115-07-1	0.2	0.8
2	二氟二氯甲烷	75-71-8	0.5	2.0
3	1,1,2,2-四氟-1,2-二氯乙烷	76-14-2	0.6	2.4
4	一氯甲烷	74-87-3	0.3	1.2
5	氯乙烯	75-01-4	0.3	1.2
6	丁二烯	106-99-0	0.3	1.2
7	甲硫醇	74-93-1	0.3	1.2
8	一溴甲烷	74-83-9	0.5	2.0
9	氯乙烷	75-00-3	0.9	3.6
10	一氟三氯甲烷	75-69-4	0.7	2.8
11	丙烯醛	107-02-8	0.5	2.0
12	1,2,2-三氟-1,1,2-三氯乙烷	76-13-1	0.7	2.8
13	1,1-二氯乙烯	75-35-4	0.5	2.0
14	丙酮	67-64-1	0.7	2.8
15	甲硫醚	75-18-3	0.5	2.0
16	异丙醇	67-63-0	0.6	2.4
17	二硫化碳	75-15-0	0.4	1.2
18	二氯甲烷	75-09-2	0.5	2.0
19	顺-1,2-二氯乙烯	156-59-2	0.5	2.0
20	2-甲氧基-甲基丙烷	1634-04-4	0.5	2.0
21	正己烷	110-54-3	0.3	1.2
22	亚乙基二氯（1,1-二氯乙烷）	75-34-3	0.7	2.8
23	乙酸乙烯酯	108-05-4	0.5	2.0
24	2-丁酮	78-93-3	0.5	2.0
25	反-1,2-二氯乙烯	156-60-5	0.8	3.2
26	乙酸乙酯	141-78-6	0.6	2.4
27	四氢呋喃	109-99-9	0.7	2.8
28	氯仿	67-66-3	0.5	2.0
29	1,1,1-三氯乙烷	71-55-6	0.5	2.0
30	环己烷	110-82-7	0.6	2.4
31	四氯化碳	56-23-5	0.6	2.4

续表

序号	目标化合物	CAS 号	检出限	测定下限
32	苯	71-43-2	0.3	1.2
33	1,2-二氯乙烷	107-06-2	0.7	2.8
34	正庚烷	142-82-5	0.4	1.6
35	三氯乙烯	79-01-6	0.6	2.4
36	1,2-二氯丙烷	78-87-5	0.6	2.4
37	甲基丙烯酸甲酯	80-62-6	0.5	2.0
38	1,4-二噁烷	123-91-1	0.5	2.0
39	一溴二氯甲烷	75-27-4	0.6	2.4
40	顺-1,3-二氯-1-丙烯	10061-01-5	0.6	2.4
41	二甲二硫醚	624-92-0	0.6	2.4
42	4-甲基-2-戊酮	108-10-1	0.6	2.4
43	甲苯	108-88-3	0.5	2.0
44	反-1,3-二氯-1-丙烯	10061-02-6	0.5	2.0
45	1,1,2-三氯乙烷	79-00-5	0.5	2.0
46	四氯乙烯	127-18-4	1	4.0
47	2-己酮	591-78-6	0.9	3.6
48	二溴一氯甲烷	124-48-1	0.7	2.8
49	1,2-二溴乙烷	106-93-4	2	8.0
50	氯苯	108-90-7	0.7	2.8
51	乙苯	100-41-4	0.6	2.4
52	间-二甲苯	108-38-3	0.6	2.4
53	对-二甲苯	106-42-3	0.6	2.4
54	邻-二甲苯	95-47-6	0.6	2.4
55	苯乙烯	100-42-5	0.6	2.4
56	三溴甲烷	75-25-2	0.9	3.6
57	四氯乙烷	79-34-5	1	4.0
58	4-乙基甲苯	622-96-8	0.9	3.6
59	1,3,5-三甲苯	108-67-8	1	4.0
60	1,2,4-三甲苯	95-63-6	0.7	2.8
61	1,3-二氯苯	541-73-1	0.5	2.0
62	1,4-二氯苯	106-46-7	0.7	2.8
63	氯代甲苯	100-44-7	0.7	2.8
64	1,2-二氯苯	95-50-1	2	8.0
65	1,2,4-三氯苯	120-82-1	1	4.0
66	1,1,2,3,4,4-六氯-1,3-丁二烯	87-68-3	2	8.0
67	萘	465-73-6	0.7	2.8

附表 2　方法检出限和测定下限(HJ 734—2014)　(单位：mg/m^3)

序号	目标物	CAS 号	检出限	测定下限
1	丙酮	67-64-1	0.01	0.04
2	异丙醇	67-63-0	0.002	0.008
3	正己烷	110-54-3	0.004	0.016
4	乙酸乙酯	141-78-6	0.006	0.024
5	苯	71-43-2	0.004	0.016
6	六甲基二硅氧烷	107-46-0	0.001	0.004
7	3-戊酮	96-22-0	0.002	0.008
8	正庚烷	142-82-5	0.004	0.016
9	甲苯	108-88-3	0.004	0.016
10	环戊酮	120-92-3	0.004	0.016
11	乳酸乙酯	687-47-8	0.007	0.028
12	乙酸丁酯	123-86-4	0.005	0.020
13	丙二醇单甲醚乙酸酯	84540-57-8/108-65-6	0.005	0.020
14	乙苯	100-41-4	0.006	0.024
15	间-二甲苯	108-38-3	0.009	0.036
16	对-二甲苯	106-42-3	0.009	0.036
17	2-庚酮	110-43-0	0.001	0.004
18	苯乙烯	100-42-5	0.004	0.016
19	邻-二甲苯	95-47-6	0.004	0.016
20	苯甲醚	100-66-3	0.003	0.012
21	苯甲醛	100-52-7	0.007	0.028
22	1-癸烯	872-05-9	0.003	0.012
23	2-壬酮	821-55-6	0.003	0.012
24	1-十二烯	112-41-4	0.008	0.032

注：当采样体积为 300mL 时，23 种目标物全扫描方式的方法检测限和测定下限。

附表 3　方法检出限和测定下限(HJ 683—2014)　(单位：$\mu g/m^3$)

序号	化合物名称	CAS 号	检出限	测定下限
1	甲醛	50-00-0	0.28	1.12
2	乙醛	75-07-0	0.43	1.72
3	丙烯醛、丙酮	107-02-8\67-64-1	0.47	1.88
4	丙醛	123-38-6	0.71	2.85
5	丁烯醛	123-73-9	0.76	3.05
6	甲基丙烯醛	78-85-3	0.67	2.70
7	2-丁酮	78-93-3	0.67	2.70

续表

序号	化合物名称	CAS 号	检出限	测定下限
8	正丁醛	123-72-8	0.74	2.96
9	苯甲醛	100-52-7	1.37	5.47
10	戊醛	110-62-3	0.91	3.66
11	间甲基苯甲醛	620-23-5	1.69	6.76
12	己醛	66-25-1	1.41	5.64

附表 4 方法检出限和测定下限(HJ 644—2013) (单位：μg/m³)

序号	化合物中文名称	CAS 号	检出限	测定下限
1	1,1-二氯乙烯	75-35-4	0.3	1.2
2	1,1,2-三氯-1,2,2-三氟乙烷	76-13-1	0.5	2.0
3	氯丙烯	107-05-1	0.3	1.2
4	二氯甲烷	75-09-2	1.0	4.0
5	1,1-二氯乙烷	75-34-3	0.4	1.6
6	顺-1,2-二氯乙烯	156-59-2	0.5	2.0
7	三氯甲烷	67-66-3	0.4	1.6
8	1,1,1-三氯乙烷	71-55-6	0.4	1.6
9	四氯化碳	56-23-5	0.6	2.4
10	1,2-二氯乙烷	107-06-2	0.8	3.2
11	苯	71-43-2	0.4	1.6
12	三氯乙烯	79-01-6	0.5	2.0
13	1,2-二氯丙烷	78-87-5	0.4	1.6
14	顺-1,3-二氯丙烯	542-75-6	0.5	2.0
15	甲苯	108-88-3	0.4	1.6
16	反-1,3-二氯丙烯	542-75-6	0.5	2.0
17	1,1,2-三氯乙烷	79-00-5	0.4	1.6
18	四氯乙烯	127-18-4	0.4	1.6
19	1,2-二溴乙烷	106-93-4	0.4	1.6
20	氯苯	108-90-7	0.3	1.2
21	乙苯	100-41-4	0.3	1.2
22	间/对-二甲苯	108-38-3/1 06-42-3	0.6	2.4
23	邻-二甲苯	95-47-6	0.6	2.4
24	苯乙烯	100-42-5	0.6	2.4
25	1,1,2,2-四氯乙烷	630-20-6	0.4	1.6
26	4-乙基甲苯	622-96-8	0.8	3.2
27	1,3,5-三甲基苯	108-67-8	0.7	2.8

续表

序号	化合物中文名称	CAS 号	检出限	测定下限
28	1,2,4-三甲基苯	95-63-6	0.8	3.2
29	1,3-二氯苯	541-73-1	0.6	2.4
30	1,4-二氯苯	106-46-7	0.7	2.8
31	苄基氯	100-44-7	0.7	2.8
32	1,2-二氯苯	95-50-1	0.7	2.8
33	1,2,4-三氯苯	120-82-1	0.7	2.8
34	六氯丁二烯	87-68-3	0.6	2.4

附表 5　方法检出限和测定下限（HJ 645—2013）　（单位：μg/m³）

序号	组分名称	CAS 号	检出限	测定下限
1	反-1,2-二氯乙烯	156-60-5	10	40
2	1,1-二氯乙烷	75-34-3	9	36
3	顺-1,2-二氯乙烯	156-59-2	7	28
4	三氯甲烷	67-66-3	1	4
5	1,2-二氯乙烷	107-06-2	3	12
6	1,1,1-三氯乙烷	71-55-6	0.05	0.20
7	四氯化碳	56-23-5	0.7	2.8
8	1,2-二氯丙烷	78-87-5	4	16
9	三氯乙烯	79-01-6	0.04	0.16
10	1-溴-2-氯乙烷	107-04-0	0.2	0.8
11	1,1,2-三氯乙烷	79-00-5	0.4	1.6
12	四氯乙烯	127-18-4	0.2	0.8
13	氯苯	108-90-7	7	28
14	三溴甲烷	75-25-2	0.07	0.28
15	1,1,2,2-四氯乙烷	79-34-5	0.07	0.28
16	1,2,3-三氯丙烷	96-18-4	0.3	1.2
17	苄基氯	100-44-7	1	4
18	1,4-二氯苯	106-46-7	2	8
19	1,2-二氯苯+1,3-二氯苯	95-50-1+ 541-73-1	0.4	1.6
20	六氯乙烷	67-72-1	0.03	0.12

附件3　四川省开发区名录

（单位：hm^2）

序号	代码	开发区名称	批准时间	核准面积	主导产业
一、国务院批准设立的开发区（共18家）					
（一）经济技术开发区（共8家）					
1	G511040	成都经济技术开发区	2000.02	994	汽车、工程机械、食品饮料
2	G511191	德阳经济技术开发区	2010.06	856.53	装备制造、新能源、新材料
3	G511192	绵阳经济技术开发区	2012.10	1047	电子信息、化工环保、生物医药
4	G511193	广元经济技术开发区	2012.12	858.67	电子机械、食品饮料、有色金属
5	G511194	遂宁经济技术开发区	2012.07	1096	电子信息、食品、纺织、机械
6	G511195	内江经济技术开发区	2013.11	935.09	机械汽配、电子信息、生物医药
7	G511196	宜宾临港经济技术开发区	2013.01	1200	食品饮料、装备制造、新材料
8	G511197	广安经济技术开发区	2010.06	419.97	电子机械、建材、医药
（二）高新技术产业开发区（共8家）					
9	G512045	成都高新技术产业开发区	1991.03	2150	信息技术、装备制造、生物
10	G512139	自贡高新技术产业开发区	2011.06	824.5	节能环保、装备制造、新材料
11	G512140	攀枝花钒钛高新技术产业开发区	2015.09	301	钒钛钢铁、化工、有色金属加工
12	G512141	泸州高新技术产业开发区	2015.02	462.91	装备制造、新能源、新材料、医药
13	G512142	德阳高新技术产业开发区	2015.09	786	通用航空、医药、食品
14	G512046	绵阳高新技术产业开发区	1992.11	579.9	电子信息、汽车及零部件、新材料
15	G512143	内江高新技术产业开发区	2017.02	557.89	医药、装备制造、新材料
16	G512144	乐山高新技术产业开发区	2012.08	406	新能源装备、电子信息、生物医药
（三）海关特殊监管区域（共2家）					
17	G513119	成都高新综合保税区及双流园区	2010.10 2012.01	868	信息技术、装备制造
18	G513120	四川绵阳出口加工区	2005.06	13.73	电子元器件
二、四川省人民政府批准设立的开发区（共116家）					
19	S519002	成都锦江工业园区	2006.02	443.69	食品、印刷、医药
20	S519039	成都青羊工业集中发展区	2005.09	344.09	航空航天器、饮料、金属制品
21	S518004	成都金牛高新技术产业园区	2006.02	269.11	医药、饮料、食品、电子设备
22	S519005	成都武侯工业园区	2006.04	450.85	电子信息、医药、机电
23	S519040	成都龙潭都市工业集中发展区	2005.09	812.72	装备制造、电子信息、节能环保
24	S517041	成都青白江经济开发区	2005.09	878.86	装备制造、建材

续表

序号	代码	开发区名称	批准时间	核准面积	主导产业
25	S519001	成都新都工业园区	1992.08	805.27	轨道交通设备、航空、能源装备
26	S519003	成都台商投资工业园区	1993.12	163.72	医药、食品饮料、电子信息
27	S517010	四川双流经济开发区	1992.08	2523.88	电子信息、新能源、装备制造
28	S519042	成都现代工业港	2005.09	1151.32	机械、新材料、电子信息
29	S519043	成都—阿坝工业园区	2010.07	998.64	节能环保、食品、医药
30	S519008	四川金堂工业园区	1994.05	751.86	节能环保、电力、食品
31	S517044	四川大邑经济开发区	2013.06	837.05	轻工、机械、食品饮料
32	S517045	四川蒲江经济开发区	2005.09	726.38	食品、医药、印刷、包装
33	S519009	四川新津工业园区	2006.12	228.79	轨道交通设备、食品、新材料
34	S517006	四川都江堰经济开发区	2001.03	553.58	机械、医药、食品
35	S519007	四川彭州工业园区	1997.05	538.01	医药、家纺、服装
36	S517046	四川邛崃经济开发区	2005.09	1197.57	食品饮料、医药
37	S517047	四川崇州经济开发区	2010.05	1208.85	电子信息、建材、家具
38	S517037	四川简阳经济开发区	2006.08	176.59	机械、农副食品、橡胶化工
39	S519048	四川自贡航空产业园	2015.07	305	通用航空、装备制造、航空新材料
40	S517049	四川荣县经济开发区	2009.12	538.76	农副产品加工
41	S517050	四川富顺晨光经济开发区	2007.12	801.1	化工、新材料、汽车零部件
42	S518051	四川攀枝花东区高新技术产业园区	2000.07	1896.79	金属冶炼加工、石化、核燃料
43	S519052	四川攀枝花格里坪特色产业园区	2008.08	310.47	煤化工、电力、机械、建材
44	S519053	四川泸州白酒产业园区	2006.06	371.33	酿酒、印刷、包装
45	S517054	四川泸州纳溪经济开发区	2012.03	806.54	化学制品、酿酒、饮料、非金属矿物制品
46	S517055	四川泸县经济开发区	2011.05	314.41	酿酒、精细化工、新材料
47	S519056	四川合江临港工业园区	2008.04	302.26	化工、酿酒、茶、农副食品
48	S519057	四川叙永资源综合利用经济园区	2011.12	202.24	非金属矿物制品、竹木制品、农副食品
49	S517058	四川古蔺经济开发区	2011.02	172.45	酿酒
50	S518059	四川中江高新技术产业园区	2015.07	635.14	新材料、电子信息、医药
51	S517060	四川罗江经济开发区	2012.12	262.39	新材料、电子信息、机械
52	S517061	四川什邡经济开发区	2010.05	827.72	食品、化工、金属制品
53	S517062	四川绵竹经济开发区	2010.05	535.51	化工、建材、医药、装备制造
54	S519063	德阳-阿坝生态经济产业园区	2012.05	649.89	新材料、能源、磷化工
55	S519016	四川绵阳工业园区	2001.07	787.73	电子信息、装备制造
56	S517064	四川绵阳游仙经济开发区	2013.04	545.59	节能环保、新材料、通信
57	S519065	四川安县工业园区	2010.07	180	精细化工、医药、汽车及零部件
58	S519018	四川三台工业园区	2006.02	325.59	服装、能源化工、食品
59	S517066	四川盐亭经济开发区	2014.07	660.25	医药、建材、机电

续表

序号	代码	开发区名称	批准时间	核准面积	主导产业
60	S517067	四川梓潼经济开发区	2014.07	417.35	食品、轻纺、机械
61	S517068	四川北川经济开发区	2012.06	355.36	电子、新材料、食品
62	S519017	四川江油工业园区	2006.02	1886.11	装备制造、电子、新材料
63	S517069	四川广元昭化经济开发区	2007.09	239.19	食品饮料、建材、电子
64	S517070	四川广元朝天经济开发区	2015.12	250.65	建材、农产品加工
65	S517071	四川旺苍经济开发区	2012.12	333.88	煤资源综合利用、生物资源综合利用、机械
66	S517072	四川青川经济开发区	2011.12	398.62	矿产品加工、节能环保、新材料
67	S517073	四川剑阁经济开发区	2013.12	212.98	新能源、新材料、食品、建材
68	S517074	四川苍溪经济开发区	2014.07	155.1	农副产品加工、天然气加工、电子
69	S517075	四川遂宁安居经济开发区	2007.03	1296.61	机械、天然气化工
70	S517076	四川蓬溪经济开发区	2009.12	663.96	家具、服装、食品饮料
71	S517077	四川射洪经济开发区	2012.05	925.76	新材料、机电、精细化工
72	S517078	四川大英经济开发区	2001.12	541.16	石化、纺织、机电
73	S517079	四川内江东兴经济开发区	2010.04	390.99	资源综合利用、精细化工、食品
74	S517080	四川威远经济开发区	2008.01	330	钒钛钢铁、节能环保、新材料
75	S517022	四川资中经济开发区	2006.12	402.97	食品、农副产品加工、机械
76	S517081	四川乐山沙湾经济开发区	2009.05	615.83	不锈钢、钒钛钢、机械
77	S517082	四川犍为经济开发区	2008.05	61.4	建材、竹浆纸、机械
78	S517083	四川井研经济开发区	2008.05	255.39	农副食品、纺织
79	S517025	四川夹江经济开发区	2006.08	108.55	陶瓷、新材料
80	S517084	四川峨眉山经济开发区	2006.08	248.31	建材、食品饮料、机械
81	S518085	四川南充潆华高新技术产业园区	2007.04	596.83	装备制造、新材料、电子信息
82	S517086	四川南充航空港经济开发区	2007.06	1028.61	电子、服装、建材
83	S517027	四川南充经济开发区	1993.05	725.94	石化、生物新能源、化工
84	S517087	四川南部经济开发区	2010.05	591.45	机械、建材、食品、医药
85	S517088	四川营山经济开发区	2016.05	386.85	机械、农产品加工、建材
86	S519028	四川蓬安工业园区	2006.02	197.08	机械、农产品加工、电子
87	S517089	四川仪陇经济开发区	2006.09	429.1	农副产品加工、鞋帽、电子
88	S517090	四川西充经济开发区	2009.12	404	机械、生物科技、农产品加工
89	S517091	四川阆中经济开发区	2016.05	439.45	食品、新材料、新能源
90	S517034	四川眉山经济开发区	2006.02	1013.81	医药、化工、食品、机械
91	S519092	甘孜—眉山工业园区	2012.01	745.43	有色金属、新能源、新材料
92	S517035	四川彭山经济开发区	2006.02	331.04	精细化工、新材料、装备制造
93	S517093	四川仁寿经济开发区	2012.08	361.77	农副产品加工、医药、建材
94	S517094	四川洪雅经济开发区	2005.11	111	食品、机械、电子

续表

序号	代码	开发区名称	批准时间	核准面积	主导产业
95	S517095	四川丹棱经济开发区	2014.03	292.99	机械、建材、新材料
96	S517096	四川青神经济开发区	2006.04	182.58	机械、日用化工
97	S517097	四川宜宾南溪经济开发区	2007.07	560.66	食品饮料、轻工、医药
98	S518098	四川宜宾县高新技术产业园区	2013.12	642.98	装备制造、能源、酿酒
99	S517099	四川江安经济开发区	2007.09	515.01	化工、竹木制品、食品
100	S517100	四川长宁经济开发区	2008.07	254.85	农产品加工、新材料
101	S517101	四川高县经济开发区	2014.01	160.46	农副产品加工、能源、医药
102	S517102	四川珙县经济开发区	2007.12	295.02	能源、建材、化工
103	S517103	四川筠连经济开发区	2007.10	277.48	煤炭、建材、农产品加工
104	S517104	四川兴文经济开发区	2009.07	166.92	食品、环保
105	S517105	四川屏山经济开发区	2012.12	350.23	轻纺、农副产品加工、化工
106	S517106	四川广安临港经济开发区	2014.02	588	电力、农副食品、包装
107	S517107	四川岳池经济开发区	2013.11	292.55	农副食品、医药、机械
108	S517108	四川武胜经济开发区	2010.05	840.44	金属制品、农副产品加工、医药
109	S518109	四川邻水高新技术产业园区	2006.03	677.08	节能环保、装备制造、电子信息
110	S517110	四川华蓥山经济开发区	2014.09	538.72	电子信息、机械、建材
111	S517111	四川达州通川经济开发区	2008.04	876.51	金属冶炼加工、食品、建材
112	S517031	四川达州经济开发区	2003.03	1426.84	能源、化工、机械
113	S517112	四川达州普光经济开发区	2008.04	324.51	天然气化工、建材、新材料
114	S517113	四川开江经济开发区	2008.02	118.13	五金、农副产品加工、电子
115	S517114	四川大竹经济开发区	2011.02	603.92	建材、能源、电子
116	S517115	四川渠县经济开发区	2007.06	241.22	农产品加工、电子、汽摩配件
117	S517030	四川雅安经济开发区	2006.02	646.02	新材料、机械
118	S519116	成都—雅安工业园区	2013.01	280.99	机械
119	S517117	四川荥经经济开发区	2007.03	586.31	合金、建材、宝石加工
120	S519118	四川汉源工业园区	2012.12	169.24	有色金属冶炼、化工、食品
121	S519119	四川石棉工业园区	2012.12	459.07	冶金、磷化工、新材料
122	S517120	四川天全经济开发区	2008.09	372.18	电冶、建材、新材料
123	S517121	四川芦山经济开发区	2013.11	347.56	纺织、根雕产品、新材料
124	S519122	四川宝兴汉白玉特色产业园区	2007.01	131.18	石材、电力
125	S517033	四川巴中经济开发区	2003.06	879.6	机械、电子、服装
126	S517123	四川平昌经济开发区	2012.03	348.18	机械、食品饮料、能源
127	S518036	四川资阳高新技术产业园区	1995.10	254.35	汽车、食品饮料、电子
128	S517124	四川安岳经济开发区	2001.10	623.37	农副产品加工、医药、建材
129	S517125	四川乐至经济开发区	2010.04	754.65	食品、纺织、汽车及零部件

续表

序号	代码	开发区名称	批准时间	核准面积	主导产业
130	S519038	四川阿坝工业园区	2006.08	161.56	铝冶炼、化学原料、非金属矿物制品
131	S519126	四川西昌钒钛产业园区	2004.12	859.4	钒钛钢铁、新材料、装备制造
132	S519127	四川德昌特色产业园区	2005.07	230.78	装备制造、稀土、钒钛
133	S517128	四川会理有色产业经济开发区	2006.12	116.2	有色金属
134	S517129	四川冕宁稀土经济开发区	2007.12	118.86	稀土、建材
合计：134 家